"功利主义"的全球旅行

从英国、日本到中国

思想與社會 Logos & Polis 研究系列

"功利主义"的全球旅行

从英国、日本到中国

李 青 著

上海三联书店

总　序

　　λόγος 和 πόλις 是古代希腊人理解人的自然的两个出发点。人要活着，就必须生活在一个共同体中；在共同体中，人不仅能活下来，还能活得好；而在所有共同体中，城邦最重要，因为城邦规定的不是一时的好处，而是人整个生活的好坏；人只有在城邦这个政治共同体中才有可能成全人的天性。在这个意义上，人是政治的动物。然而，所有人天性上都想要知道，学习对他们来说是最快乐的事情；所以，人要活得好，不仅要过得好，还要看到这种好；人要知道他的生活是不是好的，为什么是好的，要讲出好的道理；于是，政治共同体对人的整个生活的规定，必然指向这种生活方式的根基和目的，要求理解包括人在内的整个自然秩序的本原。在这个意义上，人是讲理的动物。自从古代希腊以来，人生活的基本共同体经历了从"城邦"（πόλις）到"社会"（societas）与现代"国家"（stato）的不同形式；伴随这种转变，人理解和表达自身生活的理性也先后面对"自然"（φύσις）、"上帝"（deus）与"我思"（cogito）的不同困难。然而，思想与社会，作为人的根本处境的双重规定，始终是人的幸福生活不可逃避的问题。

　　不过，在希腊人看来，人的这种命运，并非所有人的命运。野蛮人，不仅没有真正意义上的政治共同体，更重要的是，他们不能正确地说话，讲不出他们生活的道理。政治和理性作为人的处境的双重规定，通过特殊的政治生活与其道理之间的内在关联和微妙张力，恰恰构成了西方传统的根本动力，是西方的历史命运。当西方的历史命运成为现代性的传统，这个共同体为自己生活讲出的道理，逐渐要求越来越多的社会在它的道理面前衡量他们生活的好坏。幻想包容越来越多的社会的思想，注定是越来越少的生活。在将越来越多的生活变成尾随者时,自身也成了尾随者。西方的现代性传统,在思想和社会上,面临着摧毁自身传统的危险。现代中国在思想和社会上的困境,正是现代性的根本问题。

对于中国人来说,现代性的处境意味着我们必须正视渗透在我们自己的思想与社会中的这一西方历史命运。现代中国人的生活同时担负着西方历史命运的外来危险和自身历史传统的内在困难。一旦我们惧怕正视自己的命运带来的不安,到别人的命运中去寻求安全,或者当我们躲进自己的历史,回避我们的现在要面对的危险,听不见自己传统令人困扰的问题,在我们手中,两个传统就同时荒废了。社会敌视思想,思想藐视社会,好还是不好,成了我们活着无法面对的问题。如果我们不想尾随西方的历史命运,让它成为我们的未来,我们就必须让它成为我们造就自己历史命运的传统;如果我们不想窒息自身的历史传统,让它只停留在我们的过去,我们就需要借助另一个传统,思考我们自身的困难,面对我们现在的危机,从而造就中国人的历史命运。

"维天之命,於穆不已。"任何活的思想,都必定是在这个社会的生活中仍然活着的,仍然说话的传统。《思想与社会》丛书的使命,就是召唤我们的两个传统,让它们重新开口说话,用我们的话来说,面对我们说话,为我们说话。传统是希腊的鬼魂,要靠活的血来喂养,才能说话。否则海伦的美也不过是沉默的幻影。而中国思想的任务,就是用我们的血气,滋养我们的传统,让它们重新讲出我们生活的道理。"终始惟一,时乃日新。"只有日新的传统,才有止于至善的生活。《思想与社会》丛书,是正在形成的现代中国传统的一部分,它要造就活的思想,和活着的中国人一起思考,为什么中国人的生活是好的生活。

序言：学术是终身的事业

孙周兴（浙江大学哲学学院教授）

李青博士的博士学位论文"功利主义概念史研究"就要在上海三联书店出版，清样都已经有了，而我的"序"还迟迟没能写成。我不是这方面的专家，这是让我犹豫的地方，但李青是我在同济大学指导的博士研究生，我跟他又有亦师亦友的关系，所以终究还得完成这个"序言"。新年伊始，我终于下决心把它写出来了。

李青博士应该是同济大学历史上招收的年纪最大的博士研究生。2014年时报考时，我记得他已经57岁了，比我还年长好几岁，真不知道谁叫谁老师。记得当时学校研究生院院长打电话给我：这位年纪太大了吧？还没毕业就已经退休了呀。我立即反问了一句：他毕业不毕业，何时毕业，退休不退休，跟你我有关系吗？跟同济大学有关系吗？这位院长蛮机灵的，顿了一会儿，说：对呀，好像没啥关系嘛。于是就把他录取了。我以为，文明国家的教育制度是要为公民终身教育服务的，公民想读书，哪怕她/他"芳龄"八十、九十岁了，你可以说不让读吗？好意思么？

李青博士曾经在政府部门工作，后一直在外资企业任职，在商界"战斗"了好多年。商务之余，李青到处听哲学课，国学、西哲全听，从北方的北京大学哲学系听到南方的复旦大学哲学学院，终于成功地来到了同济大学哲学系。

李青进校后表现出在精微研究方面的极大热情和良好素质。这可能跟他的工科出身背景有关，不过这事也难说，我自己是理科（地质学）出身的，却喜欢"大哲学"，关注的论题也往往偏于宏大。所以，这可能更多的是由基因决定的天赋和性格罢。李青本来要做当代中国功利主义研究的课题。但随着研究的深入，他上溯近代，从近代中国功利主义概念的起源追溯到了日本明治维新时代"功利主义"概念的引入，然后又从日本追溯到了英国的古典功利主义。英国—日本—中国，这就变成了"功利主义"概念史的全面系统研究，故现在交付出版时，他把自己这本博士论文更名为《“功利主义”的全球旅行——从英国、日本到中国》。作为正经学术书的书名，这个题目也许不见得好，但却是合乎实情的。

李青在书中说：他这本书完成了对“功利主义”概念的“理论旅行”路线的揭示，大致是：18世纪边沁提出Utilitarianism概念——19世纪穆勒对此进行修正——明治期间被引进日本并被译为“功利主义”——20世纪初由梁启超等传入中国。这听起来不难，但涉及英、日、中三国三语的概念梳理和发掘之功，委实是不容易的。

在李青读博期间，我跟他经常讨论的不是功利主义这个课题本身，而更多的是研究方法问题。在现在定稿的文本里，作者在“绪论”部分专题讨论了“功利主义概念史研究的主题、对象和方法”，这无疑是一种自觉的方法论反思，虽然他在这方面的思考尚可进一步深入。一般而言，概念分析和概念史研究恐怕是20世纪或者说19世纪后半叶开始的人文科学的总体方法倾向和特色，也可以说是我们时代人文研究的一个“基本功”。这在哲学上看更是明显，在英美哲学一派是语言分析（语义—语法—语用），而在欧洲大陆哲学那里则是词源分析和意义阐释，包括由尼采开启的“系谱学”和主要由海德格尔发动起来的“哲学阐释学”。我个人最感兴趣的当然是欧洲大陆哲学一派的，但平心而论，英美分析哲学的语言分析也是大可吸收和借鉴的。

就此而言，李青博士的这项功利主义研究，也为学术界提供了一个有关概念史研究方法的案例。至于这种试验的成效如何，是否足以成为一个范例，自然还需要由学界同仁一起来鉴定和评估的。

记得李青博士刚入学不久，就兴冲冲地写了他平生第一篇哲学论文，我帮他改了五六回，主要意图是训练他的学术表达能力。第一稿返回给他，让他自己继续改写，然后是第二稿，然后是第三稿，结果越改越长，约有半年时间他终于完成了修改，就拿去发表了。记得论文发表后我跟他说：你要做好准备，准备在八十岁的时候成为一位知名学者。——现在想来，我当时说的这个话，说不定还是保守了一些。

革命不分先后，学术是终身的事业。我为李青博士的博士论文公开出版感到高兴，也希望他不慌不忙、坚韧不拔地推进自己的未来学术事业。

2022年1月2日记于余杭良渚

目录

中国现代性问题与概念史研究（代绪论）

——功利主义概念史研究的主题、对象和方法

自 21 世纪初以来，概念史研究被陆续介绍到国内，如今已成为国内近代史相关研究有效的学术工具之一。经过数十年的探索，概念史研究越来越受到关注，聚集了一批概念史研究学者，相关研究路径的探讨和许多重要概念的研究都取得了不菲的成就。但有关概念史研究在中国的应用，仍有部分研究的问题意识出发点，特别是在中国社会语境下如何准确把握概念史研究的主旨，包括如何将概念史研究方法用于解决中国社会面临的实际问题，值得重视并有进一步讨论的必要。

针对概念史研究涉及的部分问题，结合作者所开展的功利主义概念史研究，本部分尝试从当代中国社会发展的现代性问题出发，探讨概念史研究的问题意识、研究对象选择及所涉及的研究方法论。

1. 概念史研究的问题意识

在 20 世纪上半叶的历史中，中国社会的现代化进程历经坎坷、时断时续。由于中国传统文化与西方近代思想多方面的差异所导致的文化冲突，加之中国近代特殊的历史境遇，特别是与现代性相伴随的民族国家建构过程的特殊复杂性，导致中国的现代化进程充满着诸多矛盾和曲折。直至 1978 年的改革开放，中国的现代化进程方走上快

车道,取得显著成效。

随着中国社会从传统社会向现代社会的巨大转型,在中国经济发展取得显著成绩的同时,当代中国已经不可避免地面临现代化进程中伴生的现代性问题。马克思和恩格斯对现代性曾有这样的经典评价:"一切固定的僵化的关系以及与之相适应的素被尊崇的观念和见解都被消除了,一切新形成的关系等不到固定下来就陈旧了。一切等级的和固定的东西都烟消云散了,一切神圣的东西都被亵渎了。人们终于不得不用冷静的眼光来看他们的生活地位、他们的相互关系。"[1]中国现代性既有几乎任何国家都会遇到的一般现代性问题,更有当代中国表现尤为突出的特殊现代性问题,主要表现为"中国传统观念和体制的保守性,中国近代以来的特殊历史进程,中国广大的地域以及政策原因造成的社会发展的不平衡性"。[2] 其结果是在文化、社会和生态方面都带来了诸多问题。如在人与自己的关系上,普遍表现为人们价值虚无,精神空虚,不能正确对待传统文化与外来文化;在人与社会的关系上,由于道德滑坡引发的若干社会事件;同时现代化的进程会出现一系列社会问题,人口老龄化、独生子女问题、医疗健康问题、城市流动人群管理等问题;在人与自然的关系上,面临生态环境危机,如水污染、空气污染、森林和植被减少、土地荒漠化、垃圾、沙尘暴和雾霾等等。事实上,中国现代性问题是一个多元复杂的问题,由于中国现代化进程是只用了数十年时间便走完了西方国家数百年才完成的进程,这使得西方现代化过程中逐步展开的历时性的现代性问题成了我们当下的共时性问题,从而使得解决我们目前的现代性问题也更为复杂。

讨论中国这个世界级难题的现代性问题,需要重新整理我们的经验知识体系,首先回答一系列类似这样的问题:现代性从何而来? 中国是如何遭遇现代性的? 当前中国为什么要进行现代性转型? 中国现代性转型的状况及其约束条件是什么? 现代性在西方国家所面临

---

[1] 中共中央马恩列斯著作编译局编:《马克思恩格斯选集》,第 1 卷,北京:人民出版社,1995 年,第 275 页。

[2] 陈新夏:《中国现代性问题的特殊性及其人学反思》,《哲学研究》2016 年第 8 期。

的挑战如何？各类国家现代性转型的比较以及对中国的借鉴意义？如何选择适合中国现代性转型的路径和模式？等等。而认真清理和总结与此相关的思想资源，对于我们理解中国社会转型发展及面临的现代性问题有重要的意义。

当今社会并不仅仅是由经济、政治等实体性内容所构成，也可以理解为是由一系列现代概念所组成，这些概念在中国社会语境中为了特定的目的而正在被使用并具有了多方面意义。我们每天都使用着带有现代性标签的政治、经济、社会、文化等概念，而正是这些概念构成我们当下社会的政治、经济、文化生活甚至包括保持社会本身运行的制度体制。这些概念及其论述正在支配我们当前生活的各个方面，引领我们的观察、思考乃至于行动。当这些现代概念的指向功能被固定下来后，它们就已经构成现代社会活动展开的基础，同时也具有实体性意义的聚集。没有这些被中国社会共同接受的概念，也无从谈起当今社会的表达，社会实践的场域也将随之消失。无论我们是在理论上探讨现代性研究的范式、问题意识和方法论，还是在实践的维度上寻找针对现代性所引发社会问题的解决方案，都将无法回避现代性问题的重要建构单元——现代概念。

当今社会普遍使用的现代概念主要来自清末民初那次"西学东渐"过程的贡献，黄兴涛曾经指出："广泛披览晚清民初的各种历史资料，不难发现新名词和新概念，特别是社会、政治、法律和教育文化方面的新名词新概念蜂拥而至，令人目不暇接。在阅读这一时期的大量报纸杂志，品味其中新名词的运用及其涵义时，人们能够强烈地感受到其中所散发的那种令人熟悉的'现代性'气息，感受到它们在整体性质上已基本属于'现代'的范畴。……此类现象，不能不提醒和引导我们去整体反思清末民初新名词新概念与现代化运动，特别是与'思想现代性'之间的历史关系问题。"①正如王汎森指出的："每一个时代的'思想资源'和'概念工具'都有或多或少的不同，人们靠着这些资源来

---

① 黄兴涛：《清末民初新名词新概念的"现代性"问题——兼论"思想现代性"与现代性"社会"概念的中国认同》，《天津社会科学》2005 年第 4 期。

思考、整理、构筑他们的生活世界,同时也用它们来诠释过去、设计现在、想象未来。"①

　　这些现代概念既不是纯粹西方思想概念的复制,也不是简单传统概念的翻版,最终被社会接受的这些现代概念往往是中西方思想汇通融合的结果。特别重要的,是这种中西方思想的融通过程,正是所谓现代性形成的一个重要组成部分。由于种种原因,人们对这些现代概念的正确理解还存在许多方面的问题。从当下中国社会所面临的"现代性"问题出发,把握"西学"相关思想概念在中国理解和接受的过程,正确理解我们社会的现代概念,正是现代性研究最重要的基础工作之一。如果不清楚近代以来主要现代思想概念的嬗变过程,不了解曾经发挥过很大影响作用的西方思想概念的内涵以及被理解接受的过程,包括在何种时空语境下,为何及如何被使用等基本事实,将不具有必要的思想基础去讨论所面临的现代性,又如何能奢谈研究解决中国社会所面临的现代性问题?

　　由于现代性问题的重要性,极有必要对目前正发挥着作用的重要现代概念进行全面深入的辨析研究,深刻理解该概念产生的背景、内涵、边界。这一研究由于涉及文化差异、社会历史条件制约等多个维度,有相当的学术难度,而概念史研究作为有效的方法论工具,用于剖析当年西学思想概念传播和接受的具体过程,可以在很大程度上帮助我们了解到当年所引入的西方新名词、新概念中,究竟哪些内容为中国社会所理解和接受,哪些内容遭遇到了误解和拒绝,概念史研究由其绩效已经被证明是现代性问题研究可靠的解决途径之一。

　　以上讨论不仅是涉及现代性研究的学术理论问题,同时也是一个真实的实践问题,直接关系到解决问题的具体路径。李里峰指出:"近年来,一些学者开始将概念史手法引入中国近代史研究,在方法探讨和实证研究方面都取得了一定的成就,逐渐形成了东亚近代知识考古、数据库研究方法、历史文化语义学、中国近代新名词研究、近代知

---

① 王汎森:《中国近代思想与学术的系谱》,石家庄:河北教育出版社,2001年,第150页。

识与制度体系转型研究等不同的研究路径。"①根据概念史研究近年来取得的研究成果，启发我们可以进一步思考从方法论的角度去探讨借助概念史研究思路的多种可能性，为解决现代性研究中这个带有根本性的基础问题提供一种更加可操作的研究路径。

概念史研究所具有的独特研究范式非常契合所讨论问题的出发点，其主旨是借助概念来理解过去的历史，它的学理是概念通过词语表达，但拥有比词语更加广泛的意义，在概念嬗变过程中，一定的社会、政治经验和意义积淀于特定的词语并被表征出来后，该词语便成为概念，通过对历史上重要概念的研究以揭示该时代的特征。其前提是概念嬗变所对应的历史阶段正是传统语言发生转向的重要过渡时期（也是社会发生重大转型时期），即科塞雷克（Reinhart Koselleck）确立所谓"鞍型期"的原本之意②。而中国近现代概念的形成基本满足"概念史"作为其研究对象所应具备的前提条件。构成中国社会现代性的概念体系所对应这些词语基本上是产生在清末民初阶段，这个阶段也正是中国社会发生重大转型，传统思想和西方外来思想发生激烈冲突的历史阶段，时间上完全对应传统语言发生转向的重要过渡时期。于是始于社会重大转型时期，并已经有多种社会、政治经验和意义积淀于中的当下主要"现代概念"，便顺理成章地可以成为概念史的研究对象。当然，概念史研究在完成其概念所对应社会历史重担的同时，无疑也同时承担了中国现代性研究所必需的重要基础性工作。

以上从现代性出发而讨论概念史研究必要性的思路可以通过功利主义概念史研究的具体案例来进一步说明。中国社会价值观问题是讨论现代性问题常被提及的主要话题之一，而与此有关的讨论中常常反映出中国社会价值观问题与功利主义概念确有非常紧密的联系。

---

① 李里峰：《概念史研究在中国：回顾与展望》，《福建论坛·人文社会科学版》2012年第5期。

② 科塞雷克借用"鞍型山体"（Bergsattel）意象，即连接两座山峰之间的低落过渡地带，提出了西方史学中著名的"鞍型期"（德：Sattelzeit；英：Saddle Period）概念，指称过渡时期或时代界线，故而亦有"界线期"（Schwellenzeit）之说，即西方近代早期与现代之间的界线，时间约为启蒙运动晚期至法国大革命前后。

当我们深入了解功利主义概念时,会发现功利主义概念的内涵相当丰富,所涉及的问题既有理论层面深度,又有实践层面广度;功利主义概念在中国传播接受过程中,既有中国传统观念与现代进步观念之间的张力存在,又有中西方思想理念间的冲突乃至会通交融。

事实上,无论是在中国近代早期还是改革开放以后,人们的价值观思想都受到了社会历史发展中各种因素的复杂影响。西方的功利主义概念随着"西学东渐"的潮流进入中国,与中国传统思想发生碰撞,在中西方思想汇通融合后,以一种本土化的功利主义形态对人们的日常生活意识和行动观念发挥着实际影响。通过对功利主义概念史研究,可以比较完整地揭示一个现代概念的自身变化与社会历史之间互动关系,并从研究中西方思想的冲突及会通中,从而得到对当下现代性更加丰富的理解。

改革开放过程中,具有实践性功能的功利主义对中国人价值观的变化带来了不容忽视的影响。有学者指出:"中国最近二十多年来关于改革开放的哲学、伦理、经济、政治和法律理论之发生与演变,实际上不过是在中国的语境下重复或重述功利主义的话语。"[①]

改革开放的重要内容是市场经济在中国的展开,这场史无前例的社会转型从一个侧面体现了经济利益驱动社会发展的内在逻辑,这正是功利主义合理性在社会实践中的表现。我们透过实际生活观察改革开放时,可以真实地体会到功利主义影响在很多领域的存在,而且随着改革开放的深入、市场经济的逐步展开,从理论思维到社会实践都不断加深着功利主义所具有的烙印。特别是在当下中国社会中,人们已经自觉或不自觉地接受了功利主义所指向的内涵,不可避免地使自己的观念和行为在很大程度上受到了功利主义影响。

功利主义概念早在清末期间就随着"西学东渐"的大潮进入了中国,梁启超1902年8月在《新民丛报》上撰文《乐利主义之泰斗边沁之学说》[②],这是国内第一篇比较系统地介绍西方功利主义概念的文章,

---

① 夏勇:《中国民权哲学》,北京:生活·读书·新知三联书店,2004年,第290页。
② 梁启超:《梁启超全集》,北京:北京出版社,1999年,第1045页。

完整地阐述了他对 utilitarianism 的理解。通过对"功利主义"一词进行词汇学的学术考察，会发现梁启超介绍的功利主义概念是源于日本明治维新期间引进的西方思想，其背景是边沁（Jeremy Bentham）于18 世纪提出的 utilitarianism 思想概念，后经穆勒（John Stuart Mill）修正所形成了古典功利主义理论体系，而日本当时出于社会发展的需要，将英国的功利主义引入了日本。

从梁启超引入功利主义概念至今，百余年间有关介绍及研究功利主义的文章、书籍不计其数，功利主义概念在中国的理解和接受似乎不应有问题。但一个不容忽视的现象是，作为曾在西方社会发展史上发挥过重要作用的思想资源，功利主义概念在中国被普遍理解的内涵与边沁原初的立意大不相同。目前除学术界讨论外，大多数中文语境下的功利主义往往与"利己主义"挂钩，被认为是急功近利，是一种追求个人利益最大化的价值取向，人们常常将其解为日常生活中权衡利弊得失、只讲利益不讲道义的利己主义行为方式。功利主义甚至被认为是一种不道德的价值观，被理解为鼓励人们只关注自身目的而不管不顾他人与共同体利益的自私自利行为。在中国社会的语境下，"按照现代汉语惯常的用法，当我们说一个人有点'功利'的时候，是完全贬义的，甚至否定这个人的道德人格"①。当下社会似乎已习惯了"急功近利"的表达方式，对这个目前表征着追求个人利益的功利主义一词却早已放弃它原本具有的政治含义。从传统文化的渊源来看，中国历史上的"义利之辨"应该对中国民众理解功利主义有较大的影响，那传统的"义利之辨"与功利主义之间是什么关系？功利主义作为西方的现代概念在引进中国而被理解接受的过程中，中国传统文化对其的影响又如何呢？今天重新阐释、辨析功利主义概念，其目的并不只是为了弄清现代汉语"功利主义"一词的词义变化，而是通对其起源、流变以及由此所构建的中国现代价值观念话语的省察，对中国的政治现代性问题提供某种重新解释的途径。

我们不难发现，遭到类似"功利主义"概念这样的"待遇"并不是个

---

① 夏勇：《中国民权哲学》，北京：生活·读书·新知三联书店，2004 年，第 289 页。

例,诸多的西方概念从形式上进入了中国,但就它们的思想涵义而言,都已与其原初的内容发生了"错位"。即中国社会民众(甚至包括一些学者在内)所理解的西学概念的思想内涵与该概念原初内涵之间存在着不同程度的差异,宏观地看,该问题具有一定的普遍性。

这提示我们在当下现代性问题背景下处理相关概念时,不能简单地从表面的词源意义去理解该概念的实际内涵。事实上,大多数情况下,源自西方的思想概念往往在引入中国的过程中会和本土的文化发生冲突,产生一些"中和"反应,即使概念的名称没有变化,所理解的内涵也会发生变化。而这种内涵变化无论偏向何方,其实并没有正确错误之分,只是反映了中西方文化会通交融的一种结果。而剖析这些重要概念内涵变化的发生,正是概念史研究的主要工作内容之一。中国社会目前在现代化道路上所遇到的问题,无疑具有中国社会自身的特点,但它们与世界现代化过程中曾经发生的以及那些至今仍然存在的现代性弊端具有本质的一致性,反映了现代性本身具有的内在张力。所以当对现代性问题进行深入的理论反思时,需要追根溯源部分现代概念的历史形成过程。而概念史研究的开展,也正是在这个意义上获得了学术上的必要性支持。

2. 概念史研究的对象

经过以上的讨论,似乎完成了现代"概念"应该成为概念史研究对象的论证,但学术上的"合法性"并不代表当然的研究过程的可行性,对此仍需要展开必要的讨论辨析。

首先的问题是选取何种概念可以作为概念史研究的对象,尽管科塞雷克对此提出所谓"四化"标准,即"民主化""时代化""可意识形态化"和"政治化"[①],国内学界也曾对此标准展开过讨论。但根据中国社会现代性现状而提出的概念史研究必要性,应该不必完全遵照科塞雷

① 孙江:《概念史研究的中国转向》,《学术月刊》2018 年第 10 期。

克提出的所谓标准来思考相关概念史研究的问题意识。科塞雷克的"四化"标准显然是根据德国历史研究的需要而制定的，无论其适用的时代背景还是其本来的出发点，都与中国社会面临现代性问题而借助概念史研究方法的出发点大相径庭。我们完全可以回到中国社会语境下，重新定义我们的选择对象的原则标准，既然我们的问题意识源自中国当代的现代性问题，一个关于选择概念史研究对象的合理逻辑推论应是从当今在中国社会环境中发挥较大作用的重要概念入手，如自由、民主、权利、公正等，按此原则筛选一批重点概念进行回溯性研究，研究这些概念在中国社会"三千余年一大变局"的发生时期是如何入世及如何嬗变的，其研究可聚焦在这些"概念"本身内涵和社会对这些概念的普遍理解。研究内容应包括随着社会转型的发生，它们是在什么样的社会条件下被再定义和再概念化的；在不同时期，一种占据主导性定义的概念是如何形成；概念在时间和空间中的移动、变化、接受和进一步传播；揭示概念是如何成为社会和政治生活的核心，讨论影响和形成概念的要素是什么；概念的内涵及变化，包括新概念如何取代旧概念等等诸多相关问题。研究过程中，特别需要注意辨析这些概念形成过程中所存在的中西、古今之间的冲突乃至如何融合，避免简单地直接套用当下的西方或中国传统思想来解释当下的现代概念。

孙江指出："中国的概念史研究应该包含以下内容：词语的历史；词语被赋予了怎样的政治、社会内涵并因此而变成概念的历史；同一个概念的不同词语表述或曰概念在文本中的不同呈现；文本得以生成的社会政治语境。其狭义内涵是关于词语和概念的研究，广义内涵是关于知识形态的研究。……进行概念史研究的目的不是为了慎终追远，探讨中国传统的知识形态，而是要探讨17世纪，特别是19世纪以来中国乃至东亚近代知识空间形成之问题，具体而言，是在中国与欧美世界发生碰撞后，大量的'西学'和日本化的'东学'知识如何传入的问题，尤其是'他者'知识是如何内化为'自我'知识的问题。这么说并不是要否定中国历史自身所具有的近代性，而是要强调，在中国，所谓近代作为问题的出现乃是在与欧美相遭遇之后。这个关于近代知识的'考古'工作既需要了解中国、欧美和日本的学术背景,也需要不同学科之间的取长补短。……重点是进行概念和文本的比较研究:一个西方的概念如何被翻译为汉字概念,其间中国和日本之间发生了怎样的互动关系,中西、中日之间的差异揭示了怎样的文化移植与变异问题。"①笔者认同孙江关于中国概念史研究问题意识的提出和研究思路的看法,认同其"在中国,所谓近代作为问题的出现乃是在与欧美相遭遇之后"的判断。

仍以"功利主义"为例,在进行"功利主义"概念史研究时,我们需要跟随"功利主义"传播线路进行考察,首先需要了解 Utilitarianism 在英国如何产生并从英国传播到日本,了解它如何被日本人接受并换成了"功利主义"的"面孔",此后又如何传播至中国并怎样被接受,可对其进行一种类似全球"理论旅行"②的追踪研究。重点考察"功利主义"概念在本土国家的不同阶段与社会实践发展之间的复杂互动,从而了解"功利主义"概念在最初的词语被赋予了怎样的政治、社会内涵以及此后的变化,同时需要关注这期间各种文化传统之间的冲突及融合是如何发生的,等等。通过对"功利主义"概念嬗变过程的溯源性研究,我们期待了解中国社会接受的"功利主义"概念与"边沁版本""穆勒版本"以及"日本版本"之间的差异,分析"功利主义"概念在中国社会现代化过程中所发挥的作用,包括中西方思想汇通后被中国社会接受的"功利主义"对中国人社会价值观的影响。

经过对历史的溯源和初步的研究,首次明确了"功利主义"进入中国的路径,确认了从边沁创建 utilitarianism 到传入中国的全球"理论旅行"具体线路为:18 世纪边沁提出 utilitarianism 概念——19 世纪穆勒对此进行修正——明治期间被引进日本并被译为"功利主义"——20 世纪初由梁启超等传入中国。

通过查证边沁 Utilitarianism 核心概念的演变,澄清了一些史实

---

① 孙江:《近代知识亟须"考古"——我为何提倡概念史研究?》,《中华读书报》2008 年 9 月 3 日。

② "理论旅行"的理论由爱德华·W.萨义德提出。参见《萨义德自选集》,谢少波、韩刚等译,北京:中国社会科学出版社,1999 年,第 138—139 页。

上的误解；并完整阐明"功利主义"作为 Utilitarianism 译词的发生全过程；研究了明治早期日本社会需求与接受"功利主义"之间关系；澄清了谁是中国"功利主义"传播第一人等；从而对"功利主义"概念的产生背景、内涵、边界以及进入中国后的理解和接受过程得到一个相对完整的理解，完成"功利主义"概念相关学术研究的部分基础性工作。

3. 概念史研究的方法论

关于概念史研究的方法论，根据作者对"功利主义"概念史的研究，有如下几个方面的问题尤其需要加以重视。

首先是关注社会历史语境与这些概念之间的联系，无论是侧重考察社会历史语境的变化对现代概念形成的影响，还是试图理解现代概念的嬗变如何促进所处的社会历史语境的变化，都需要抓住社会历史语境与概念之间关系这条主线，以此展开概念史研究的相关工作。

概念是人类在认识过程中，从感性认识上升到理性认识，把所感知事物的共同本质特点抽象出来，加以概括的一种表达。这里所讨论的"概念"代表了一种思想或知识体系，概念既然是某种思想或知识体系的标识，就必然与概念形成阶段所处时代的政治生活、社会生活及经济生活有紧密的关联。

因为概念史研究对象所处的历史阶段正是社会发生重大转型时期，同时也是传统语言发生转向的重要过渡时期，而也就是在此阶段，历史上的对应的社会各种环境发生了大大不同于平常时期的变化，在此期间大量的不同社会、政治经验和意义积淀于特定的词语，这些经过这种社会巨变洗礼后保留下来的词语表达成了我们研究的对象——概念。由此可见，概念史研究的对象的产生，很大程度上是依赖于社会历史语境的变化，也正是从研究对象所产生的过程出发，我们应该在概念史研究中始终把握住社会历史语境与这些概念之间的联系。斯金纳（Quentin Skinner）指出："我坚信有这样一个途径可以用历史的方法去解读观念史,那就是我们要将研究对象置于特定思想语境及言语框架中,这样便于我们考察作者写作时的行为及其意图。"①

有关"功利主义"概念史研究,国内的研究大都以传统经典文本为主线索展开,其解读基本是沿袭"功利主义"思想史的脉络,呈现更多的似乎是一个具有整体性理论性特征的"功利主义"。但以传统经典文本为主线的研究思路难以揭示"功利主义"所具有的实践性特征,消解了"功利主义"在推动社会转型过程中与改革实践活动互动所带来的历史意义。"功利主义"作为一种实践性和实用性极强的理论学说,原本就来自社会现实的道德、政治和社会等其他相关问题,是为了直接应用于社会实践并解决现实中的问题而诞生的,纯粹从理论路径上展开相关研究,显然不能取得相对满意的结果。哈里森(Ross Harrison)谈到边沁思想研究时指出,"除了这个更抽象的思想,还必须记住,边沁是一个务实思想家,所提出理论的检验就是实践。因此,边沁的理论研究,不论是形而上学理论还是道德理论,都需要在特定的实践性建议的背景下去观察和理解"②。

这样,"功利主义"概念史研究不能仅采用纯理论性质的研究路径来展开,应尽量避免采用传统经典文本的纯理论型研究思路,不能仅局限于传统经典文本的陈述、相关概念演绎和逻辑推论,而要把"功利主义"思想放在特定的社会实践中去考察,特别要关注"功利主义"概念与社会实践之间产生的相互影响。笔者为此沿着功利主义传播流变的路线纵向地考察功利主义思想概念的产生和发展过程,乃至其价值取向和伦理精神向其他方面渗透扩展的历史过程,从而努力把握功利主义在不同历史阶段的具体表现及其社会(经济关系和阶级关系)根源和思想根源。同时,对功利主义思想在其产生、发展过程中对于相应时代的社会经济关系以至整个社会生活的作用进行分析,阐明功

① 转引自殷杰、王茜:《语境分析方法与历史解释》,《晋阳学刊》2015 年第 2 期。
② Ross Harrison, *Bentham: The Arguments of the Philosophers*, London: Routledge, 1999, p. vii.

利主义思想和精神所具有的现代因素及其与不同时期社会转型之间的逻辑联系。在具体分析思想家的思想时,努力还原思想家所处的历史环境,尽可能在原先的历史环境中分析相关理论问题。其中包括考察功利主义概念在社会转型变动中如何泛化为普通民众的社会共识,以此作为研究功利主义的一种认知基础和思想视角。当以社会历史状况为背景,从社会实践的角度来考察功利主义概念流变时,这个社会实践并不是边沁、穆勒或某位思想家个人的实践,而是当时整个社会背景所反映出的社会要求以及功利主义与当时社会互动的结果,如功利主义话语系统形成阶段对应英国当时的社会历史背景,功利主义对英国社会改革实践(包括政治实践)总体上的推动效果等等。

当考察近代功利主义概念在中国的流变时,则对应的又是另一种特殊历史语境,功利主义概念具有从英国到明治期间的日本再转介到中国的跨国经历,同时它在中国的理解和接受又不可避免受到中国厚重文化传统的影响,这也使得功利主义概念在跨文化间理解和接受的过程充满了变异与不确定性。在此复杂的背景下,更加要注意探寻功利主义概念发生和变化背后的客观社会原因,尤其是功利主义观念流变与社会状态变革之间的关系,诸如中国功利主义概念的传播与救亡图存的出发点之间的逻辑关系。通过对功利主义概念传播及接受过程的溯源,以确凿的史实来辨析功利主义概念与社会实践之间的互动关系。

第二,概念史研究涉及概念表达的考察,研究路径的选择首先是聚焦于社会精英的思想概念表达还是将关注的范围扩大到社会民众的观念。

传统思想史研究习惯于从抽象层面展开研究,聚焦于社会精英的思想表达,将它们视为思想史研究的重点并在传统思想史研究中占据主导地位。若在概念史研究中沿用传统思想史聚焦于对社会精英经典文本进行解读的思路,其结果是极大地限制了所研究的领域和考察的视野,妨碍了对历史上实际存在并发挥过作用的重要概念的理解,大大弱化了对所研究概念丰富性、复杂性的认识。在此问题上,葛兆光的意见非常契合概念史研究的要求。他反对把思想史写成精英的甚至经典的做法,他曾撰文认为"仅仅由思想精英和经典文本构成的思想似乎未必一定有一个非常清晰地延续的必然脉络,倒是那种实际存在于普遍生活中的知识与思想却在缓缓地连续和演进着,让人看清它的理路……精英和经典的思想未必真的在生活世界中起着最重要的作用,尤其是支持着对实际事物与现象的理解、解释与处理的知识与思想,常常并不是这个时代最精英的人写的最经典的著作,我们在自己生活的世界中常常发现,可以依靠著述表达自己思想的精英和可以流传后世的经典毕竟很少,而且生活的世界常常与他们分离很远,当社会已经有条件使一批人以思想与著述为职业以来,他们的思想常常是与实存的世界的思想有一段距离"①。葛兆光也在他的另一本专著中强调,"思想与学术,有时候只是一种少数精英知识分子操练的场地,它常常是悬浮在社会与生活的上面的。真正的思想,也许要说是真正在生活与社会中支配人们对世界进行解释和理解的那些常识,它并不全在精英和经典中"②。他提出在精英和经典之外,有一种近乎平均值的知识、思想与信仰作为底色或基石而存在,这种一般的知识、思想与信仰真正地在人们判断、解释、处理面前世界中起着作用。回到概念史研究的初衷,基于需要考察引起社会转型期间这些重要概念变化的各种社会因素,我们没有理由仍坚持只将社会精英作为考察对象的传统做法。

"功利主义"概念史研究的实际过程中,作者避免以个别思想家的评说涵盖甚至替代"功利主义"概念流变的演进,避免以社会精英知识分子的思想取代社会共识,不盲从某一相关思想家的见解,力求以尽可能做到多方面收集论证资料,多角度去考察概念的变化,特别注重收集社会民众对功利主义的理解,分析其具有世俗化特点的表达,将概念流变的过程还原到社会民众的接受与共识的普遍性上,以便尽可能清晰感受时代思潮的脉搏和不同文化交融的复杂性。

---

① 葛兆光:《一般知识、思想与信仰世界的历史思想史的写法之一》,《读书》1998 年 1 期。
② 葛兆光:《中国思想史导论 思想史的写法》,上海:复旦大学出版社,2004 年,第 13 页。

第三,对应以上研究思路的变化,概念史研究应尽可能采用丰富而广泛的资料来源,"不仅涉及名家著作、演讲、回忆录、通信、日记等文献,包括政府文书、刊物、宣传册、议会报告等文件,甚至地区小报和民间流行的手抄本也纳入研究对象",①研究过程中尽可能拓宽文献资料的选择面。

这是因为概念史研究本身将涉及社会多方面所带来的复杂性,往往需要发现尽可能多的资料来探讨社会语境与概念之间的关系。正如马克思所说,"研究必须充分地占有材料,分析它的各种发展形式,探寻这些形式的内在联系。只有这项工作完成以后,现实的运动才能适当地叙述出来。这点一旦做到,材料的生命一旦观念地反映出来,呈现在我们面前的就好像是一个先验的结构了"②。当然目前作为研究概念流变对象的主要载体仍然是历史上的各种文本,这种文本是在历史的具体社会情境中通过语言形式完成的,它有着不依赖于后继认识主体而存在的客观性和自主性。这样的文本不仅是一个语言形式结构系统,而且是一个深层的语义结构系统和表征了某种特定价值倾向的意义系统。

具体到"功利主义"概念史研究,笔者注意到"功利主义"概念具有多渠道传播,传统文化观念顽强呈现的特点,通过考察民国期间报纸杂志及有关书籍对"功利主义"的文本记载,从社会舆论入手,力求以更广阔的民众视野,透视"功利主义"概念流变进而成为社会共识的社会场景,从而力求体察历史的真貌和社会民众的接受度。现阶段充分发掘民国期间报刊杂志及有关书籍的文本,可能是概念史研究在具体手段上需要格外重视的地方。

第四,研究的具体手段上需要吸收新技术的发展成果,尽可能充分发挥互联网技术的搜索优势,利用互联网技术发掘出海量碎片信息中有价值材料,特别注意利用已经建成的相关数据库,沿着努力寻找历史痕迹的思路挖掘有参考价值的材料。

---

① 孙云龙:《考泽莱克与德语世界的概念史》,《史学理论研究》2012年第1期。
② 马克思、恩格斯:《马克思恩格斯全集》,第23卷,北京:人民出版社,1979年,第23页。

余英时曾指出："历史世界的遗迹残存在传世的史料之中,史学家通过以往行之有效和目前尚在发展中的种种研究程序,大致可以勾画出历史世界的图像于依稀仿佛之间。"①随着互联网技术的进步,余英时所期待的历史世界图像大致可逐步实现,一些以前似乎不可能发现的史料也能够在先进的搜索技术帮助下被找到。

作者在进行"功利主义"概念史研究时,依据数据库技术对研究方法进行了新的尝试。针对中国近代报刊资料的考察,选择了权威机构开发的近代报刊数据库②,包括由国家图书馆授权开发的《大公报:1902—1949》数据库;爱如生数据库的《中国近代报刊(要刊)》第 1—3 辑[收录《新民丛报》(1902—1907)、《新青年》(1915—1926)、《东方杂志》(1904—1948)等];得泓公司数据库的《中国近代报刊数据库》[收录《申报》(1872—1949)、《中央日报》(1928—1949)等]。近代书籍考察选取《瀚文民国书库》作为考察对象,该书库收录了 1900—1949 年间出版的书籍 8 万余种,计 12 万余册。以上数据库经过数据化处理均可以提供全文检索,为从民国期间浩如烟海的报刊、书籍文本资料中提取有效信息提供了便利。此外,还有若干非全文检索的文献数据库,也可以辅助使用,如上海图书馆《晚清期刊全文数据库(1833—1911)》,该数据库收录了从 1833 年至 1911 年间出版的三百余种期刊,几乎囊括了当时出版的所有期刊,北京大学"晚清民国旧报刊"数据库,这是北京大学图书馆基于丰富珍贵的相关收藏而自建的特色库;国家图书馆"民国期间文献"数据库,该库包含民国图书、民国期刊、民国报纸和民国法律资源。

需要指出的是借助计算机、互联网、数据库的检索,可以极大地拓宽文献资料的获取面,发掘出传统方法无法获取的相关信息,同时通

---

① 余英时:《朱熹的历史世界:宋代士大夫政治文化的研究》,北京:生活·读书·新知三联书店,2011 年,第 6 页。

② 其中爱如生《中国近代报刊库(要刊)》第一辑—三辑共 300 种期刊,共 14979 号,爱如生《申报》数据库 1872 年 4 月 30 日创刊至 1949 年 5 月 27 日终刊共 27534 号,《大公报:1902—1949》数据库报刊天津、上海、重庆、汉口、桂林及香港等所有内容共 16246 号,共计近 5.8 万期报刊。

过这些新技术的助力，可以极大地提高研究效率。然而，计算机、互联网、数据库仍然只是辅助性工具，尽管非常有效，却仍不能取代人在概念史研究过程中必不可少的分析判断作用。正如方维规指出："很多历史现象，尤其是对人的心理和思想的研究，单靠计量是无能为力的，精神现象很难用数量来概括。要发现数据背后的深层含义及其多层次关联，不仅要披沙拣金，更需要历时和共时的宏观视野。"[①]一个简单的事实是，即使我们通过新技术的帮助获得了海量的信息数据，但面对这些数据背后的深层含义及其多层次的关联，目前仍然需要人工的介入才能展开分析，所以概念史研究并不能采用唯技术论的路径，需要研究者具备必要的概念史研究学养。特别是由于中国近代重要的政治和社会概念与清末民初的"西学东渐"相关，往往涉及中西、古今之争。除需要对本土传统文化具有的必要的理解外，也需要掌握相应的西方思想发展历程。同时鉴于概念史研究常常涉及多学科知识，也要求研究者加强自身知识储备，以拓宽思路，综合判断。

第五，树立多学科、跨学科的研究意识，摆脱单一学科的限制，综合运用多学科的知识开展概念史研究。由于所选择研究的概念往往会涉及哲学、政治学、历史学、法学、文学等诸多学科，局限于单一学科知识的研究必将限制对研究对象的系统理解和把握。这是因为概念史所选择的研究对象，往往在现代性概念体系中具有基础性理念单元的特征，进而会在社会的政治、经济、宗教、法律等多个方面发挥作用。概念史研究根据这个特点，需要尽可能多关注哲学，历史等多学科、跨文化的研究路径。从这些学科借鉴多种研究方法，快速提升概念史研究水平。

第六，文献分析的前提是资料的准确性。对于讨论问题所涉及的文献资料，无论是有关思想理论还是社会转型实践，涉及有关思想家资料，如边沁本人或诸如穆勒、爱尔维修、贝卡里亚、西周、福泽渝吉等国内外思想家，都应尽可能以查寻到一手原著为依据，对二手文献中涉及的原著引用，也力求查寻到相应原著文本进行校核，以避免误传。

---

① 方维规：《什么是概念史》，北京：生活·读书·新知三联书店，2020年，第320页。

第一章　英国古典功利主义

　　绪论中已经提及 utilitarianism 概念肇始于工业革命后的 18 世纪英国社会,本章从英国转型时代的社会背景出发,重点考察边沁当时所对应的英国社会发生大变革的转型时代的历史诉求;utilitarianism 如何回应工业革命后因英国社会发展而产生的这种历史诉求,其中涉及边沁"最大多数人的最大幸福"核心概念的思想溯源及其实践性特征;utilitarianism 随后对英国社会改革的实际影响,包括对 utilitarianism"激进性"的思想层面解析,以期理解边沁功利主义思想的思想面貌和理论关怀。鉴于穆勒对古典功利主义发展的重要贡献,对穆勒有关边沁 utilitarianism 的修正也进行了考察,涉及穆勒所处的维多利亚时代的社会要求;穆勒修正的具体内容,如社会进步概念的提出等若干其他方面。

　　本章通过对古典功利主义发展初始阶段(从边沁到穆勒)的剖析,力求梳理古典功利主义思想概念的出发点和所发挥的历史作用,理解有关 utilitarianism 与英国的历史性社会改革之间的关系,特别是对社会转型的推动以及落实在社会实践上的真实结果,以此作为进行 utilitarianism 思想传播至日本、中国后其概念变异的比较基础。

1.1　英国转型时代的社会背景及 utilitarianism 的提出

1.1.1　功利主义产生的社会背景

　　英国古典功利主义产生的社会背景是 18 世纪中叶发端的英国工

业革命,这场工业革命使社会生产方式从工场手工业发展到机器大工业,这是一种本质性的改变,其结果是社会生产力飞速发展,劳动生产率空前提高,从而使传统农业社会过渡到现代工业社会,发生了历史性的转折。这种转折使得资本主义生产成为可能,资产阶级把货币和才智投入到剩余价值的生产和先进机器、先进技术的应用上,带来了整个社会技术构成和生产力上的深刻变化。正如马克思、恩格斯在《共产党宣言》中所描述的:"资产阶级在它的不到一百年的阶级统治中所创造的生产力,比过去一切世代创造的全部生产力还要多,还要大。"①

　　工业革命在经济、社会、政治等多方面的影响使英国的社会结构发生了前所未有的巨变,导致社会关系的深刻变化。马克思和恩格斯在谈到工业革命对英国的影响时认为,"英国工业的这一番革命化是现代英国各种关系的基石,是整个社会发展的动力"②。尽管英国工业革命推动了社会进步,但在早期阶段却伴随着社会矛盾的加剧,"英国工人在他们所处的那种状况下是不会感到幸福的;在这种状况下无论是个人或是整个阶级都不可能像人一样地生活、感觉和思想"③。当时的工业革命不仅带来了英国经济的显著变化,也对英国社会、政治、法律等方面产生了前所未有的影响。英国原有的封建传统社会形态和工业革命所推动现代社会形态之间产生了巨大的张力,其内在的驱动力量是传统体制被强制适应现代社会的各种功能要求。而随着英国工业革命的发展,原先的社会状况愈来愈难以为继,日益壮大的工业资产阶级要求对国家的政治、经济、法律实行改革,以维护自己的利益。这种社会矛盾本质上是代表传统利益的土地贵族和代表新兴工业利益的资产阶级及雇佣劳动者之间的冲突,即少数人利益和大多数

①　马克思、恩格斯:《共产党宣言》,中共中央马克思恩格斯列宁斯大林著作编译局译,北京:人民出版社,1997年,第32页。
②　马克思、恩格斯:《马克思恩格斯全集》,中共中央马克思恩格斯列宁斯大林著作编译局译,第1卷,北京:人民出版社,1956年,第674页。
③　马克思、恩格斯:《马克思恩格斯全集》,中共中央马克思恩格斯列宁斯大林著作编译局译,第2卷,北京:人民出版社,1972年,第500页。

人利益之间的冲突。由于当时的政治与法律制度中包含诸多阻碍原有社会向现代社会形态发展的成分,在实际事务层面上反映出的社会矛盾非常突出,比较典型的如英国社会法律制度方面,原先保守法律制度与变革中的社会现实之间的冲突非常尖锐。当时英国仍保留着封建时代的法律形式——普通法与衡平法。普通法是严格按照形式主义的程序而形成的判例法制度,以"遵循先例"原则为核心的普通法传统形成了浩瀚如海的判例和因循守旧的习气。衡平法虽可对普通法的规定作某些"衡平的补救",但直到1875年英国颁布《司法条例》之前,只有大法官法院有权行使"衡平的补救"权,而且程序也十分严格,实际效果并不好。这种现状与不断发展的社会需要之间存在着很大的冲突。深层次的矛盾是旧的法律制度保护传统利益的土地贵族,而普通人甚至因很小的过失都可以被杀头,这种法律与现代社会原则有着根本性的冲突。另一方面社会司法现实表现为组织混乱,各自为政,法庭种类繁多,机构重叠。同时繁琐僵化的诉讼程序,不但严重影响了审判效率,而且极易导致冤假错案的发生,不规范的法庭收费制度也造成司法人员的腐败。

边沁正是在英国社会发生重大转型的关键时期,从英国法律制度改革切入,提出了以"最大多数人最大幸福"为核心的古典功利主义思想,并以此作为当时英国法律制度的改革原则,推动英国的法律改革。而功利主义原则不仅仅被作为法律制度的改革原则,该原则也被用于推动其他社会领域的改革,最终成为整个英国社会改革转型的原则。当时边沁所面对的社会现实就是功利主义实践的对象,边沁功利主义的实践基础,就是处在转型时期英国当时社会发展的历史诉求。

1.1.2 古典功利主义的主要内容

当我们讨论古典功利主义时,首先需要对古典功利主义作一个辨析。浦薛凤曾指出:"'功利主义',与其说是一部颠扑不破或闭户造车的抽象哲学,毋宁谓为一个酝酿发展流动变化的社会运动。只因每一时代之伟大社会运动必有其标语、口号、信条、原则,为其理论根据,故英国十九世纪中政治社会之改造当然同时有其系统的道德与政治学说——功利主义。"①由此看来,古典功利主义至少有两个面向,"一个是它是指产生、形成于 18 世纪下半叶的英国社会,并持续一个世纪之久的、涉及广泛社会生活领域的综合性社会改革运动;另一个是指与那场社会运动相联系并作为其意识形态的强调功利的政治和伦理思想,尤其是指功利主义思想原则"。② 本节讨论的古典功利主义主要是针对后者。

边沁作为功利主义思想最重要的奠基人,一生著述颇丰。最常被引证的著作是 1776 年《政府片论》(*A Fragment on Government*)和 1789 年《道德与立法原理导论》(*An Introduction to the Principles of Morals and Legislation*),边沁思想主要内容可见于这两部著作。如果说前者只是提出了一个有关功利主义的纲要,《道德与立法原理导论》则叙述了边沁的法律思想及功利主义世界观,相对系统地对功利主义进行了全面阐述。这两本书通过阐述功利主义伦理学和立法思想,标志了功利主义思想体系的形成。边沁其后还发表了一系列重要著作,如《圆形监狱》(*Panopticon*,1791)、《立法理论》(*Theory of Legislation*,1802)、《功利主义示范学校纲要》(*Chrestomathia*,1815)、《议会改革计划》(*Plan of Parliamentary Reform*,1817)、《宪法论》(*Constitutional Code Rationale*,1822)、《司法证据原理》(*Rationale of Judicial Evidence*,1827)和《宪法典》(*Constitutional Code*,1830 年)等,涉及政治学、经济学、法学、宪法学、教育等众多领域。

《政府片论》是边沁最早发表的著作,在当时英国法律制度矛盾突出的背景下,边沁发表《政府片论》以反驳当时英国著名的权威法学家布莱克斯通(William Blackstone)的《英国法释义》,切入了英国法律制度改革。在《政府片论》中,边沁主张立法原则与形式都需要改革,在阐释功利主义学说主张的同时,用功利主义思想原则代替原先的

---

① 浦薛凤:《西洋近代政治思潮》,北京:北京大学出版社,2007 年,第 473 页。
② 牛京辉:《英国功用主义伦理思想研究》,北京:人民出版社,2002 年,第 5 页。

自然法,以"最大多数人最大幸福"作为新的立法原则,希望在此基础上,编制成文的法典,以法典代替判例法,从而彻底改革英国法律制度。

边沁的第二本重要著作《道德与立法原理导论》于 1789 年法国资产阶级革命发生时正式出版,为边沁在法理学特别是在立法方面的权威和声誉奠定了坚固的基础。这是边沁构思的一部讨论立法原则著作的导论,提出要依据效果而不是动机来判断行为的好坏,政府的主要活动是立法,立法的目的是增进人们的幸福。该书还提出了惩罚的原则,即犯罪者由于受惩罚而遭受的损失必须大于他通过犯罪行为所获取的利益。

牛京辉将边沁功利主义思想特点归纳为具有鲜明的时代特征、极强的继承性和鲜明的实践性,"第一,具有鲜明的时代特征,反映了那个时代的基本的经济、社会要求和思想状况并推动了它的发展进程;第二,其伦理思想具有极强的继承性,显示了对英国(乃至法国)伦理学传统和时代伦理精神的发扬;第三,具有鲜明的实践性,在其理论之下,汇聚了一大批信奉者,致力于将理论应用于司法、行政等政府领域中,从而掀起了一场轰轰烈烈的社会改革运动"。[1] 而边沁功利主义思想的主要内容可以概括为以下三个方面:

1."最大多数人的最大幸福"原则

边沁所提出的功利主义思想,其核心是"最大多数人的最大幸福"原则。1776 年,边沁在《政府片论》中首次阐述了"正确与错误的衡量标准是最大多数人的最大幸福"[2]这一基本原则,提出以此原则作为标准,衡量个人行为以及一切社会制度和政策的正确与错误。1822 年《道德与立法原理导论》再版前,边沁为"功利原理"(principle of utility)加了注解,"该名称后来已由'最大幸福或最大福乐原理'来补充或取代。这是为了简洁的缘故,而不详说该原理声明所有利益有关的人的最大幸福,是人类行动的正确适当的目的,而且是唯一正确适

---

① 牛京辉:《英国功用主义伦理思想研究》,北京:人民出版社,2002 年,第 16 页。
② 边沁:《政府片论》,沈叔平等译,北京:商务印书馆,1995 年,第 91 页。

当并普遍期望的目的,是所有情况下人类行动、特别是行使政府权力的官员施政执法的唯一正确适当的目的"①。显然,边沁将"最大多数人的最大幸福"当作功利主义学说最基本的原理,边沁功利主义思想主要内容已经得到清晰表达。

考察当时社会的现实情况,可以从一个角度理解"最大多数人的最大幸福"提出的合理性。威尔·金里卡(Will Kymlicka)对功利主义兴起于英国的社会原因给予了诠释,"当时的社会背景是这样的:社会组织的功能主要在于满足一小部分精英的利益,而以牺牲绝大多数(农民和工人)的利益为代价。人们之所以认同这种精英型社会结构,是因为关于传统、自然和宗教的意识形态偏见起到了相应的维系作用。那个时代最根本的政治争论就是:是否需要改革这种精英型社会结构以提升绝大多数人的权利。在这种情况下,功利主义坚持自己的世俗特点和效用最大化要求,意味着它愿意与历史上被压制的绝大多数人站在一起,共同反对一小部分特权精英"②。也就是说,当时存在少数特权阶层以牺牲绝大多数人的利益为代价来维护少数人利益的现象,从深层次的思想意识来理解,人们之所以认同这种少数人主导的社会结构,其背后是由于旧的传统意识,包括自然和宗教的意识形态偏见维系这种社会结构的合法性。

边沁正是站在被压制的大多数人的立场上,对此展开了批判。仅从边沁在《道德与立法原理导论》中痛斥韦德伯恩反对功利主义一事即可见当时的社会风气。边沁1776年发表《政府片论》后,时任检察总长的韦德伯恩曾攻击边沁的主张,说:"功利原理是个危险的原理,在某些场合考虑它有危险。"边沁深刻地评价道:"他这么说,在某种程度上是千真万确的:一个将最大多数人的最大幸福规定为政府之唯一正确和正当目的的原理,怎么能被否认是个危险的原理?对于将某一人的最大幸福,加上或不加上数目相当小的其他人的最大幸福(这些人是否一个个被恩准作为形形色色的小伙伴分得一杯羹,取决于他

---

① 边沁:《道德与立法原理导论》,时殷弘译,北京:商务印书馆,2005年,第58页。

② 金里卡:《当代政治哲学》,刘莘译,上海:上海三联书店,2004年,第90—91页。

的喜乐或笼络考虑），当作自己的实际目的或目标的政府，这个原理毫无疑问是危险的。对于包括他本人在内所有那些为了从开销中抽取利润而以司法等方面的程序方式最大程度地从事拖延、制造烦恼和增加开支的官员的利益——邪恶的利益——而言，它确实是危险的。在一个注重最大多数人的最大幸福、以此为本身目的的政府中，亚历山大·韦德伯恩仍可能担任检察总长，然后任大法官，但他不会是年俸15000 英镑的检察总长，也不会是享有贵族爵位、手执所有司法否决权、领取 25000 英镑年俸以及在教会圣职等等名下有 500 个领干薪的挂名闲职可供支配的大法官。"①

同时，在人们的思想意识领域，通过前期启蒙运动的洗礼，加之资本主义发展的内在要求，个人主义及平等自由观念开始逐步建立起来。新的时代逐步将人从等级秩序和宗教主导的目的论中解放出来，个体的人逐步成为独立主体，不再依附于他人或神灵，也不会简单地接受神的戒律，其行为也不再简单地受某种目的论的约束。此时边沁提出的功利主义思想，即"最大多数人的最大幸福"的原则迎合了新时代的世俗要求，是当时社会伦理意识的必然选择。因为功利主义本身就包含着个人主义及相应的自由平等的前提，具有如下要点：人是重要的，并且每个人都同等地重要；应该同等程度地对待每个人的利益；正当的行为将使功利最大化。这也就意味着，坚持世俗特点和功利最大化要求的功利主义一定争取最大多数人的幸福，反对只是追求少数人的利益。

事实上，边沁提出的这个新原则不仅被运用到他当时努力推动的英国法律制度改革，随后也被推广使用到整个英国社会改革的层面上，作为重要的社会改革原则来指导当时社会改革的具体实践活动。这是因为"最大多数人的最大幸福"作为一种新的社会原则，具有鲜明的时代特征。由于功利是商品经济关系中最基本因素，非常符合当时资本主义商品经济发展的时代需求。随着当时整个社会转向世俗社会的趋势，功利主义迎合了当时绝大多数人的心理，满足了资本主义

---

① 　边沁：《道德与立法原理导论》，时殷弘译，北京：商务印书馆，2005 年，第 62 页。

社会发展的需要。功利主义"把传统的贵族社会转变成一种现代的、世俗的、民主的、市场的和自由的社会"[1]。正如马克思指出的,功利学说清楚地"表明了社会的一切现存关系和经济基础之间的关系"[2]。"最大多数人的最大幸福"比自然权利一类的空洞说教,效果现实有效,同时它符合当时社会发展的现实要求,在社会发展方向上因其一致性而获得学说本身的合理性。另一方面,功利主义还具有极强的实践性,尽管最初是针对英国法律制度改革而提出,但表现出可以将各种零散芜杂的观念统合为单一社会原则的特点,这样在社会转型的历史背景下,最终得到了社会各方面的认可,对英国 20 世纪的社会转型发挥了积极的推动作用。

2. 边沁的虚构理论(Theory of Fiction)

"最大多数人的最大幸福"原则无疑是边沁思想的最重要组成部分,但作为边沁思想的哲学基础——虚构理论(Theory of Fiction),却常常在讨论边沁思想体系时被人们忽略。正是缺乏对边沁虚构理论的理解,导致边沁思想的理论部分常受到否定性批评。一些人基于边沁理论的经验性特征,就此批评边沁理论太过于庸俗;认为边沁尽管在功利主义形式化表述和演绎方式上做了努力,使其有一种体系化的外表,但思想本质上仍属经验式归纳,缺乏必要的哲学基础;边沁对功利主义思想并没有哲学贡献;他既缺乏理论建构的独创,也缺乏对于现实复杂性的认识,只是对"日用而不知"的经验概念进行了总结。有关边沁在思想史上重要性的主流看法,正如奥格登所总结的:"比较正统的观点有,边沁在政治和法律领域确实有非常强大的影响力,但作为一个思想家,他的原创性不强,甚至不是非常深刻,在终极哲学问题上有点混乱,容易把复杂的问题过度简化。……因此,他的记忆虽然被历史所珍视(就像达尔文或孔德一样),但将逐渐从活着的过去的画

---

① 米勒、波格丹诺:《布莱克维尔政治学百科全书》,北京:中国政法大学出版社,1992 年,第 531 页。
② 中共中央马恩列斯著作编译局编:《马克思恩格斯全集》第 3 卷,北京:人民出版社,2016 年,第 484 页。

布上消失。"①

　　批评边沁比较有代表性的典型人物首先是穆勒（John Stuart Mill），1833 年穆勒曾发表匿名文章，对边沁进行了指责，"边沁似乎没有深入研究这些学说（功利主义）的形而上学基础，他似乎非常依赖于他之前的形而上学哲学家的说法。功利原则（后来称之为最大幸福原则），在他的著作中没有以什么方式得到证明。他只是列举了通常用来表示生活规则的不同种类短语，他用这些短语反驳别人拒绝功利主义。因为这些短语并没有可理解的含义，而且可能涉及对功利概念一种不言而喻的拒绝。这些短语包括自然法、正当理由、自然权利、道德感。边沁把所有这些短语都看作是教条主义的掩饰，是把自己的主张作为约束他人的规则的借口"②。1838 年穆勒又发表文章《论边沁》，穆勒根据维多利亚时期政治和哲学论战的标准，自称形式上将"本着既不道歉也不指责，而是冷静欣赏的精神"③对边沁进行了客观评价，但穆勒对边沁的批评仍相当负面。他写道："我们应该说，边沁不是一位伟大的哲学家，但他是一位伟大的哲学改革家。他给哲学带来了它非常需要的东西，而哲学正因为缺少这些东西而陷于困境。做到这一点的不是他的哲学内容，而是他采用的方式。……简而言之，不是他的观点，而是他的方法，构成了他所做的事情的新颖性和价值。"同时穆勒用了两个理由批评边沁不具有哲学家的资格，"第一不具备哲学家的资格是边沁蔑视所有其他思想家，他决心完全用他自己的思想和类似他自己的思想提供的材料来创造一种哲学；第二被剥夺哲学家的资格是边沁作为普遍人性的代表，他的思想是不完整的。在人性的许多最自然和最强烈的感情中，他没有同情心。他与许多更严重的经历完全隔绝；缺乏想象力，无法理解另一个人的心灵，无法投入到另一个人

---

①　Jeremy Bentham, *The Theory of Legislation* Edited with An Introduction and Notes by C. K. Ogden, London: Kegan Paul, Trench, Trubner & Co. Ltd., p. x.

②　John Stuart Mill, *The Collected Works of John Stuart Mill*, Volume X — Essays on Ethics, Religion, and Society, PLL v6.0 (Generated September, 2011), p. 111.

③　John Stuart Mill, *The Collected Works of John Stuart Mill*, Volume X — Essays on Ethics, Religion, and Society, PLL v6.0 (Generated September, 2011), p. 97.

的情感中去"①。由此可见,显然穆勒不认同边沁在哲学上的贡献。不仅如此,由于穆勒的学术地位,所造成的负面影响很大,因为"这是自1838年穆勒发表深刻的文章以来,每一位边沁研究者都反复强调的观点"②。

英国历史学家蒙塔古(F. C. Montague)1891年在编辑《政府片论》时,针对边沁理论也指出,"每一种思想过程,对于他(边沁)来说都像是一系列的三段论。他的前提是软弱无力的,然而他的推理却极丰富,这两点都是他明显的特征"③。蒙塔古也忽略边沁思想所具有的哲学基础,认为边沁思想前提软弱无力。

对边沁进行更严厉批评的另一位有代表性的学者是萨拜因(George H. Sabine),他作为政治学教授于1937年发表了很受欢迎的《政治学说史》(A History of Political Theory)一书,书中对边沁评价如下:"事实上,这个派别(功利主义者)的成员,包括边沁本人在内,没有一个人在哲学原创性上,甚或在非常深刻地把握哲学原则的方面做出过任何卓越的贡献。在他们影响下的形式化表述方式和演绎表述方式,使他们的思想有了一种体系的表象,因为这种体系被证明是以不可靠的分析为依据的。该体系若干部分之间的先后顺序表现为这样一个事实,即它们之间的关系是实际的而不是逻辑的。"④萨拜因完全不认可边沁思想具有必要的哲学基础,对此有非常负面的看法。

类似这种负面看法,也常见于国内学界。在国内继《政府片论》《道德与立法原理导论》之后,翻译出版的第三本边沁原著《立法理论》中,对边沁的介绍如下:"在一些人眼中,边沁也许算不上一个深刻严谨的哲学家,尤其与那些以构筑庞大完整哲学体系而著称的学

---

① John Stuart Mill, *The Collected Works of John Stuart Mill*, Volume X — *Essays on Ethics, Religion, and Society*, PLL v6.0 (Generated September, 2011), p. 91.

② Michael Oakeshott, The New Bentham, Scrutiny, 1 (1932 – 3). "The New Bentham" was first published in Scrutiny in 1932, on the one hundredth anniversary of Bentham's death.

③ 边沁:《政府片论》,沈叔平等译,北京:商务印书馆,1995年,第22页。

④ 乔治·萨拜因:《政治学说史 下》,索尔森修订,邓正来译,上海:上海人民出版社,2010年,第362页。

者相比。因为他既缺乏理论建构上的独创性,也似乎缺乏对于现实的复杂性的认识。首先,他广泛地使用日常经验概念,以至于人们经常怀疑他的工作更像是这些经验概念的编辑、精练和整理。"①而这种认为边沁思想"肤浅"甚至"庸俗"的观点在中国学界有一定的代表性。

虚构理论的提出是基于边沁本体论及认识论的哲学观点,反映了边沁对现实世界的形式和本质的理解,以及人究竟如何从社会现象中辨识客观或真实等问题。边沁处理这些哲学问题的主要抓手是他对语言与物质世界的关系把握。这完全是边沁原创的理论。边沁非常重视语言的作用,早在 1776 年就从语言学角度进行了强调,他在 *A Fragment on Ontology* 一书中指出,"除非以虚构(fiction)的方式,在我们的头脑中或其他任何地方,没有任何东西能够被我们言说或被思考"②。边沁在这里之所以提及语言是基于他本人原创的本体论及认识论哲学观点。"它的根源在于语言的本性:没有语言这个工具,虽然它本身什么也不是,但我们什么也不能说,也几乎什么也不能做。"③语言作为人类理解物质世界和现实社会的工具是不可回避的。如果没有语言,人类的经验将无法用于思想、话语和行动,除了个体最原始的思想之外,所有的思想将无法在个体之间交流,这是不可想象的。边沁在讨论语言的重要性时写道:"语言是话语的工具,是交谈的工具,是一个思想和另一个思想之间交流的工具,它是那种被称为表达、话语、交谈操作的产物,是对应能力的工作:以任何这种方式谈论它只是同义词。但是,正如我们已经注意到的,它不仅是话语的工具,而且是思想本身。如果没有这种工具,一个人不能把他自己头脑中的思想的任何部分传达给其他头脑,他头脑中可能积累的那些财产的最大存

---

① 边沁:《立法理论》,李贵方等译,北京:中国人民公安大学出版社,2004 年,中译者前言,第 7 页。

② Jeremy Bentham, *The Works of Jeremy Bentham*, ed. J. Bowring, Edinburgh: William Tait, 1838 – 1843, vol. xiii, p. 199.

③ Jeremy Bentham, *The Works of Jeremy Bentham*, ed. J. Bowring, Edinburgh: William Tait, 1838 – 1843, vol. xiii, p. 198.

量,也只能在一个微不足道的程度上比在完美程度上最接近他自己的那种动物的头脑更充裕。"①边沁认为没有语言,人类的思想几乎会沦为虚无,人类的经验几乎是空洞的,人类的存在会退化为动物般的存在。

关于虚构理论所包含的具体内容,边沁首先将我们面对的世界分为两类,边沁对实体的具体划分指出:"实体可以被区分为可感知的和可推断的。一个实体,无论是可感知的还是推理的,要么是真实的,要么是虚构的。可感知的实体是指人类通过感官的直接见证而知道其存在的每一个实体,无需推理,即无需思考。推理实体,是指至少在这个时代,人类一般不通过感官的证明来认识的实体,而是通过思考产生对其存在的说服力——从一连串的推理中推断出来。"②"每一个名词—实体,如果不是真实实体的名称,无论是可感知的还是推论的,都是虚拟实体的名称。"③边沁认为:"通过这样的划分和区别,整个逻辑学领域得到了极大的启发,从而也使整个艺术和科学领域,尤其是心理学,以及科学的伦理或道德分支得到了极大的启发。"④边沁自称这种分类是受到达朗贝尔百科全书的启发,⑤而"虚构的"(fictitious)概念达也来自朗贝尔所使用的短语 Êtres fictifs⑥。

边沁对真实实体和虚构实体的定义是:"真实实体这样一个实体,在特定的场合下为了话语的目的,其存在被赋予是真实的。……虚构实体是这样一个实体,虽然从谈论它时所使用语法形式的话语来说,其存在是被赋予的,但在真理和现实存在中并不意味着被赋予。……每个虚构实体都与某个真实实体有某种关系,但这种关系的概念就是

① Jeremy Bentham, *The Works of Jeremy Bentham*, ed. J. Bowring, Edinburgh: William Tait, 1838 - 1843, vol. xiii, p. 231.
② Ibid., vol. 8, p. 195.
③ Ibid., vol. 8, p. 197.
④ Ibid., vol. 3, p. 286.
⑤ Ibid., vol. 8, p. 119
⑥ Ibid., vol. 3, p. 286.

这样,只有在这种关系被感知到的情况下,也才能这样推断。"①边沁进一步解释了真实实体和虚构实体这种区分的用途,"以唯一的方式,将清晰的概念附加到所讨论的几个全面的、主要的术语上;避免并排除因缺乏这种明确的思想而产生的众多错误和争端;在许多情况下,这些争端并没有以语言结束,而是通过语言产生了反感,并通过反感产生了战争及其一切苦难。"②简言之,根据边沁的虚构理论,我们获得了面对所处世界的一种新认识方法,我们将面对的真实世界划分成两部分,一部分是真实而具体的物质实体,这些物质实体是人可以直接感知到的;另一部分虽然被称为虚构实体,但并不是真实而具体的物质实体,只是由于语言使用的必要性而获得了其合法性,但需要通过与某个真实实体的某种联系而得到承认,这种联系应该可被感知。有人认为"实体"这个词只能表示存在的事物,会质疑虚构实体的说法在术语上是一种矛盾,会引起混乱。边沁解释道:"这一看似矛盾的局面将不可避免。它的根源在于语言的本质:没有语言这种工具,尽管它本身什么都不是,但我们什么都说不出来,几乎什么都做不成。"③

波斯特玛对此进行解读:"边沁认为,正是在这个物质基础上,人类的大脑建构了一个厚重、多纹理、多层次的物质世界;这是一个由具体物质对象组成的世界,按照因果法则相互作用;是由一个苹果和桌子、老虎和羔羊组成的物质世界;也是一个包括个人、人际交往、人和事、团体和社区、国家和法律所形成的社会世界。这是个具有人类经验的世界,由人和非人,物理的和心理的事物所构成。这个世界是建立在这个薄弱的物质基础之上,但绝不会限制或简化,它既不反映也不寻求与之对应。人类所感觉到的世界是一个充满大量不同种类、数量众多的、由语言虚构而来的实体。在这个世界里,思维得到语言支

---

① Jeremy Bentham, *The Works of Jeremy Bentham*, ed. J. Bowring, Edinburgh: William Tait, 1838 – 1843, vol. 8, p. 196, p. 197.

② Ibid., vol. 8, p. 196, p. 198.

③ Ibid., vol. 8, p. 196, p. 198

持和帮助并使其活跃。这个世界以物理（和精神）现实为起点，并可以在许多重要的方面对此现实中的问题给以响应，但它仍是一个独立的领域，虽然保持着和物质基础的联系，但不能简化成物质基础。当我们在这个世界上生活、感觉、思考、选择和行动时，它是有意义的经验世界，与它所在的物理基础一样存在，也同样真实。"边沁通过他的本体论，借助于虚构理论的建构，为世人打开了认识世界的另一个窗口。

边沁在 *A Fragment on Ontology* 一书中讨论了虚构实体的分类，他"根据虚构实体与真实实体的关系远近程度进行推算，有的虚构实体被称为第一层的虚构实体，有的虚构实体则被称为第二层的虚构实体，以此类推"①。边沁"将虚构实体的第一等级定义为物质，形式，数量，空间；将绝对虚构实体的第二等级定义为质量；修改及与质量有关的同义词或准同义词，如：性质、种类、类型、方式、肤色、描述、性格、形状等等"②。波斯特玛的研究详细地阐述边沁关于虚构实体与真实实体的关系。"虚构实体可以被分成几个不同层别。它们确实或可以被安排成以真实实体为中心向外延伸的同心圆模式。第一层虚构实体（有时也称半真实层 semi－real entities）包括运动和静止、物质、形式和形象、空间、时间、关系。第二层虚构实体包括品质和集体实体（例如，属、种和事件集合，如战争），它们是真实实体或事件的集合，所有这些实体或事件都有一些共同的属性。更高层级的虚构实体包括心理实体、意志和规范性虚构实体，涉及权利、义务、自由、美德和邪恶等等。请注意，对较高级别的虚拟实体的任何解释都将根据较低级别的虚拟实体进行。如果一个连接要一直连接到物理基础，它将必须通过一系列这样的解释。"③

为更好说明边沁真实实体和虚构实体的关系，可采用一种容易理

---

① Jeremy Bentham, *The Works of Jeremy Bentham*, ed. J. Bowring, Edinburgh: William Tait, 1838－1843, vol. 8, p. 196, p. 198.

② Ibid., vol. 8, p. 196, p. 201.

③ Gerald J. Postema, *Utility*, *Publicity*, *and Law*, Oxford: Oxford University Press, 2019, p. 14.

解的同心圆图示来解释,见图 1。

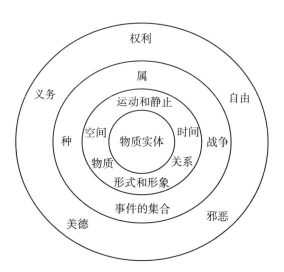

图 1   真实实体与虚构实体关系分层示意图

斯科菲尔德指出:"边沁不仅提出了实存体和虚构体这一核心概念的区分,他后来称之为'综合的且极富启发意义的区分',而且他还得出结论说,后者是不能用属加种差的方法来定义的,因为它们不属于任何属,'它们中的每一个本身都是最上位的(概念),在它之下,物质(substances)可以根据它们所具有的属性而被分类'。"[①]边沁认为,物质实体能够通过感知直接掌握,很容易形成认识共识,而虚构实体则只能凭借语言之类的中介"推论"出一种共识,虚构实体的存在取决于对认识的推论,它并不能独立存在,它依赖于物质实体的衍生与语言的建构,而边沁的这种思维正是典型的英国经验主义思想的本质。

于是边沁将伦理学的表达在他原创的本体论、逻辑、语言所构成的认识论思想框架内进行处理。这种方法被边沁称为:"逻辑学,又名形而上学,是一门技术和科学:借以使观念变得清晰、正确、完整和联

----

① 斯科菲尔德:《邪恶利益与民主:边沁的功用主义政治宪法思想》,翟小波译,北京:法律出版社,2010 年,第 12 页。

系。其实用性其自身之适用对象的观念所具有的重要性相关的。"①边沁虚构理论就是在这样的背景下成为了建构其思想体系的哲学基础。

边沁正是根据其原创的"形而上学",即虚构理论,彻底抛弃了传统形而上学所谓的超验哲学追求,将人类对世界的认识的基础锚定于人类对外部物质世界的经验感知,从根本上否定了自然法原则。于是他可以将伦理学的表达在由他原创的本体论、逻辑、语言所构成的认识论思想框架内进行处理。这种方法被边沁称为:"逻辑学,又名形而上学,是一门技术和科学:借以使观念变得清晰、正确、完整和联系。其实用性其自身之适用对象的观念所具有的重要性相关的。"②边沁虚构理论就在这样的背景下成为建构其思想体系的哲学基础。很重要的是,功利主义思想最核心的功利原则,即"最大多数人的最大幸福",借助于虚构理论所构建的认识论体系,是可以从边沁本体论的角度完成对功利原则的一种哲学意义上的论证。边沁以他的虚构理论作为整个功利主义思想的底层逻辑,不仅可以做到对功利原则的哲学支持,且以此为根据展开对自然法的无情批判。他认为只有当虚构实体可被还原为其他包含存在于物理世界的实体,即也可以有其真实来源实体时,才是有意义的。自然法的本质基础实际上是源于上帝这些虚构实体,在边沁这里,上帝也只是据推测的虚构实体,但却无法被感觉所证实,它们的真实与否最后只能有赖于个人的信仰或信服。"何为上帝的意愿?上帝对我们既不言传也不身教。那么,我们怎能知道他的意愿如何?通过了解我们自己的意愿然后把这称作他的意愿。因此所谓上帝的意愿无非是也必定是那个讲他相信或者装作相信上帝的人的意愿……功利主义的信徒会说'因为我设想做此行为总的来说有害于人类幸福'。"③此类虚构实体并不存在于真实物理世界,根据边沁的虚构理论,这种形而上学的意识形态,包括类似的宗教信仰,都失

---

① Jeremy Bentham, *The Works of Jeremy Bentham*, ed. J. Bowring, Edinburgh: William Tait, 1838 - 1843, vol. 10, p. 510.

② Ibid.

③ 边沁:《道德与立法原理导论》,时殷弘译,北京:商务印书馆,2000年,第80页。

去其合法性,都成为胡说。而深刻挖掘边沁的哲学本体论思想,对认识处理当下现代社会的问题(如中西方的人权分歧)有着极大的现实意义。

3. "苦乐原理"和从后果判断行为效果的原则

边沁关于功利主义的阐述有一个基本前提,即以经验主义人性论的"苦乐原理"为基础。他在《道德与立法原理导论》开篇就明确指出:"自然把人类置于两位主公——快乐和痛苦——的主宰之下。只有它们才指示我们应当干什么,决定我们将要干什么。是非标准,因果联系,俱由其定夺。凡我们所行、所言、所思,无不由其支配:我们所能做的力图挣脱被支配地位的每项努力,都只会昭示和肯定这一点。一个人在口头上可以声称绝不再受其主宰,但实际上他将照旧每时每刻对其俯首称臣。"①在边沁这里,快乐和痛苦决定了个人如何行为,对快乐或是免除痛苦的期待是驱动人们行为的动机,个人受苦乐的统治,追求快乐或是避免痛苦就成为行为的最终目的。

这是边沁从英国经验论立场出发,通过建立在人性论基础上的"苦乐原理"对功利主义的立论进行经验式的、直白的简单论证。边沁还提及功利原则的正确性并不需要证明,功利原则是"被用来证明其他每个事物,其本身无法被证明:证明之链必定有其始端。给予这样的证明,既无可能亦无必要"②。根据边沁的文本,"苦乐原理"似乎是自明的,无需推导论证。但根据边沁虚构理论,快乐和痛苦正是人类的感觉,本身属于边沁虚构理论中的真实"实存体",这种文本上的"不证自明"应该理解为是在边沁虚构理论下才得到的"不证自明"。事实上,在虚构理论的哲学基础上,是可以进行功利原则哲学意义上的逻辑推论的。边沁将道德标准归结为快乐和痛苦的体验,将个人趋乐避苦的本性即"苦乐原理"作为其学说的基石,其哲学上的合法性还是来自他自己独特的虚构理论支撑。由此确立了苦乐在人的行为中所具有的支配地位——作为人行为的最终目的。

---

① 边沁:《道德与立法原理导论》,时殷弘译,北京:商务印书馆,2000 年,第 57 页。

② 边沁:《道德与立法原理导论》,时殷弘译,北京:商务印书馆,2000 年,第 60 页。

一方面我们可以从边沁的文本中读到,如果把快乐和痛苦的因素去掉,不但幸福一词失去意义,就连正义、义务、责任以及美德等一向被视为与快乐和痛苦无关的词,也都会无意义。从直观表面上,很容易理解边沁的这种看法是建立在感觉经验基础上的,继承了英国经验论传统,拒斥一切超出感觉经验范围的形而上学和宗教主张,同时还可以推导出对人的理解也必须建立在对人的实际经验的理解基础之上。人性不是源于宗教的启示和形而上学的先验证明,并不是源自神学、上帝甚至理性、良心等理论推导论证。另一方面,快乐和痛苦作为他的虚构理论中最终可以将幸福和善恶等虚构体还原为物理世界"真实实体"的最关键因素,也是确保边沁功利主义思想在哲学论证上得以成立的关键环节,边沁功利主义的哲学论证正是来源于他的虚构理论。

功利主义的上述核心主张决定了边沁的理论必然采用后果论的形式,即主张从后果判断行为效果的原则。任何行为的效果不是抽象的,而是具体的,每一个行为的正确性都必须由该行为的效果来证明。边沁的描述非常简洁:"功利原理是这样一种原理:它按照看来势必增加或减少利益相关者的幸福的趋向,也即是说,促进或反对幸福,来决定赞同还是反对每一个行动。我是说每一种行动,因此不仅指私人的每一人个体行为,也指政府的每一项举措。功利是指任何客体的这么一种性质:由此,它倾向于给利益有关者带来实惠、好处、快乐、利益或幸福(所有这些在此含义相同),或者倾向于防止利益有关者遭受损害、痛苦、祸患或不幸(这些也含义相同);如果利益有关者是一般的共同体,那就是共同体的幸福,如果是一个具体的个人,那就是这个人的幸福。"[①]

这种对行为建立在行为的后果之上的评价已经是一种道德评价,即以效果而非动机作为判断行为是非善恶的标准,具体地看,它有两个主要部分:其一,对内在价值或根本上的善的规定,将快乐看作是具有内在价值的东西;其二,对于正当和善的关系的规定,认为道德上正当的行为就是那些能最大限度地实现内在价值的行为,从而建立起

---

① 边沁:《道德与立法原理导论》,时殷弘译,北京:商务印书馆,2000 年,第 59 页。

功利主义评价的基本框架。

效果论或目的论是边沁功利主义基本的特征之一。在边沁看来，行为和实践的正确与否、行为在道德上的正当与否，不取决于行为自身或行为者的动机，只取决于受这些行为和实践影响的所有当事人的普遍幸福，即该行为产生的总体后果所体现出的行为的善或恶。这是功利主义区别于其他伦理理论的又一个特点，也是功利主义与其他伦理理论之间冲突、争论的焦点。

1.1.3 边沁的思想关怀

功利主义的问世除了适应英国社会发展的时代需求外，功利主义思想的创始人边沁本人的思想关怀及其政治实践的出发点也发挥了很大的作用。

边沁 1748 年 2 月 15 日出生在伦敦一个富裕律师家庭，幼年时身材矮小瘦弱，性格安静善良，聪颖好学，早熟的他 3 岁就开始学拉丁文，受到良好的家庭教育；7 岁进入伦敦威斯敏斯特学校，在那里读了5 年；12 岁进入牛津大学女王学院开始了大学学习，据说是当时被录取的最年轻学生。伦敦威斯敏斯特学校和牛津大学女王学院是当时英格兰的两个最正统的国教中心，也是最好的学校。牛津大学的学习生活并不是边沁愉快的经历，他非常抵制那些虚伪的旧制度，认为学校强迫他违心签名"39 条教会信仰"的做法非常虚伪，对他一生影响很大。

边沁父亲希望他学习法律，并期望他日后成为英格兰大法官。边沁从牛津毕业后，根据父亲的意愿，进入林肯律师学院学习法律，并在高等法院法庭当见习生。边沁从林肯律师学院毕业并获得专业律师执业资格后，经历了短暂的律师生涯，他对英国律师的非职业化和司法制度的现状深感失望，期待对司法制度进行改革。此后边沁将主要兴趣放在理论著述上，致力于推进英国的法律制度改革，并用了几乎一生的精力试图建立一套完善全面的法律体系，特别是功利主义原则指导下的法典化体系，曾自荐为英国、法国、美国、俄国、波兰、西班牙、葡萄牙等多个国家编撰法典，并向"世界一切崇尚自由的国家"呼吁编撰法典。

根据边沁的书信记载，他喜爱阅读，尤其是故事传奇。这些书中给他印象最深的是费奈隆（Francois Fenelon）的小说《忒勒马科斯历险记》。这是一本以古希腊荷马史诗《奥德赛》的故事为主线的儿童小说，小说的主人公把时间、情感、抱负都放在为人民身上，爱人民胜过爱自己的王室，反映了作者对乌托邦社会的向往。边沁数次在不同的场合提及六七岁就受到希腊神话人物忒勒马科斯的激励，产生了立志改变全人类命运的激情。1821 年 6 月 5 日，边沁在写给 Joao Baptista Felgueiras 的信中[1]回忆了 6 岁时（1754 年夏天）的愿望：他受到忒勒马科斯的激励，立誓每当关注到人类和人类情感时，无论多么模糊，都应该尽量用数字计算清楚。根据记载[2]，他将自己的个性与英雄的性格联系起来，认为忒勒马科斯是美德完美的典范。在他自己的生活中，为什么他不能成为一个忒勒马科斯？他甚至将神话故事中的情节与功利原则联系在一起思考。边沁临终前不久对鲍林说："我想把忒勒马科斯现在给我的印象与将近八十年前给我的印象作比较。我想把这本书与书本身的回忆作比较，看看他们是否接近真理。"可见边沁所受忒勒马科斯影响之深。

从这些记载中看出，边沁很小的时候就志存高远，开始思考人类的发展问题，希望能够做一些事关人类命运的工作。他自信有朝一日必能"打扫奥奇国王的牛屎"[3]。边沁曾说："爱尔维修之于道德界，正如培根之于自然界。因此，道德界已有了它的培根，但是其牛顿尚待来临。"[4]怀着成为道德界之牛顿的自我期许，他开始了作为哲学家和改革家的漫长职业生涯，而此时英国的社会弊病和法律体制的不公正正

---

① *The Collected Works of Jeremy Bentham Correspondence*, London: UCL Press, 2000, Volume 10, p.354.

② *The Works of Jeremy Bentham*, vol. X. Edinburgh: W. Tait; London: Simpkin, Marshall, & Co. 1843. p.10.

③ 这是来自希腊神话的一个典故，比喻清理藏污纳垢之地或处理长期积累难以解决的问题。

④ 罗素：《西方哲学史》下卷，何兆武、李约瑟译，北京：商务印书馆，1982 年，第 267 页。

是其格外关注之处,并促使他下决心一生献身于立法,直接参与改造社会。

关于边沁的精神追求,他曾写道:"当读者读完《政府片论》的第一句时,就会感受到我决心改变的激情。特别是那种改变人类命运的激情,这种由最近发生的事所引起的激情是不会被生活所熄灭。各个方面都需要改进,但最重要的是政府的改变,如同忒勒马科斯点燃 7 岁左右的我的第一个火种。……只记得当我阅读早期普利斯特利的小册子时,受到很大的震撼,我读到'最大多数人的最大幸福'时,第一次看到一种清晰的标准,这无论是关于人类行为还是道德政治领域的正确和错误,有用还是无用或有害,它都是真正的标准。当我 22 岁时,这是在我看来唯一正确和有益的一种百科全书式安排——基于思想和行动领域基础上的一种图示或图表,这与《功利主义示范学校纲要》(*Chrestomathia*)一书中的图示相同。当我把第一个粗糙的、不成熟的大纲写在一个半页纸上时,我有一种阿基米德的感觉,但我希望,这并非完全没用,它能帮助我点燃更大的火焰。"①

1755 年,7 岁的边沁进入威斯敏斯特学校,在被学校录取前的一次活动中,他因为不知道"天才"(genius)的含义而感到惭愧②。从那以后,这个词对他产生了巨大的情感影响。1769 年,边沁阅读了爱尔维修的著作,发现了 genius 在词源学上的意义:天才源自 gingo,意即发明(invention)。这件事给了边沁很大的影响。边沁的思考是:"我有什么天赋吗? 我能做什么? 世上最重要的追求是什么? 爱尔维修给出的答案是立法。我是立法方面的天才吗?"他反复问自己,根据他的禀性或习惯,"我真的是一个立法天才吗?"最终边沁"恐惧地、战战兢兢地"给出了"是"的答案③。

---

① *The Works of Jeremy Bentham*, vol. X. Edinburgh: W. Tait; London: Simpkin, Marshall, & Co. 1843, p.79.

② *The Collected Works of Jeremy Bentham Correspondence*, London: UCL Press, 2000, Volume 1, xxvii, p. 11.

③ *The Works of Jeremy Bentham*, vol. X. Edinburgh: W. Tait; London: Simpkin, Marshall, & Co. 1843, p. 27.

不可否认,边沁的个人修养和立志于人类进步的志向是他创建古典功利主义重要因素之一,许多学者对此给予了高度评价。蒙塔古(F. C. Montague)指出:"边沁易动恻隐之心,乐于扶危济困。任何事物只要边沁认为有利于造福人类,他就非常关注;从事改革事业,既未给他带来金钱,也未给他带来高位,反而使他屡受讥讽,甚至辱骂,但他仍然为改革事业长期辛苦劳累;由此可见他对人类存心之仁厚。"[①]戴雪(A. V. Dicey)就边沁的个人思想追求这样写道:"尽管天赋出众,但他思想开明并且热心公益,因此不仅在地位上,而且从精神上更接近中产阶级;无论是他自己还是他的论敌在很大程度上都未能认识到这点。他表达了他们最优秀的理想。他教导说,法律的目的和人生的目的一样,也是促进最大多数人最大幸福;他所谓的幸福并非遥不可及的幸福,而是指诚实勤劳的一生,并拥有适当的财富和物质享受,这些都是普通英国人强烈欲求的目标。他是自己国家民众的代言人,是中产阶级的代言人,他们能够理解他的理论。"[②]

颇有意思的是,若干学者都曾将边沁和马克思进行比较,哈特(H. L. A. Hart)在他的研究中曾指出,边沁很像马克思。尽管两人在许多方面有差别,但在两个基本问题上是一致的:"第一,两人作为社会思想家的任务是要廓清人们有关人类社会真正特性的认识;第二,人类社会及其法律结构虽然已经制造了太多的人类灾难,却由于各种神话、迷信、幻觉的保护而免受批判。尽管这些神话、迷信和幻觉不全是有意为之,但它们全都有利于既得利益集团。边沁发现法律被各种神秘之物弄得模糊不清,用他的说法是法律戴上了面罩;马克思也说到社会生命过程的'神秘面纱',尽管与边沁不一样,他认为在漫长而痛苦的社会发展中,只有通过激进的社会变革才能除去

① 蒙塔古:"编者导言",见边沁:《政府片论》,沈叔平等译,北京:商务印书馆,1995年,第17—18页。
② 戴雪:《公共舆论的力量:19世纪英国的法律与公共舆论》,戴鹏飞译,上海:上海人民出版社,2014年,第127页。

这层面纱。"①哈特将边沁的这种思想高度用"雄鹰般观其大略的眼睛"一类的词语来赞扬,称其普遍化的结论可适用于广泛的社会生活领域。他称赞边沁具有"雄鹰之眼"的同时,还赞赏边沁具有"苍蝇般洞幽入微的眼睛",重视实践细节,令人印象深刻。

维纳(Jacob Vine)评价,边沁是一位成功的社会改革家,历史上除了卡尔·马克思之外,或许比其他人更成功。② 恩格尔曼(Geza Engelmann)也指出:"……与此同时,我们在他的作品中发现了对阶级对抗和政治腐败的深刻描述。任何社会主义者或共产主义者,甚至马克思,都没有像边沁那样以一种有意识和热情的方式发现和担忧阶级统治和政治剥削。"③

罗素曾这样评价马克思,"他过于尚实际,过分全神贯注在他那个时代的问题上。他的眼界局限于我们的这个星球,在这个星球范围之内,又局限于人类"④。边沁同样关注于我们这个星球上人类的当代问题,将罗素的这个评价送给边沁,也许同样恰当。

虽然边沁提出的功利主义具体内容受到了爱尔维修等人的思想影响,但他立志高远,试图为人类改变命运而努力的激情是构成他提出古典功利主义的重要因素。这种立志改变人类社会的思想高度对我们理解边沁在当年历史语境下如何提出古典功利主义的思想很有帮助。

边沁这种精神上的追求一直是他前进的动力。他在完成著名的圆形监狱设计时这样写道:"道德得到改善,健康得以保护,工业得到振兴,教育得到普及,公共负担获得减轻,经济有稳固的基础,济贫法的问题可以得到较好的解决,所有这些问题都可以通过这简单创意的

---

① 哈特:《哈特论边沁:法理学与政治理论研究》,谌洪果译,北京:法律出版社,2015年,第27页。

② Jacob Viner, "Bentham and J. S. Mill: The Utilitarian Background", *The American Economic Review*, Vol. 39, No. 2 (Mar., 1949), pp. 361 – 362.

③ Geza Engelmann, *Political Philosophy From Plato to Bentham*, New York and London: HARPER & BROTHERS PUBLISHERS, 1927, p. 337.

④ 罗素:《西方哲学史》下卷,何兆武、李约瑟译,北京:商务印书馆,1982年,第343页。

建筑得到解决。……这是一种新的获取心灵力量的新模式，在数量上、程度上迄今为止没有先例，任何人可以善用，但不能滥用。它就像发动机带来前进的动力，但多大程度满足我们的期望值，将取决于使用者。"①

1.2　边沁思想溯源

"最大多数人的最大幸福"原则是 utilitarianism 的核心概念，澄清这个核心概念的历史起源以及边沁使用该概念的出发点，对深入理解 utilitarianism 思想本身非常重要。有必要对其核心概念进行相关的溯源研究，即该思想原则从何处而来，形成的具体过程如何。而目前有关"最大多数人的最大幸福"概念溯源的相关文本却甚为含糊，本节根据相关历史线索，梳理了"最大多数人的最大幸福"的演变路径，通过边沁对有关该概念的具体吸收过程，由此了解苏格兰启蒙思想和法国启蒙思想对边沁 utilitarianism 的影响。

1.2.1　utilitarianism 的词源考察

在我们梳理边沁 utilitarianism 核心概念"最大多数人的最大幸福"之前，我们需要首先考察一下 utilitarianism 这个词的溯源，了解该词的意涵，以便从整体上把握 utilitarianism 的实质性内容。现代英语词源中，utilitarianism 这个词作为哲学术语，是由 utilitarian＋ism 组合起来的。② utilitarian 这个词则被看作是边沁创造，由 utility＋arian 组合而来。③ -ism 通常是指主义，原理；而﹣arian 通常是指……派之[人]。

据边沁自己所述，utilitarian 这个词是源于一个梦。1781 年夏天，

① *The Works of Jeremy Bentham*, vol. IX. Edinburgh: W. Tait; London: Simpkin, Marshall, & Co. 1843, p. 39.

② https://www.etymonline.com/word/utilitarianism.

③ https://www.etymonline.com/word/utilitarian＃etymonline_v_4579.

他梦中自己是一个教派的创始人。这个教派被称为 utilitarian 教派。① 结合边沁在 1776 年《政府片论》和 1789 年《道德与立法原理导论》中的描述，utilitarian 的教旨实际上就是 the principle of utility。② 验证了 utilitarian 这个词汇应该是由 utility 演变而来的。

utility 的词根普遍认为是拉丁语中的"uti"，使用、利用之意。但是根据约翰·鲍林版《边沁著述集》附录中的记载，边沁认为定义"utility"的含义很重要。最终选用"utility"作为核心词汇主要是两个原因：一是为了简洁，二是这个词拥有幸福且没有痛苦的含义。③ 但后来，边沁在《道德与立法原理导论》(1823 版)的脚注中又写道："utility 这个词汇并不像 happiness 那样清晰地表达快乐和痛苦的概念。这两者之间缺乏清晰的联系成为接受这个原理（笔者注：功利主义）的一种有效阻碍。"④

穆勒也认为："普通的民众，包括一般的著作家在内，……他们抓住了'功利主义的'(utilitarian)一词，但除了词的发音之外对其一无所知，只是习惯性地去表达对某些形式的快乐、对美、对装饰或娱乐的拒斥或忽略。"⑤

虽然边沁也曾对 utility 词意表达上有些犹豫，但他 1829 年在《最

① James E. Crimmins, *Bentham and Utilitarianism in the Early Nineteenth Century*, Edited by Ben Eggleston, Cambridge: Cambridge University Press, 2014, 38.

② Jeremy Bentham, *An Introduction to the Principles of Morals and Legislation*, 6. "[Note added in 1822.] This label has recently been joined or replaced by the greatest happiness principle."

③ Bowring, "Volume III of Bentham's works(1843)". 原文："Determinate import thereby given to the word utility, a word necessarily employed for conciseness sake, in lieu of a phrase more or less protracted, in which the presence of pleasures and the absence of pains would be brought to view." http://www.laits.utexas.edu/poltheory/bentham/nomo/nomography.app.html.

④ Jeremy Bentham, *An Introduction to the Principles of Morals and Legislation*, 6. "The word 'utility' doesn't point to the ideas of pleasure and pain as clearly as 'happiness' does... This lack of a clear enough connection between • the ideas of happiness and pleasure on the one hand and the idea of utility on the other has sometimes operated all too efficiently as a bar to the acceptance... of this principle."

⑤ 约翰·穆勒：《功利主义》，徐大建译，上海：上海人民出版社，2008 年 4 月，第 7 页。

大幸福原则》中使用了 utilitarianism 这个词汇来表示他自己的学说。① 同年，边沁对他的 utility principle 作了两个改进，即用"disappointment-prevention principle"（预防失望原理）和"greatest happiness principle"（最大幸福原理）代替了"the greatest happiness of the greatest number"②。

　　穆勒认为"大多数情况下，更好的说法是功利：功利一词更清楚、更直白地指向痛苦和快乐"③。这也许也是穆勒选取 utilitarianism 这个词汇作为功利主义教派名称的一个原因。穆勒在 1834 年寄给托马斯·卡莱尔的信中使用了 utilitarianism 这个词。④ 虽然 utilitarianism 这个词并非穆勒所创，但穆勒认为自己是第一个用该词汇作为 utilitarian 教派或者 the principle of utility。（尽管早在 1834 年之前边沁就曾使用过 utilitarianism 这个词汇。）穆勒在《功利主义》第二章"功利主义的含义"中写道："笔者（穆勒）有理由相信，自己是最先使用'功利主义'（utilitarian）一词的人，尽管这个词并不是笔者（穆勒）发明的，而取自高尔特先生（Mr. John Galt）所撰《教区纪年》中偶尔出现的一个表达式。笔者以及其他一些人起初把它用作名词，用了几年后，由于越来越讨厌把它用作表明宗派的标志和标语，便弃之不用了。不过，如果用它来表示一种观点而非一组观点，亦即表示功利可以作为一种行为标准，而非表示功利的特定应用方式，那么这个术语便可以提供一种语言的需要，并在许多时候可以提供一种表达的方便，来避免烦人的

---

① Jeremy Bentham, *"Greatest Happiness" Principle*, The Westminster Review, London: Baldwin, Cradock, and Joy, 1829. https://babel. hathitrust. org/cgi/pt? id = ucl. c032045848&view=plaintext&seq=277.

② A. Goldworth, *Deontology together with A Table of the Springs of Action and the Article on Utilitarianism*, 1983, https://plato. stanford. edu/entries/bentham/.

③ 约翰·穆勒：《论边沁与柯勒律治》，白利兵译，上海：上海人民出版社，2009 年，第 16 页。原文：On most occasions, however, it will be better to say utility: utility is clearer as referring more explicitly to pain and pleasure.

④ John Stuart Mill, *"The Collected Works of John Stuart Mill, Volume XII-The Earlier Letters of John Stuart Mill 1812 –1848 Part I"*, https://oll. libertyfund. org/titles/mill-the-collected-works-of-john-stuart-mill-volume-xii-the-earlier-letters-1812-1848-part-i.

迂回说法。"①就如同 F.C. 蒙塔古在《政府片论》编者导言中写道："希望可以用痛苦与快乐这样无需求教律师人们就能懂得的字眼,表达出法律的结果或者成为法律的对象的行为的后果。"②从以上讨论可以了解到穆勒和边沁的出发点相同,选取 utility 和 utilitarianism 这个词汇本身都源于用一个术语来更为简单清晰地表达他们的思想。

1.2.2 "最大多数人的最大幸福"概念的演变

"最大多数人的最大幸福"原则是 utilitarianism 的核心概念,了解该概念的思想来源很重要。根据边沁本人的阐述,现有文献中这个短语的溯源主要涉及普里斯特利(Joseph Priestley)和贝卡里亚(Cesare Beccaria),但文献中边沁对此的一些记述是相互矛盾的。有关普里斯特利的贡献,在鲍林(John Bowring)编辑的《义务论》③里,有非常完整详细的记述,描绘了边沁发现该短语的全过程。此外边沁也在别处提及了普里斯特利,如"我本应该采用普里斯特利的那句话,'最大多数人的最大幸福'作为一种原则来使用……,我是在一本小册子末页上发现的,那本小册子很少有人阅读,更没有人使用过这句话"④。但同时,边沁也在书信集中数次提及贝卡里亚对这个短语来源的贡献,边沁 1776 年 11 月在给伏尔泰(François-Marie Arouet)信中写道:"我在爱尔维修铺设的功利的基础上建构了(自己的思想)。贝卡里亚是指路灯……"1778 年的另一封信提及"贝卡里亚的书《论犯罪与刑罚》(*Dei delitti e delle pene*),俄国女皇对法律法规的指令,给了我新的激励并为我提供了进一步的指引"⑤。此外,边沁在书信集中多次提到了贝卡里亚的《论犯罪与刑罚》及刑法学相关理论。

---

① 约翰·穆勒:《功利主义》,徐大建译,上海:上海人民出版社,2008 年 4 月,第 7 页脚注。
② 边沁:《政府片论》,沈叔平译,北京:商务印书馆,1995 年 4 月,第 117—118 页。
③ J. Bowring (ed), *Deontology*, London, 1843, p.298.
④ *The Collected Works of Jeremy Bentham Correspondence*, Oxford:Oxford University Press, 2000, Volume 11, p.149.
⑤ *The Collected Works of Jeremy Bentham Correspondence*, London:UCL Press, 2017, Volume 2, p.99.

　　根据可查阅的文献,"最大多数人的最大幸福"早期的学术表达可见于苏格兰哲学家哈奇森(Francis Hutcheson),他于 1725 年提出了著名的命题"为最大多数人获得最大幸福的那种行为就是最好的行为,以同样的方式引起苦难的行为就是最坏的行为"。[①]　熊彼特曾对"最大多数人的最大幸福"的溯源发表过见解,他认为:"尽管该口号(最大多数人的最大幸福)所包含的思想源远流长,发展极为缓慢,无从确定其产生的日期,但这一口号本身产生的日期却可以较为准确地予以确定。就我所知,它最先出现在哈奇森的著作(《论美与德性观念的根源》1725 年)中,然后出现在贝卡里亚的著作(《犯罪与刑罚》,1764 年)中,在这之后才出现在普里斯特利的著作(《论行政管理的基本原理》1768 年)中,而边沁却把发现他所谓的'神圣真理'的功劳记在了普里斯特利的名下。虽然休谟没有喊这一口号,但却应该把他包含在这些人中。"[②]1972 年,沙克尔顿(Robert Shackleton)[③]查阅大量原始资料并研究了各种版本的语言及意义上的变化,澄清了该概念的演变路径。根据沙克尔顿的研究,哈奇森这本书于 1749 年被法国作家艾多斯(Marc Antoine Eidous)译为法语出版。但这本书当时在法国并没有形成什么影响,随后被意大利学者所接受与传播,影响了意大利的贝卡里亚等人。贝卡里亚 1764 年发表了他的名著《论犯罪与刑罚》[④],并在书中的前言中使用了这个短词。1766 年贝卡里亚的这本书由莫雷莱(André Morellet)翻译成法语,随后 1767 年由一位未署名人士在参考原书的意大利文和法文译本后翻译为英文。沙克尔顿认定出现在边沁看到含有"最大多数人的最大幸福"短语的书是贝卡里亚《论犯罪与刑罚》的英文版,而这有可能正是鲍林记载中所描述当年边沁在皇后咖啡馆里看到的,所谓印着难忘斜体字的小册子(也可能不是)。

---

①　哈奇森:《论美与德性观念的根源》,高乐田等译,杭州:浙江大学出版社,2009 年,第 127 页。

②　熊彼特:《经济分析史　第 1 卷》,朱泱等译,北京:商务印书馆,1991 年版,第 202 页。

③　R. Shackleton, "The Greatest Happiness of the Greatest Number: The History of Bentham's Phrase", *Studies on Voltaire and the Eighteenth Century*, 90, 1972.

④　Cesare Beccaria, *Dei delitti e delle pene*, Milano: Giuffre Editore, 1973.

沙克尔顿指出贝卡里亚的这本《论犯罪和刑罚》的篇幅比普里斯特利的作品更接近于小册子的尺寸，而这个短语也正是用斜体印刷的，且此书已经在边沁访问牛津之前出版了一年多。根据如此多方面的证据，沙克尔顿基本确定"最大多数人的最大幸福"这个短语是源于贝卡里亚。边沁书信集等记述上的矛盾很可能是由于边沁自己不确定的回忆而造成鲍林记录的混乱所造成的。

有关这个重要概念的思想溯源，除必要的史实证据支持外，同时也需要在学理上能够自洽成立。如研究普里斯特利与边沁功利学说关系时，尽管普里斯特利的《政府论》原文中，并没有"最大多数人的最大幸福"的表达，但普里斯特利确实使用了类似的表达方式来描述政府的正确目的。例如，书中谈到"任何国家的大多数成员的美好和幸福是所有与此有关的事情的最高标准"①，但这是普里斯特利在完全不同的假设背景下使用这些术语的表达，他在书中随后写道："我可以补充，对整个政策、道德体系正确地追求这一总体思想，是神学体系给予了最大的启示。"②显然普里斯特利对"幸福"的理解是从人性的目的论和基督教神学的背景来解释的，他在神学背景下使用了自然权利和契约论的理念，以自然权利作为保证和实现个人幸福的重要手段，以契约的方式建立政府的目的就是为了实现大多数成员的美好和幸福。而边沁的功利主义学说是一种纯粹世俗的价值准则，旨在取代宗教和传统的原则，从根本上与普里斯特利的立场是相冲突的。基于边沁学说并不接受神学宗教的权威，很难相信边沁会从普里斯特利那里继承他从神学出发的思想观点。综合以上分析，可以认为边沁的功利主义在思想谱系方面与普里斯特利没有传承关系，即便边沁确实受到了普里斯特利的启发而使用"最大多数人的最大幸福"短语，充其量也只可能仅限于借用表达方式，所起到的作用为工具性借用的作用并非思想方面的传承。

---

① Joseph Priestley, *An Essay on the First Principles of Government*, *and on the Nature of Political*, *Civil Religious Liberty*, London：J. Johnson, 1771, p.13.

② Joseph Priestley, *An Essay on the First Principles of Government*, *and on the Nature of Political*, *Civil Religious Liberty*, London：J. Johnson, 1771, p.13.

澄清"最大多数人的最大幸福"概念的来源对梳理边沁的整体思想基础非常有帮助,从它的演变路径我们可以直观到苏格兰启蒙思想和法国启蒙思想所留下的烙印,启发我们进一步深入了解边沁思想来源的路径和范围。

1.2.3 边沁功利主义的主要思想来源

苏格兰启蒙运动显然对边沁的思想形成有较大的影响,该运动高潮时期约为 1740 年至 1790 年,其中哈奇森是苏格兰启蒙运动的领军人物,为苏格兰启蒙运动完成了许多基础理论工作。由于苏格兰启蒙运动是发生在政治转型完成后,此时苏格兰启蒙思想家的主要关注是经济与社会的发展问题,即经济自由如何为工业革命、商业革命创造条件,以及市民社会的完善。哈奇森通过对人性的研究,提出了以道德(公共善、整体善)作为社会合法性的标准,使自利的个体与公共利益取得了一致。他反对社会契约论思想,坚持一种社会进化的观点。在哈奇森看来,国家政权的建立主要在于两个条件:人们的同意和能促进人们的普遍幸福。统治者的主要任务、法律的主要目的是促进最大多数人的最大幸福。哈奇森的道德哲学对苏格兰的启蒙运动产生了重要影响,使苏格兰启蒙思想具有反唯理论的特色,在道德上重视感觉和情感,在社会理论上提出不同于政治社会的"文明社会"或"市民社会"概念,而在政治经济学领域对个人利益与公共利益的关系等问题的讨论,正是得益于哈奇森的理论贡献,从而形成了一条带有苏格兰特色的思想启蒙之路。如果将边沁的学说与哈奇森的启蒙理论进行比较,不难发现苏格兰启蒙运动所特有的"经验理性"(又称为"常识理性"),即坚持理性范围在于事实领域(经验世界),与古典功利主义的认识论在本质上完全一致,边沁在社会改革中对政府作用的定位与哈奇森的理论几乎相同。而哈奇森启蒙理论在苏格兰历史发展中的引领作用与边沁功利原则在随后推动整个英国社会改革实际效果有极大的相似性,这样两种理论在学理上的融合可以得到完全自洽周全的解释。

除了苏格兰启蒙思想的影响外，根据有关史料，法国启蒙思想对边沁思想形成也有比较密切的影响。边沁功利思想与法国启蒙思想的关系，也可以从边沁与法国文化以及法国百科全书派启蒙思想家的交往等诸多方面得到验证。

边沁虽然是在英国受教育，但幼年就学习了法语，16岁随父亲一起游历了法国。特别是1770年，边沁从学校毕业后不久即游访法国，曾与多位哲学家讨论哲学、法律等问题，使得边沁在思想学习形成的重要阶段，有机会接触到了大量法国思想。

法国十八世纪启蒙运动是欧洲在"文艺复兴"后迎来的再一次思想解放。它的一大特点是彻底撕下了上帝的神秘面纱，对中世纪后的神学教条展开了彻底的批判。法国启蒙思想家认为，人和自然界一样有自身发展的规律，更应该有和自然界相同的自由发展的权利，而违背人意愿的统治都应该打倒更换。正如恩格斯所指出的，"在法国为行将到来的革命启发过人们头脑的那些伟大人物，本身都是非常革命的。他们不承认任何外界的权威，不管这种权威是什么样的。宗教、自然观、社会、国家制度，一切都受到了最无情的批判……，以往的一切社会形式和国家形式、一切传统观念，都被当作不合理的东西扔到垃圾堆里去了"。[①] 法国启蒙运动针对传统封建宗教价值理念进行了彻底的批判，完全推翻了以前的旧观念，以前对物质利益的追求被认为是罪恶，现在变成了一种美德，甚至成为推动社会进步的动力。而法国启蒙思想带有的这种非常彻底的革命因素无疑与边沁古典功利主义所表现出的"激进性"在思想本质上是完全一致的。

爱尔维修对边沁的思想也有很大的影响。爱尔维修是法国启蒙思想中的重要人物之一。他善于觉察现实的社会问题，从政治、法律和宗教的多方位角度进行分析思考，是当时抨击封建政权的相当激进的学者。他著名的伦理学著作《论精神》[De l'esprit (On Mind)]，1758年出版后就遭受法国当局和教会的迫害和围攻，甚至于被焚毁。

---

① 马克思、恩格斯：《马克思恩格斯选集》第3卷，中共中央马克思恩格斯列宁斯大林著作编译局译，北京：人民出版社，1995年，第355、357页。

法国皇家律师攻击爱尔维修"维护唯物主义,消灭宗教,鼓吹自由思想,促使道德败坏",从另一面反映了他的伦理思想精华。当时《论精神》一书在欧洲对旧观念、旧思想带来了很大的冲击,使人们重新审视道德规范和相关的政治和法律问题,并改变了人们思考问题的方向。有关爱尔维修对边沁思想的影响,这在边沁的书信集中也有明确的记载。边沁在 1776 年 11 月的信中写道:"我在爱尔维修铺设的功利的基础上建构了(自己的思想)。"①1778 年 4—5 月间他在写给 Rev. John Forster 信中注明,"……我从爱尔维修那边获得的教导,让我逐渐放弃这个想法。在他那里,我获得了一个标准,去测量人们会追寻的事物的相对重要性……通过他,我学习到了将考察任何制度或者追求增进社会幸福的趋势,作为唯一的考量及对其优势的衡量(的标准)……"②1818 年 12 月他在给 William Plumer Jnr 的信中回忆道,"当我大约 22 岁、23 岁或 24 岁时,……我对爱尔维修在《精神论》中,以不完美的方式在一定程度上被展开和呈现的功利原则表示震惊……"③边沁曾说:"1769 对我来说是最有趣的一年。……孟德斯鸠、巴灵顿、贝卡里亚和爱尔维修,但最重要的是爱尔维修,让我遵循功利原则。"④《边沁书信集》的编辑评论道:"边沁对爱尔维修评价很高,边沁从他的作品中汲取了一些功利主义思想。"⑤马克思曾谈及边沁与爱尔维修的关系,"效用原则并不是边沁的发明。他不过把爱尔维修和十八世纪其他法国人的才气横溢的言论枯燥无味地重复一下而已"。⑥ 以上这

---

① *The Collected Works of Jeremy Bentham Correspondence*, London: UCL Press 2017, Volume 1, p. 367.

② *The Collected Works of Jeremy Bentham Correspondence*, London: UCL Press 2017, Volume 2, p. 99.

③ *The Collected Works of Jeremy Bentham Correspondence*, Oxford: Oxford University Press 2000, Volume 9, p. 311.

④ *The Collected Works of Jeremy Bentham Correspondence*, London: UCL Press 2017, Volume 1, p. 134.

⑤ *The Collected Works of Jeremy Bentham Correspondence*, London: UCL Press 2017, Volume 4, p. 347.

⑥ 马克思、恩格斯:《马克思恩格斯全集》,中共中央马克思恩格斯列宁斯大林著作编译局译,第 23 卷,北京:人民出版社,1956 年,第 669 页。

些文献都佐证了边沁的 utilitarianism 思想在很大程度上确实受到了爱尔维修的启发和影响。

事实上，除了爱尔维修的影响外，边沁和伏尔泰、达朗贝尔（Jean le Rond d'Alembert）、莫雷莱（André Morellet）等法国启蒙思想家均有联系。由于边沁从小熟悉法语，1774 年，边沁翻译了伏尔泰的 *The White Bull*[①]，并写了一个长篇序言。该书是伏尔泰晚年发表的哲学故事之一，伏尔泰在书中提出：正是圣经将基督宗教转变为伪造故事，从而否定了圣经的权威及其神圣起源。在伏尔泰的影响下，边沁在前言中加入了自己的对圣经注释的讽刺。1776 年，边沁将他的《政府片论》寄送给了达朗贝尔、莫雷莱和查斯特卢（François Jean de Chastellux）。[②] 两年后，当他出版了他的第一部签名作品《艰苦劳动法案的见解》（*A View of the Hard Labour Bill*）时，他又送给了达朗贝尔和莫雷莱。事实上，边沁从很早开始就运用他对法语的掌握，在欧洲思想界为自己开辟了一席之地，由此打开了一扇门，进入一个充满哲学、讽刺和辩论的激进世界，并且打开了通往激进哲学世界的大门。[③] 边沁 1789 年在给莫雷莱的信中写道："对于为我选择的指引者，我没有从英国大学老师、僧侣这里得到任何东西。那些我碰巧为自己选择的，几乎从他们这里获得了所有我珍视一切的是法国人：如爱尔维修、达朗贝尔、伏尔泰，更别提生活中的，我在和别人交流中无法避免的人物。"[④]边沁自己认可对他产生影响的主要是法国的百科全书派的这几位关键人物，而法国的百科全书派思想曾在法国启蒙运动中扮演过非常独特的角色。在伏尔泰和达朗贝尔的思想与功利原则的契合度方面，伏尔泰坚定反对神学权威的态度和边沁功利主义强调最大

①　Voltaire，*The White Bull*，*an Oriental History*. From an ancient Syriac manuscript communicated，J. Bentham trans.，2 vols.，London，1774.

②　*The Collected Works of Jeremy Bentham Correspondence*，London：UCL Press，2017，Volume 1，INTRODUCTION，xxxii.

③　Emmanuelle De Champs，*Enlightenment and Utility*，Cambridge：Cambridge University Press，2015，p.29.

④　J. H. Burns，*The Collected works of Jeremy Bentham*，*Correspondence*，Volume 4，London：UCL Press，2017，p.51.

多数人的幸福的思想是一脉相承的（即幸福不属于特定阶层）。而达朗贝尔作为法国百科全书派的思想家，对边沁的影响主要在科学主义、认识论与唯物主义层面。

另外，从边沁"最大多数人的最大幸福"原则的形成过程可知，贝卡里亚的思想发挥了很大的作用。贝卡里亚所提出的刑法原则吸收了法国启蒙哲学中的要点，它们不仅代表着新兴资产阶级的阶级利益、价值观念和法权观念，而且还凝集着当时先进的政治学、伦理学、心理学等科学理论的思想。贝卡里亚认为，人的一切行为均受物质利益和需求的支配，犯罪不是什么"自由意志"的结果，而是人们在一定条件下趋利避害的必然性抉择，这种抉择对于任何一个具有正常本性的人而言都是无可厚非的，关键还是人的趋利避害的本性。意大利学者乔瓦尼·利昂纳（Giovanni Leone）充分肯定了贝卡里亚，认为他是"第一位推动者，以其极大的动力发动了一场渐进的和强大的刑事制度革命，这场革命彻底地把旧制度颠倒过来，以至使人难以想象出当时制度的模样"[①]。贝卡里亚不仅仅是在"最大多数人最大幸福"这个概念上给了边沁启发，更重要的是两者的思想在学理是相通的，都是继承了法国启蒙思想的核心，并且对外都具有了激进的彻底性。

除伏尔泰、达朗贝尔等人外，爱尔维修思想对当时社会的冲击和边沁随后的功利原则激进性的表现如出一辙，两者都构成了时代发展的新趋向。值得称道的是，爱尔维修有着深厚的改革热情，他的注意力基本都聚集在改革上。爱尔维修的思想体系中关注的焦点基本集中于社会福利方面，将增进社会福利作为标准来衡量所有的政治改革，以为民众争取更多的社会福利。而此思路的背后就是不能回避所谓改革原则的确定问题，应该说边沁正是在这个意义上得到爱尔维修的"真传"，其功利主义"激进性"成分与爱尔维修的精神气质可以直接呼应，由此确定了以功利主义作为社会改革原则的关键一步。

[①]　黄风：《贝卡里亚及其刑法思想》，北京：中国政法大学出版社，1987年，第25—26页。

关于边沁与几位法国启蒙思想家的关系，德尚（Emmanuelle De Champs）总结为，边沁功利主义的基础是在特定的哲学、语言和社会语境中形成的。在边沁译文、书籍和信件中，边沁与法国启蒙运动的三个主要人物伏尔泰、爱尔维修和达朗贝尔进行了长期的对话。……功利原则的三个支柱与此有关，首先是爱尔维修"最大多数人的最大幸福"理论的政治和立法含义；其次，继承了伏尔泰对既定权威的反对（无论是在法律上还是在宗教上）；第三，同样重要的是，边沁汲取了达朗贝尔与洛克和孔迪亚克对话所进行的认识论反思，建构了他的虚构（Fictions）理论，使边沁的功利主义独树一帜。①

德尚在这里提及了边沁的虚构理论（Theory of Fictions），这确实是讨论边沁主要思想来源时的一个很重要的问题。

通过对边沁最重要的功利主义思想进行溯源，我们了解到苏格兰启蒙思想和法国启蒙思想作为外部学说资源曾在功利主义形成过程中有所贡献。但边沁功利主义思想的哲学基础也同样也非常值得重视，其中边沁哲学思想基础将涉及边沁的虚构理论（Thory of Fiction），虚构理论的提出是基于边沁本体论及认识论的哲学观点，反映了边沁对现实世界形式和本质的理解，以及人究竟如何从社会现象中辨识客观或真实等问题。边沁有关实存体和虚构体的理论思考应该始于边沁早年的经历。据斯科菲尔德（Philip Schofield）对边沁虚构理论形成过程的研究②，由于边沁从小对鬼魂非常恐惧，这种真实的恐惧出于他自己的想象，虽然边沁的判断知道这些恐怖来源并不存在，然而在他在黑暗的房间里一躺下，如果房间里没有其他人，这些恐怖的"神"就会冲出来袭击他。他指出，他因此而终生受苦，这正说明了判断与想象之间的区别。事实上，正是从孩提时起，边沁就被迫面对"真实"和"想象"的结果。可能正是在鬼怪幽灵的恐怖基础之上，边沁建构了他最重要的见识之一，即实存体和虚构体的理论。根据这种

---

① Emmanuelle De Champs, *Enlightenment and Utility*, Cambridge: Cambridge University Press, 2015, p. 53.

② Philip Schofield, *Utility and Democracy: The Political Thought of Jeremy Bentham*, New York: Oxford University Press Inc., 2006, pp. 1 - 9.

背景,可以认为他的实存体和虚构体的理论的形成,一定早于他的功利原则,即早于"最大多数人的最大幸福"的思想。这方面证据的另一条线索是当考察边沁的阅读时,发现他在进入牛津之前,已经读了洛克最著名的《人类理解论》,并被诸如虚构实体权力所困惑。这表明,成为边沁的真实和虚构实体的理论(想法),是在当年这种性格形成期发展起来的。

边沁的虚构理论涉及逻辑和语言部分,一直被奥格登、拉康、奎因、哈特和其他人称为"具有哲学原创性并超越了其所处的时代"。其逻辑与语言理论预见到了后来一个多世纪中英国分析哲学中的许多重要而关键的发展趋势。边沁深刻理解语言是我们的思想本身,唯独在可直接或间接地与我们关于物理世界的经验联系起来时,才是有意义的。

边沁认为,真实实体能够通过感知直接掌握,很容易形成认识共识,而虚构实体则只能凭借语言之类的中介"推论"出一种共识,虚构体的存在取决于对认识的推论,它并不能独立存在,它依赖于实在物的衍生与语言的建构。对事物的认识依靠人的思维去整合,但人的思维受制于一系列逻辑规则的限制,思维整合的结果实质上成了理性的产物,而理性恰恰是观念集合在一起的虚构体。实存体和虚构体在语言的外衣下,原先的两码事被混成了一件事。

边沁正是以他的虚构理论作为整个功利主义的底层逻辑,支持他对自然法的无情批判。他认为只有当虚构体可被转化为其他包含存在于物理世界的客体的名称,也即实存体的名称时,才是有意义的。而自然法本质基础实际上是来源于宗教上帝这些虚构体,此类虚构体并不存在于真实物理世界,根据边沁的效果理论,这种形而上学,包括类似的宗教信仰,都是胡说。

边沁从英国经验主义的传统之中理解知识的来源是经验和观察,但事实上边沁关于语言的更复杂且很现代的论述,使他成为虚构理论最重要的代表。

1.3　边沁思想的"激进性"

　　梳理边沁在十八世纪英国社会改革进程中的作用,使我们认识到边沁是一个既能提出有高度的理论,又能实际参与社会改革且取得实践成效的社会改革者。边沁所推动的这种社会改革,往往带有所谓"彻底性"的色彩。事实上,边沁的功利主义在整个社会改革中担当重任,引导了英国全社会改革的方向,这种涉及整个社会体系冲击式的改革无疑具有某种哲学意义上的全面性和彻底性。正是在这个意义上,有必要进一步展开对边沁功利主义"激进性"(radical)的相关解读和分析。

　　早在 1901 年,法国功利主义研究学者哈列维(Elie Halevy)在功利主义研究中就引入了哲学激进主义的概念,其研究专著:*La Formation du radicalisme philosophique*① 曾在功利主义研究领域产生了很大的影响。根据哈列维的研究,约在 1797—1798 年左右,首先流行的是"激进改革"的提法,激进性(radical)一词被作为形容词前缀来表达改革,其意思是表示回到起源或根本。这在十八世纪英国民主主义者的哲学中是很普遍的,曾成为日常语言的一部分。② 哈列维同时指出,"功利主义在作为一种系统哲学而不仅仅是一种流行的观点时,一个功利主义者必然是一个激进主义者(故称哲学激进主义者)……正确理解功利原则必须理解其法律、经济和政治应用的所有结果。……我们的研究是针对整体意义上的功利主义学说的"③。何炳棣④也曾发

---

① Elie Halevy, *La Formation du radicalisme philosophique*, F. Alcan, 1901,英译本为 *The Growth of Philosophic Radicalism*, London：Macmillan, 1928,中译本为《哲学激进主义的兴起》,曹海军等译,长春：吉林人民出版社,2010 年版。

② Elie Halevy, *The Growth of Philosophic Radicalism*, London：Macmillan, 1928, p. 261.

③ Elie Halevy, *The Growth of Philosophic Radicalism*, London：Macmillan,, 1928, Introduction xv.

④ 何炳棣:《读史阅世六十年》,桂林：广西师范大学出版社,2005 年,第 229 页。

表过对"哲学激进主义"中的"激进"的理解,他认为"激进"的意义与十九及二十世纪欧洲大陆不同,在边沁时代的英国"激进"丝毫没有用暴力推翻政府及从事社会革命的意思。何炳棣对哈列维所使用"激进"一词的理解是指根本的意思,与 radical 词源的原意接近。

尽管哈列维将边沁作为当时激进性及其所代表的政治形式叙述的中心人物,但克里明斯(James E. Crimmins)指出,对边沁思想"激进"性的完整描述应该从他最初发展哲学开始,1770 年起边沁就开始制度原则的建设,涉及伦理、法律和刑法改革、政治经济、法律改革、教育、宗教制度等方面的工作,包括边沁的政治制度观都是不能忽略的。[1]

哈列维之后,一些学者在功利主义研究中都不同程度涉及功利主义激进性的概念。哈特在《哈特论边沁》[2]一书中曾论及激进与改革,包括法国激进改革、激进的议会改革、激进的民主党等内容;波斯特玛(Gerald J. Postema)在《边沁与普通法传统》[3]一书中也多次论及诸如激进与革命、激进法律改革、激进与民主、激进社会批判等等;斯科菲尔德在《邪恶利益与民主》[4]中专门讨论了边沁激进主义转向的时间、动因,哲学激进主义的后果影响,边沁定义的激进政治改革等等内容。此外还有一些讨论功利主义且比较集中的涉及激进主义主题的专著,如:*Radical Reform Bill*[5],*Radicalism & Reform in Britain*,*1780 - 1850*[6],*The Philosophic Radicals*[7],等等。

从表面上看,功利主义似乎只是把人们在生活中的通常行为方式作出一番哲学表述而已,但这一原则的含义却是相当激进的,特别是

---

① James E. Crimmins, "Bentham's Political Radicalism Reexamined", *Journal of the History of Ideas*, Vol. 55, No. 2 (Apr., 1994), pp. 259 - 281.

② 哈特:《哈特论边沁》,谌洪果译,北京:法律出版社,2015 年。

③ 波斯特玛:《边沁与普通法传统》,徐同远译,北京:法律出版社,2014 年。

④ 斯科菲尔德:《邪恶利益与民主》,翟小波译,北京:法律出版社,2010 年。

⑤ Jeremy Bentham, *Radical Reform Bill*: *With Extracts from the Reasons*, London: Wilson, 1819.

⑥ J. R. Dinwiddy, *Radicalism & Reform in Britain*, *1780 - 1850*, London: The Hambledon Press, 1992.

⑦ William Thomas, *The Philosophic Radicals*, Oxford: Clarendon Press, 1979.

将这一原则应用于政治与法律领域更是如此。这一原则不承认任何传统的或宗教的权威，对任何现存的制度持一种批评性态度。所有存在的制度都必须展示其功利的价值。凡是不能在功利主义原则面前证明其存在价值的都应该被废除，替代的应是全新的、以功利原则为基础的制度。边沁本人的政治与法律理念清楚地展示了这一特点。

边沁思想"激进性"的显著特征是挑战现状，其本质是源于对现存社会状态的强烈不满，从而产生否定的观念，并迫切希望致力于寻求从现状上进行根本性变革。功利主义"是反传统的和反自然法理论的，另外它也含蓄地反对宗教。功利主义的实践成果有助于破坏现存社会制度的合法性，但它也为新的社会制度提供了基本的设计和辩护原则"①。当时的英国社会面临着巨大的改革转型，这正是产生古典功利主义激进性所对应的历史背景以及 utilitarianism 回应社会诉求的真实起点。

本章所关注的"激进性"概念并非简单直观意义上的疾进、激扬跃进之意。英文 radical 的字根是拉丁文 radic，原意是"根"。在 *Oxford English Dictionary* 中，关于 radical 所列出的第一个解释是：根本之意。是指所有生物的生命自然过程内部分固有的重要的、特殊的东西，如 radical heat，radical humidity，radical humour，radical moisture，radical sap 等。在中世纪哲学解释中，这种植物和动物中自然固有的基本的热度、湿度、体液、水分、精力是动植物生命力的必要条件。

这里基于 radical 词源的"根本性"原意，可从古典功利主义推动社会改革的角度，聚焦于这场改革运动所具有的全面性、彻底性（根本性），结合古典功利主义实际社会效果，梳理出边沁 Utilitarianism 思想的"激进性"体现在以下四个方面②：

1. 具有价值理念的社会理想标准

边沁功利主义的激进特征之一在于他把功利主义原则作为衡量

① 戴维·米勒、韦农·波格丹诺编：《布莱克维尔政治学百科全书》，邓正来译，北京：中国政法大学出版社，1992 年，第 531 页。

② 本部分参考了赫勒（Agnes Heller）《激进哲学》中的部分观点。赫勒：《激进哲学》，赵司空、孙建茵译，哈尔滨：黑龙江大学出版社，2011 年。

个人行为与集体行为的唯一原则,作为衡量现存法律、政治、经济与社会制度的唯一标准。

由于任何一种制度的存在并不能仅仅因为"存在即合理"的逻辑就可以证明其自身的合理性。而制度存在的合理性可以从一个侧面映射当时社会发展的具体诉求。因此,尤其是在社会发生重大转型的历史阶段,检验存在的价值以及合理性的标准就成为研究社会发展的关键问题之一。边沁思想的核心原则,首先是提供了一个价值检验的终极标准,尽管这种价值观在当时甚至被理解为带有太多理想主义(乌托邦内涵的)色彩。边沁对其核心原则作为价值检验标准的运用首先是从英国法律改革切入,他认真剖析了英国法律体系运作,分析其所具有的导向邪恶利益的条件后提出,任何法律的判决,不能仅仅因为它与先例一致而具正当性,即法律的正当性不能仅由于过去的历史而获得理由并得到证明。边沁提出用其核心原则作为检验法律好坏的标准。更具有历史意义的是边沁提出的检验法律制度的标准并不仅限于司法领域,而是可以推广到其他领域,作为一个新的社会原则推广并检验所有的其他社会制度。而这正是可以理解为边沁utilitarianism思想"激进性"的最典型表现。这种激进性是由新确定的社会原则所具有的彻底性而产生,因为一旦作为检验标准的新社会原则得到确认,整个社会的各方面都将遭遇该原则的审查并随之而带来的矫正型改革,其彻底性无疑与所谓"激进"的本意完全契合。

正如恩格尔曼(Engelmann)所评论,"边沁确实成功地推动了一系列非常重要的社会和政治改革,在他的同时代人看来,这些改革似乎是一个孤独梦想家、一个空想的柏拉图主义者的放纵,其中大部分现在属于所有文明社会的宪法财富。……在他去世几十年后,几乎所有这些问题都成为宪法和社会政策中最尖锐的问题。在拿破仑后的黑暗时期,他的天才就是照亮下一代道路的火炬"[①]。其实这里重要的是边沁思想的彻底性,正是这种彻底性决定了边沁思想在历史上的贡献。

---

① Geza Engelmann, *Political Philosophy From Plato to Bentham*, New York and London: Harper & Brothers Publishers, 1927, pp. 329 - 336.

2. 对现实社会的批判

随着边沁将 utilitarianism 思想的核心原则运用于当时的社会政治及管理制度,随即就衍生出对现实社会的批判,即以该原则为标准,展开了对现有社会制度的挑战。如对英国上议院、下议院的合理性、君主制度本身的合理性、殖民地必要性、秘密外交及战争是否符合"最大多数人的最大幸福"原则,甚至包括禁止高利贷法规的必要性、济贫法的正当性、限制贸易自由的法律等,都可以通过此原则来衡量。于是一个社会制度的正当性被检验,其合理性必须得到证明,需要接受一个有哲学基础的批判理论的挑战。《布莱克维尔政治学百科全书》曾经这样评价,哲学激进主义"严厉地批判普通法,认为它是传统的、自相矛盾的武断和难以理喻的。布莱克斯通作为普通法的最著名的捍卫者特别遭到批判。边沁的功利主义法理学反对'自然'一词的任何使用,包括自然法和自然权利。因为它有令人难以容忍的含糊性,以及它为武断的判决提供了一种无根据的辩护。边沁反倒另外提出了一种据称具有合理性和明晰性的法理学,这种合理性和明晰性通过法律编纂而得到"[1]。于是边沁的 utilitarianism 思想正是在这样的高度上完成了社会批判理论的建构。

恩格尔曼同样从思想性的高度对边沁给予了高度评价,"边沁的最大幸福原则强调了这样的努力,给人民制定一部宪法,通过人民主权的帮助来满足诚实人的一切合理愿望。边沁的精神体现了英国民族的良好特征:他在追求自我强加任务时的坚强毅力、良好的常识、实事求是的逻辑、对形而上学思辨的不信任、对普通人性的怀疑态度。他不朽的真正主张是他第一个将严格的批判方法应用于那个时代的制度,这是基于良好的和有益的常识基础以及深刻而真实的人类同情。他确实是柏拉图意义上的理想立法者,一个高于政党和私人利益的人,完全致力于公共秩序"[2]。

---

① 戴维·米勒、韦农·波格丹诺编:《布莱克维尔政治学百科全书》,邓正来译,北京:中国政法大学出版社,1992年,第531页。

② Geza Engelmann, *Political Philosophy From Plato to Bentham*, New York and London: Harper & Brothers Publishers, 1927, pp. 329 - 335.

3. 针对社会改革的具体措施

边沁 utilitarianism 核心原则的运用没有停留在仅仅是理论上的诘问,而是针对所存在的各种社会问题,提出切实的社会改革方案并取得了改革成果。除了奥格登(C. K. Ogden)在边沁百周年纪念会上提及边沁二十余项社会改革成果外,经济史家波兰尼(Karl Polanyi)在其著名的《大转型》①一书中,也给出了一份边沁推动社会改革的成果清单,证明了边沁的社会改革实效。除了奥格登和波兰尼提及的改革事项外,英国社会改革覆盖范围之广,甚至还包括文官制度以及现代政治生活中的监察制度。正是由此开始,凡是法规应用到新领域时,任命"执法官"才成了一般的惯例②。针对这些社会具体问题所进行的改革,说明了边沁 utilitarianism 不仅可以从批判理论一种应然的高度提供一种生活方式的理论指导,而且切实落实为如何解决问题的具体措施。这本身就构成边沁 utilitarianism 核心原则所具有激进性的一个重要组成部分。

相较于历史上许多改革者,边沁改革实绩受到了更多的赞誉,如针对边沁的法律改革,萨拜因(George H. Sabine)评价道,"边沁的法理学论著提供了一项改革计划,而正是依据这项计划,英国的司法在十九世纪期间得到了完全的修正和现代化……。波洛克爵士颇为恰当地指出,在十九世纪英国法律的每一项重要改革中都可以发现边沁思想的影响"③。

维纳(Jacob Viner)指出:"英国的改革清单很大程度上源自边沁,这是一个真正令人印象深刻的改革清单……",称赞边沁的计划是全面的、激进的、进步的……④英国哲学家罗素的评论是"边沁的功绩不在于该学说本身,而在于他把它积极地应用到种种实际问题上"⑤。麦

---

① 波兰尼:《大转型:我们时代的政治与经济起源》,冯钢、刘阳译,杭州:浙江人民出版社,2007 年,第 104 页。

② 王觉非编:《英国政治经济和社会现代化》,南京:南京大学出版社,1989 年,第 403 页。

③ 萨拜因:《政治学说史》下,邓正来译,上海:上海人民出版社,2010 年,第 372 页。

④ Jacob Viner, "Bentham and J. S. Mill: The Utilitarian Background", *The American Economic Review*, Vol. 39, No. 2 (Mar., 1949), pp. 361–362.

⑤ 罗素:《西方哲学史》(下卷),马元德译,北京:商务印书馆,2002 年,第 328 页。

金太尔在《伦理学简史》中比较葛德文与边沁时指出,"葛德文只是空想家,而边沁则是一个谨慎的改革者,甚至通过提出有关监狱用床的确切尺寸或者证据法方面的确切改革建议,避免被指责为空想主义"[①]。波兰尼也称边沁为最多产的社会设计师(social projectors)[②]。以上的这些评价可以充分反映边沁 Utilitarianism 思想激进性在社会改革具体成果方面的落实。

4. 积极的政治参与度

边沁 utilitarianism 思想的"激进性"还体现为积极的政治参与度,并成为广义的政治行动制定纲领。政治的目的是要建立起统治者与被统治者之间的一种利益上的同一性,边沁在社会政治领域里考量具体的社会情境,正视现实的社会冲突,并对如何解决冲突并采取适当的行动方式提出了自己的构想。除了涉及社会民生等具体管理制度的改革安排外,边沁曾专门起草过《论政治策略》,亦称《立法议会程序》。边沁"激进的"议会选举改革计划,包括了选举的普遍性、平等性、真实性或自由性以及选举的秘密性。他深度参与了当时的议会政治改革,如赞同反对辉格党的议会改革等等。边沁的普遍选举理论深深影响了十九世纪英国宪政改革运动的进程。最重要的是边沁建立了一个政治改革的基本原则:任何社会和政治制度必须为其合法性提供证明,而基于财富、祖先或过去掠夺所取得的合法性特权必须被清除。确立人类的行为和社会组织结构必须服从理性检验的原则,这反映了边沁对现代精神的贡献。

在政治上,边沁强调政府必须为最大多数人的最大幸福服务。边沁虽然个性温和,但在政治上相当激进,对他视为腐败的政府毫不宽容。他对当时的英国政府持激烈的批评态度。而且,实事求是地说,由于强调政府必须追求最大多数人的利益,边沁对几乎所有的政府都持批评态度。他对英国政府最惯常的批评是,英国政府充其量只是为

① 麦金太尔:《伦理学简史》,龚群译,北京:商务印书馆,2003 年,第 303 页。
② 波兰尼:《大转型:我们时代的政治与经济起源》,冯钢、刘阳译,杭州:浙江人民出版社,2007 年,第 92 页。

少数人的"罪恶利益"服务的工具。鉴于这种对政府的批评,边沁赞同建立民主制度。

1.4　边沁与英国社会改革

1.4.1　英国社会改革效果

正如前文所述边沁及其他激进主义者有关功利主义原则的运用,并没有停留在理论上的诘问,而是针对当时英国社会所存在的各种实际问题,按照功利主义原则提出了切实的社会改革方案,并取得了显著的成果。

奥格登 1932 年在边沁逝世百周年纪念会上介绍边沁多达二十余项社会改革成果,涉及以下诸方面:议会代表制度改革;刑法改革;废除流放罪;改善监狱;废除因债务名义而遭监禁;废除高利贷法;整顿证据法;改革陪审团制度;废除宗教考试;改革济贫法;建立国家教育制度;储蓄银行和友好社会理念的发展;国家不盈利的低价邮资,包括邮政汇票;完整而统一的出生、死亡和婚姻登记;商船守则;全面的人口普查报告;议会文件的分发;发明家的保护;制定议会法案的统一和科学方法;不动产登记册;公共卫生立法;等等。①

波兰尼在其著名的《大转型》一书中,也给出了边沁推动社会改革的成果清单,列举了边沁发起的改革建议,包括:改进专利制度;推行有限责任公司;每十年一次的人口普查;建立国家卫生部;发行鼓励储蓄普遍化的计息票据;用于蔬菜和水果的冷藏设备;由犯人或者受助穷人作为劳动者运行并且使用新技术的军备工厂;设立给中上阶级进行传授功利主义纲要教学的学校;房地产登记;公共会计制度;公共教育制度改革;兵役登记;高利贷自由化;放弃殖民地;推广避孕药具降低贫困率;通过股份公司改进大西洋和太平洋的连接等等其他项目。②

---

① C. K. Ogden, "Jeremy Bentham, 1832 – 2032"; being the Bentham Centenary Lecture, delivered in University College, London, on June 6th, 1932; with notes and appendices K. Paul, Trench, Trubner & co. , ltd. , 1932, p.19.

② Karl Polanyi, *The Great Transformation* , New York: Farrar & Rinehart, 1994, p.126.

国家管理需要一支廉洁高效的行政队伍,构架良好而又合理的文官制度至今仍是各国制度建设的追求目标。最早英国文官制度改革也是受益于功利主义的贡献。1832年议会改革后,工业资产阶级取得了政权,上升到统治地位,当时政府的文官制度远不能适应新形势的需要,它不仅极不完善,而且存在根本性弊病。英国社会迫切要求一个廉洁政府,它既要大大提高行政效率,又要节约开支,以利于把更多的资金用来发展经济。边沁撰写的《最高限度的行政效率及最低限度的开支》一文,成为文官制度改革的指导思想。

梅因(Henry Sumner Maine)曾深刻地评价道,"边沁旨在通过运用现在与他的大名不可分的原则去改进法律。他的几乎所有较为重要的建议都被英国立法机关所采用。……我不知道,自边沁以来有任何一项法律改革的落实可以不追溯至他的影响"①。

1.4.2 边沁参与改革的过程

边沁享年84岁,在生命的后四十多年,一直隐居在伦敦市中心离国会大厦只有几百码的一所花园环绕的小房子里努力工作,深居简出,与世事俗务基本隔绝。有人比喻边沁像一条龙一样有活力,不断编撰文章。有记载表明,边沁伏案写作的工作量很大,几乎每天写作8至10小时,一般可以完成10至15对开页手稿。他写作速度非常快,据说边沁的思绪奔涌和写作激情使他无暇顾及出版。他一共写了好几万页手稿(目前有七万多页原始手稿保存在伦敦边沁研究中心),但大部分都是半成品,有些不适合出版,有些无法出版,他经常是这部著作还未完成就开始写下一部。除了早期几部著作外,他生前自己编辑出版的著作非常少,大部分著作是由别人编辑出版,而且主要是在他去世后整理出版的。边沁既然深居简出,那他当年对英国社会转型改革的影响是如何实现的?功利主义思想在英国社会转型过程中的作用是如何发挥的?

---

① 梅因:《早期制度史讲义》,冯克利、吴其亮译,上海:复旦大学出版社,2012年,第169、194页。

边沁推动英国社会改革的大致节点如下：1776 年发表《政府片论》；1789 年发表《道德与立法原理导论》。在经历了一系列社会实践，特别是花费了若干年推动著名的圆形监狱项目失败后，他更加理解了英国社会症结，从 1808 年起关注并推动英国社会的政治改革，特别是针对议会改革发表了不少观点，试图更快地推动英国政治改革。1809 年他撰写了有关议会改革问答的一系列文章；1830 年发表了著名的《宪法典》，后续的英国社会改革正是沿着该书的思路完成了一系列立法工作，实质性推动了社会转型。

1776 年，边沁发表了《政府片论》，正是这篇文章让边沁崭露头角，随后得到了英国政治家谢尔本勋爵（Lord Shelburne）欣赏，1781 年二人结识。谢尔本勋爵学识渊博，是边沁牛津大学的校友，陆军上校，国会议员。曾经担任英国政界高官：先后出任贸易大臣、内政大臣，1782 年任英国首相。在边沁和谢尔本勋爵因志趣相投而成为莫逆之交后，边沁进入了谢尔本勋爵的社交圈，有机会见到那个时代的许多政治家和思想家，结识了以谢尔本勋爵为首的辉格党圈子内的许多社会名流。谢尔本勋爵使边沁的事业发生了重大转折，边沁不再是当年发表《政府片论》时默默无闻的年轻人，他开始和法国名流达朗贝尔（Jean le Rond d'Alembert）、莫雷莱（André Morellet）和查斯特卢（François Jean de Chastellux）等法国百科全书派思想家通信。

随着时间推移，边沁逐步有了一批追随者。1808 年，边沁结识了詹姆斯·穆勒（James Mill）。詹姆斯·穆勒出生在苏格兰的一个小村庄，曾在蒙特罗斯学院和爱丁堡大学学习，后移居伦敦。穆勒在伦敦加入了由苏格兰年轻人组成的一个小团体，他们为报纸杂志写文章，著书立说。认识边沁后，他接受功利主义主张，成了边沁最重要的追随者和功利主义学说的宣传者。1808 年起，他通过一些工作，特别是通过为《不列颠百科全书》（1815—1824 年）第四、五、六版的补篇撰述文章，成了哲学激进主义运动的领袖人物，该运动致力于根据有关"良好政府"的功利主义准则，改革英国议会和其他政治制度。

在穆勒的教育下，其长子约翰·斯图亚特·穆勒（John Stuart

Mill)也成了边沁的追随者,才华横溢的小穆勒 20 岁出头就帮助边沁编辑了 5 卷本的《司法证据原理》(*Rationale of Judicial Evidence*,1827),他后来为边沁的功利主义事业作出了许多贡献。

通过谢尔本勋爵,边沁还认识了谢尔本的家庭教师艾蒂安·杜蒙(Etienne Dumont)。杜蒙曾在日内瓦大学接受教育,对边沁天才般能力充满钦佩。作为边沁的忠实追随者,他尽管不是深刻的原创性思想家,但可迅速领会和接受边沁的思想,还具备简明表达的能力。1802 年到 1828 年,杜蒙从边沁手稿中提炼和译述了五部著作,其中影响最大的是《民事和刑事立法论》,其他四本分别是《惩罚与赔偿理论》《立法会议的程序》《司法证据论》和《司法组织与法典化》。在文字上,边沁得到杜蒙很多帮助。杜蒙不仅将边沁的文稿翻译成法语,而且以适合普通阅读人的方式改写和编辑他的著作,成为边沁非常重要的助手。他把边沁晦涩和冗长的英文转化成雅致和简明的法文,这使边沁在法语世界的读者和追随者要远比在英语世界的多,大大扩大了功利主义的影响并提高了边沁在海外的声誉。这五部法文著作几乎是当时欧洲大陆了解边沁的唯一渠道。杜蒙说:"在这些著作的撰写中,我没任何份额:它们完全属于作者,也只属于他。"另一方面,他却说:"我做的不只是对这部著作的翻译,而是译述(interpretation):它在一些方面是删减,在另一些方面是评注。"

边沁的另一位追随者是埃德温·查德威克(Edwin Chadwick)。查德威克 18 岁时决定从事法律专业,23 岁进入伦敦一家法学院学习,后成为法院律师。查德威克做过兼职记者,1828—1829 年间,他在《威斯敏斯特评论》和《伦敦评论》上连续发表了有关公共卫生和社会改革的文章,这些文章引起了边沁的注意。他们结识后,查德威克深受边沁影响,非常认同边沁的功利主义主张,后担任边沁的文字秘书。边沁逝世后,查德威克作为公务员,直接参与英国社会改革工作,为修订英国《济贫法》和推动《公众健康法案》立法作出了巨大贡献。

十八世纪末以后,英国的公共舆论就要求在政治、经济和司法方面进行改革,且呼声日益强烈。合乎逻辑的理性选择必然是把不同的改革需求系统化为遵循单一的原则,这个原则几乎不可避免地就应该是边沁提出的功利主义原则,因为功利主义原则代表了新兴资本主义在社会转型过程中的前进方向。当时英国众多的思想家,无论保守派还是民主派,共产主义者还是世袭财产的坚决支持者,都本能地接受边沁的原则。于是在功利主义号召下,边沁周围逐步汇聚起一批知识分子,形成了以边沁为精神领袖、以知识分子为主体的功利主义团体。他们信服边沁提出的最大多数人最大幸福的学说,认可将此作为英国社会的改革原则,致力于把功利主义原则首先应用于法律领域,并进而在这一原则的指导下逐步将英国社会改革落到实处。后期,边沁已经拥有一个"阵容豪华"的朋友圈,包括律师罗米利(Sir Samuel Romily)、法官伯拉夫(Lord Brougham)、高级行政人员查德威克和斯密斯(Southwood Smith)、议员罗米利(John and Edward Romily)、格罗特(George Grote)、墨来斯沃(Sir William Molesworth)、卢伯克(Arthur Roebuck)、布勒(Charles Buller)等,学界则有经济学家大卫·李嘉图(David Ricardo)、马尔萨斯(Multhus)等。边沁非常自信他对李嘉图的影响,他曾经说:"我是詹姆斯·穆勒精神上的父亲,而詹姆斯·穆勒是大卫·李嘉图精神上的父亲,所以,李嘉图是我精神上的孙子。"此外,边沁的"朋友圈"还包括那个时代杂志和报纸的很多供稿人和编辑。

边沁 1817 年发表《议会改革计划》后,很快被广大激进主义者接受,他的著作也成了激进政党的经典,因此成为激进主义运动尤其认可的领袖和主要思想家。以功利主义思想为前提,引申出的有关政治、法律和社会改革的一系列思想,被人们统称为"边沁主义"。这种社会改革思想成为十八世纪后期到十九世纪中期英国激进主义运动的理论基础,这些人以边沁为思想领袖,形成一个激进的社会团体,发起一次次对既有制度的变革运动。在激进分子的集会上,到处流行着"普遍选举""年度议会"和"投票选举"等口号,而边沁本人最喜欢的口号则是"秘密的、普遍的、平等的和每年一度的普选制"。这个群体被称为"功利主义者""边沁主义者",也被称为"哲学激进主义者"。英国哲学家索利指出:"功利主义团体便代表了一种英国哲学史无前例的现象——一套简明的学说受到共同遵从,被运用到各种不同领域,一帮热情的工作者为着同一的目标辛勤劳作,且由于共同崇拜他们的老师而团结在一起。"[1]

随着边沁功利主义思想影响力扩大,许多显要的政治家也成了激进主义者在议会立法改革中的代言人。边沁曾和卡特赖特(Cartwright)少校以及激进的弗朗西斯·普雷斯(Francis Place)爵士通信,他们对边沁的理论深表佩服。边沁还结交了丹尼尔·奥康奈尔(Daniel O'Connell)和布鲁厄姆勋爵(Henry Peter Brougham)。奥康奈尔是要求解放天主教徒派的领袖。布鲁厄姆勋爵是律师、大法官兼上院议长,是政治家和改革家,能言善辩,不遗余力地推动法律改革。

这个功利主义团体的力量并不是由于人数众多,而是由于方向清晰,而且许多成员有出色的才能,更由于他们所倡导的政策迎合了时代需求,最终取得了非常明显的成就。

1832 年,重要的议会改革法案(Reform Bill)在英国议会通过了,边沁所倡导的立法和法律改革在激进主义者的推动下终于取得了实质性的成果。此外,许多新的法律也陆续制定,如 1829 年《大都市警察法》,1833 年《教育法》,1833 年《工厂法》,1834 年《贫困法》,1840 年《铁路管理法》,1845 年《证据法》,1848 年《公共卫生法》,1859 年《义务教育法》,1873 年《司法法》等。在这些法律的制定过程中,边沁的功利主义思想依靠这些激进主义者的推动而得以落实。

如 1832 年,边沁的主要追随者查德威克受聘于皇家委员会,参与1601 年《济贫法》执行状况的调查和《济贫法》修订建议报告的起草工作,并在 1834 年被委任为济贫法委员会秘书。在《济贫法》修订工作期间,查德威克认识到人口统计数据的重要性及现行人口数据登记系统的不足。1836 年,有人建议由国家代替教堂对英国人口的出生、结婚、死亡进行登记时,查德威克立即建议同时增加死亡原因的登记,这条建议被采纳并于 1838 年成为法律。对死亡原因的登记使后来的生

---

[1]　索利:《英国哲学史》,段德智译,北京:商务印书馆,2017 年,第 194 页。

命统计成为可能。

查德威克更重要的贡献是英国《公共卫生法案》立法。他与热带病专家托马斯·史密斯医生合作,对英国劳工的卫生状况进行了调查。1842 年,查德威克自费发表了著名的《关于英国劳动人口卫生状况的调查报告》,指出各种疾病都是由腐烂的动植物、潮湿与肮脏引起、加重或传播的,这些卫生问题可以通过排水、清洁、通风等方法来解决。该报告对 1848 年英国《公共卫生法》诞生起到了直接的推动作用。查德威克职业生涯的后期曾做过伦敦城市排污委员会专员、英国健康总局专员、公共卫生监督者协会会长。

尽管在《济贫法》修订问题上,以及后来在应对霍乱、墓地选择、排水供水改革等问题上,查德威克的理想和抱负并没有完全实现,然而他对环境卫生和健康关系的探索和认识,改善公众卫生状况的建议,通过立法和设立中央卫生机构保障公众健康的建议,对死因登记和生命统计的贡献,等等,这一切对英国后来的公共卫生事业发展都有直接和间接的影响,甚至对全世界公共卫生事业的发展也起到了里程碑式的作用。1889 年,查德威克被授予爵士爵位,以表彰他对英国公共事业改革所作出的贡献。

英国民法和刑法改革,同样是由边沁的一批追随者推动的。1815年拿破仑战争结束之前,法律的过时和反常使许多人无法忍受,其中包括年轻的塞缪尔·罗米利爵士。罗米利为推动民法、刑法改革做了大量的工作并取得了成效,他将其法律改革哲学归功于边沁的影响。有一次,他的同事弗兰克兰先生认为他对边沁的哲学太着迷了,他回答说:"我的错误可以追溯到一个我很自豪能和他交往的作家;……将来,当我们和我们的分歧被埋葬在坟墓中而被遗忘的时候,英国哲学的这一成就将会得到这个国家的应有的赞赏。"

查德威克作为功利主义追随者、十分自信的社会改革家,坦承他还有一些领域没有进行调查,他还欠边沁不少"债务"。可见功利主义事业的社会实践成果,不是边沁一个人的努力结果,而是在边沁功利主义思想指导下,通过一大批活跃在社会实践中的功利主义者长期推动所取得的结果。

1.4.3　功利主义与资本主义形成

西方世界从封建社会进入资本主义社会的典型代表是当时英国的社会转型。在边沁功利主义学说产生之前,近代英国社会的发展历经了从经济变更到政治革命、再到产业革命发展的一系列重要的历史变革。十五、十六世纪英国的"圈地运动"为资本主义经济的发展提供了社会条件,在造成了大量流离失所的人口同时也为后来逐渐兴起的资本主义工厂提供了充足的劳动力储备,并促使封建贵族的衰落和中等阶级的兴起。而发生在十七世纪的"光荣革命",以立宪政制取代专制王权的统治,取得了政治革命的初步胜利。尽管政治上的这种革命仍不彻底,但毕竟为经济上的革命开辟了道路。随后的十八世纪后期展开的工业革命,使资本主义工业生产得到了极大的发展,产业革命从社会的经济基础上给社会带来了彻底变革,这种变革又体现在经济基础对上层建筑的作用方面,落实为英国的政治制度和意识形态的变化。

边沁功利主义的产生及其发展,是和当时英国社会的发展状况有着紧密的联系的。从英国历史发展的实际过程来看,一方面功利主义运动的产生是早期资本主义社会生产状况所导致社会思想潮流变革的直接产物;另一方面,十九世纪英国社会的重大变革几乎都可以找到功利主义的影响。当我们考察资本主义政治自由主义、古典政治经济学、英国法理学派的发展,甚至资本主义经济伦理学基本构架的奠定过程,往往都能发现功利主义影响的存在。从宏观上看,当时英国社会变革的背景正是资本主义的崛起和发展,审视功利主义在此过程中的影响,不难发现功利主义在政治、经济、法律、伦理等若干方面都非常契合这一阶段的资本主义发展的需要,为资本主义经济和社会制度的确立和完善,在若干方面提供了理论依据并完成了相关的论证和辩护,由此对这一阶段资本主义的形成发挥了很大的作用。

在思考探究资本主义产生及发展动力时,马克斯·韦伯(Max Weber)认为新教伦理是资本主义产生过程中的一个重要推动因素,这种以宗教精神的视角进行其研究的思路无疑对探索资本主义形成有一定参考价值。如果借用韦伯的研究思路,那么我们同样有理由认为,承载着内涵丰富、影响广泛的边沁功利主义思想,也是促使资本主义社会形成、完善的一个重要推动因素。

在韦伯名著《新教伦理与资本主义精神》中,当探讨现代资本主义的崛起时,他梳理了若干条与现代资本主义的出现有至关重要影响的因素,如西方城市的发展及高度的政治自治,使得"市民"社会从农业封建制度下摆脱出来;完整、发达的理性法律体系不仅在某种程度上可以为商业组织本身内部之用,也为协调资本主义经济提供了一个总体框架;理性的司法实践同时也使得民族国家得以可能以及对应的全职官僚行政管理体制的建立……①

资本主义的形成必然需要对应的价值观,但这些价值观的确认和体现,只是停留在主观愿望的认知层面上是无意义的,重要的是它们必须遵循商品交换通行的等价交换原则及由市场交易的契约等约定的各种规范性要求来生产和交换,从而实现资本主义生产经营基本运转。没有资本主义经济发展所对应的这些"社会条件",也就没有所谓资本主义的实际形成。结合英国早期资本主义形成和功利主义在此过程中发挥的作用,特别是边沁功利主义在英国资本主义形成过程中的有关法律和国家的构建作用,不难发现功利主义对英国资本主义的发展和巩固起到了重要的奠基性作用。资本主义的发展动力正是依赖社会的政治、法律、文化以及其他相关制度的微妙安排得以实现的。当时英国的社会转型所涉范围无疑包括这些相关制度的建立,而整个英国社会转型相关制度建立的最根本的基础原则就是边沁提出的功利主义。

英国的资本主义国家是通过资产阶级革命建立的,是不同的阶级

① 马克斯·韦伯:《新教伦理与资本主义精神》,上海:上海人民出版社,2010年,导言,第24页。

斗争的结果,其国家的政治统治是通过具体的国家政治制度来实现的。国家政治制度包括民主与法制、政权组织形式、选举制度、政党制度等现实形态,英国的代议制及相应的制度安排的改革是边沁许多年一直为之努力目标。正是经过边沁及一批哲学激进主义者的长期努力,涉及英国政治制度的重要改革法案(Reform Bill)终于在 1832 年被英国议会通过了。

国家的主要职能之一是承担对社会的统治和管理,而警察、法院、监狱等部门所遵循的司法制度正是为国家制度服务的重要工具。边沁从功利主义原则出发,首先切入英国社会改革的突破口就是英国司法制度改革,"最大多数人的最大幸福"原则的提出最早就是从英国司法体制所存在的问题开始,边沁为此作出了很大的贡献。在法律改革方面,边沁持一种相当激进主义的态度。他十分痛恨英国的惯例法、判例法,毕生致力于法律的改革。在边沁看来,英国的诸多法律条文及其实践都是长期演进的结果,其中许多条文与判例和现代社会发展的要求格格不入。更为糟糕的是,许多条文与判例最初就不是合理思维的结果,不是大众利益的反映,而是受传统、宗教乃至少数人"邪恶利益"左右的结果。因此,边沁主张,必须用功利主义的标准,即"最大多数人的最大幸福"的标准重新评估所有法律条文与判例,在此基础上进行改革。正是这样破除了阻碍资本主义发展的代表少数人利益的法律体系,才完成了容许资本主义发展的基本前提。

边沁积极参与所倡导的立法和法律改革的具体工作,经过若干年的努力,边沁的法律改革最终取得了实质性的结果,1845 年《证据法》颁布成文,1873 年英国颁布《司法法》。布罗汉姆(Henry Lord Brougham)对此评价道:"法律改革时代与边沁的时代是同一的。他是改革中那些最重要领域的先辈,这些领域在人类的改善中占据引领与主导的地位。……先前所有的学者都只是仅仅解释一代代传承下来的原理。……他是大胆尝试用功利的准则检视所有法律条文的第一人,无所畏惧地调查法律各个部分之间的联系;更加勇敢地探究英国法中即便最连贯对称的规则在多大程度上及是否根据如下原则而制定,即法律必须适应社会环境,满足人们的需要,提升人类的幸福。"①从相关学者有关边沁推动当时英国法律制度改革的评价,我们可以了解到 utilitarianism 在英国法律改革方面促进资本主义形成阶段所具有的历史地位。

除了司法制度外,国家对社会管理的另一个职能是负责社会的经济和公共事务,它包括管理经济、文化、教育、卫生、邮电、交通等事业,维护社会公共秩序,兴建各种社会公共设施,保护社会环境等。这对于保持资本主义社会基本运转起着关键性的作用。从当年英国所实现的社会改革实际成效可知,这方面边沁功利主义确实是功不可没。如建立国家教育制度、设立储蓄银行、完整而统一的出生、死亡和婚姻登记、不动产登记册、商船守则、全面的人口普查报告、建立公共卫生制度等等。功利主义推动的这些社会治理改革,几乎覆盖了社会基本公共事务的方方面面。面对涉及现代社会运行管理范围如此之广的诸多方面,我们不禁感叹,在现代生活中,许多我们已经习以为常社会治理的许多安排,无论是宏观层面国家教育制度的安排,还是全社会公共卫生管理,甚至与日常生活有紧密联系的不动产登记、避孕药具使用等等,居然都和早期功利主义所发挥的作用有关。从某种意义上可以理解为,人们今天享受的许多现代文明成果正是来自当年功利主义原则所推动的社会转型改革。这些成果又直接与当年英国社会资本主义制度初步建立及此后的巩固发展有着非常紧密的联系,可见功利主义对现代社会的制度的影响不仅显著而且深远。

英国工业革命后的高速经济发展正是早期资本主义形成的重要标志,这种资本主义经济发展是得到经济理论支持的。当时大卫·休谟发表了一系列经济论文②,亚当·斯密出版了《国富论》,托马斯·马尔萨斯出版他的《人口原理》,作为同一时代的边沁,他不仅是古典经

---

① 戴雪:《公共舆论的力量:19 世纪英国的法律与公共舆论》,戴鹏飞译,上海:上海人民出版社,2014 年,第 126 页。
② 休谟:《休谟经济论文选》,陈玮译,北京:商务印书馆,2009 年。

济学派的热情追随者,而且对古典经济学也作出了开创性的贡献。边沁在其六十多年的写作和颇具影响力的社会生涯中,撰写了不少有关经济内容的文章。① 此外,《道德和立法原理导论》尽管其主要论述是法律问题并没有直接涉及经济理论,但却对十九世纪的经济理论产生了极大影响,因为这本书所涉及的功利主义原则,已经成为古典经济学的哲学基础。道格拉斯·多德(Douglas Dowd)指出:"事实证明,到1800 年,工业资本主义在英国的崛起已不可逆转。而在当时,古典政治经济学的社会经济基础已经由三位最早的主要思想家确立:他们是亚当·斯密、托马斯·罗伯特·马尔萨斯和杰里米·边沁。"②事实上,边沁的效用原则影响了后来经济学效用价值论的发展,市场经济是以等价交换为基础的,价值理论是市场经济理论中最为基础的理论之一,而支持效用价值论的哲学根据,则是功利主义原则。

在经济自由主义思想方面,边沁一直主张放任经济,反对政府对经济生活的干预。1787 年他曾出版《为高利贷辩护》③一书,对斯密的利率控制思想进行了彻底的批判,主张排除政府对经济的干预,实行自由放任的经济政策。功利主义与自由主义经济学在市场经济底层逻辑上其本质是完全一致的。自由主义经济学说倡导放任经济,主张贸易自由化,强烈要求废除食品贸易关税(谷物法)与航海法对自由贸易的限制。在哲学激进主义者推动下,1846 年,终于取得了废除谷物法的胜利,从而确立了自由贸易作为英国的国家政策,为早期资本主义发展奠定了必要的基础。

在资本主义形成过程中,当时具有革命性的思想观念对反对封建主义和宗教神学,包括推动资产阶级革命和促进资本主义国家建立发挥了重要的作用。而以私有制为基础的资本主义在思想观念上的主要表现形式就是个人主义。功利主义的重要思想基础之一也正是个人主义,从推动资本主义形成并发展的意识形态角度理解,功利主义

---

① 边沁有关经济内容的主要作品见 Jeremy Bentham, *Jeremy Bentham's Economic Writings*, 3 vols., W. Stark (ed), London: Allen and Unwin, 1954。

② Douglas Dowd: *Capitalism and its Economics*, London: Pluto Press, 2000, p. 3.

③ Jeremy Bentham, *Defense of Usury*, London: Payne and Foss, 1816.

也在此过程扮演了相当重要的角色。这种观念上的变革,是一切社会制度和法律变革的基础,是破除等级特权体系、建立新的社会政治制度的基础。边沁主义者在社会领域贯彻了理性的批判精神,力图破除一切迷信、权威以及所有的未经理性审视、证实的东西。边沁主义的思想中体现了启蒙的观点,实际上是对民众的国家观、社会观的启蒙,使人们摆脱蒙昧主义的束缚,走向理性主义的社会态度。哲学激进主义运动所倡导的对社会既有体制的变革精神,更新了人们对社会制度和法律体系的观念,不仅为资本主义市场经济的正常运行扫清了种种封建和保守势力的障碍,而且为当时和后来适应市场经济发展的要求而进行的各种制度整合和立法活动作了观念上的准备。

从另一个角度看,边沁推动的社会改革运动之所以能够产生那么大的声势和社会影响,一个重要的原因是它契合了资本主义自身发展的客观需要。也正是功利主义所处时代的历史状况决定了功利主义所承担的资本主义形成的现实使命,从而成就了功利主义的重要作用并推动了这个急速变更的时代。在十八世纪转换的前后 40 年间(即1775—1815 年间),当时这些新的生产方式、新的社会关系、新的管理方式和新的社会思想确实都带有资本主义的标签,而这些变化的背后是功利主义的实质性贡献,它为英国资本主义制度的形成,特别是对逐步成熟的资本主义生产关系和社会结构的重建发挥了巨大的作用。

1.5　穆勒与功利主义

穆勒作为英国十九世纪非常著名的重要思想家,他的思想范围涉及诸多领域。曾有西方学者将穆勒比喻为"十九世纪英国不列颠民族精神的象征""理性主义的圣人"[①]。穆勒的政治思想在西方政治思想史上具有重要地位,在古典自由主义向新自由主义过渡的过程中,穆勒发挥了独特且重要的桥梁作用。

----

① 王连伟:《密尔政治思想研究》,吉林大学博士学位论文,2004 年,第 1 页。

早期的古典功利主义其不同阶段的特点与英国历史的不同时期密切联系,边沁和穆勒由于处在不同的时代背景之中,他们所表达的功利主义思想必然呈现差异。尽管习惯上人们已经将边沁、穆勒分别主导的两个阶段的 utilitarianism 思想整合在一起统称为古典功利主义,而当讨论内容涉及 utilitarianism 思想嬗变的过程时,将古典功利主义实际对应的边沁和穆勒分别主导的两个阶段分开讨论则比较清晰,更容易厘清思想嬗变的过程。

如果从古典功利主义发展的时间跨度上看,边沁的功利主义学说形成时期始于 1776 年[①],而终结于 1874 年西季威克(Henry Sidgwick)批判功利主义的名著《伦理学方法》(*The Methods of Ethics*)的发表[②]。在英国工业革命后的关键历史节点的背景下,面对近百年的时间跨度,功利主义相应的社会环境无疑发生了变化。根据马克思历史唯物主义历史观,这种复杂社会历史的背景变化,应该会影响到当时流行的社会思潮即古典功利主义思想内涵的嬗变。为了更好地研究流变过程中"功利主义"思想源头,需要分析评估这两个阶段之间的"功利主义"思想内涵的变化。

穆勒通常被认为在古典功利主义理论形成过程中扮演了"集大成者"的角色。穆勒自己也认为他坚持了边沁功利主义。他确实为完善边沁功利主义理论体系论证做了工作。他将边沁功利主义理论与传统的伦理学理论建立联系,从伦理、政治和哲学等不同角度讨论边沁功利主义体系的合理性,从而使功利主义理论的形态被确立。

有关穆勒对边沁功利主义的修正,学界一直有褒贬不一的两种评价。但客观地说,也正是由于穆勒的修正,边沁所创建的"原初"功利主义发生了实质性的变化,边沁的功利主义逐步摆脱了最初强调实践性的社会改革使命,过渡到被普遍认为是带有所谓庸俗色彩理论的一种伦理学说(尽管根据边沁的虚构理论,边沁学说事实上是有其哲学

---

① 哈列维:《哲学激进主义的兴起》,曹海军等译,长春:吉林人民出版社,2011 年,导论第 2 页。

② 罗尔斯:《政治哲学史讲义》,杨通进等译,北京:中国社会科学出版社,2011 年,第 389 页。

基础的)。而这个分界正是从穆勒这里开始的。

浦薛凤评价道:"当功利主义之初起,大刀阔斧,壁垒分明;但自小穆勒以至薛知微则化简为繁,化狭为广,化偏倚为调和——而功利主义之本来面目几乎不复存在。"①戴雪也指出:"尽管穆勒至死都是个功利主义者,但功利主义本身在他手中发生了某种变形。……可以肯定的是,功利原则经过穆勒的解释变得多少有些难于理解,并且完全不同于那个简单的、极易理解的概念,即每个人自然就要追求自己的幸福,而且每个人对自己适当理解的利益的理智追求必然能够确保最大多数人的最大幸福。人们可能很想知道,边沁本人是否还辨识得出经过他最杰出、最忠实的学生阐释后的功利原则。"②从中外两位有代表性的学者的评价可见,尽管穆勒确实为功利主义的发展作出了他的贡献,但获得的并不全是正面的评价。威廉斯(Raymond Henry Williams)在他著名的《文化与社会》一书中对穆勒当时的社会环境及穆勒为什么会与边沁有不同的学术转向进行了颇为详细的解释:"应该说,穆勒是在处理一个新形势出现的各种问题。对于那些正在崛起的、寻求改革贵族特权而肯定本身日益扩大的权力的中产阶级来说,早期的功利主义的学说完全够用了。与新的生产方式相匹配的价值观念彻底改变了这种学说的色彩;可以这样说,初期的功利主义帮助创造了与工业革命最初几个阶段相互呼应的政治与社会机构制度。这种努力的高潮是 1832 年的改革法案(Reform Bill)。"③

事实上,穆勒对边沁的误读不限于以上评论中所提及内容,穆勒没有认真理解边沁功利主义思想的哲学基础(是否可能穆勒就没有读懂边沁的虚构理论),并批评边沁的庸俗,从而将对边沁的理解带偏了方向。由于后人对边沁的解读往往会参考穆勒的见解,这是由穆勒在古典功利主义形成阶段的特殊地位所决定的,从这个角度看,穆勒确

---

① 浦薛凤:《西洋近代政治思潮》,北京:北京大学出版社,2007 年,第 525 页。
② 戴雪:《公共舆论的力量:19 世纪英国的法律与公共舆论》,戴鹏飞译,上海:上海人民出版社,2014 年,第 318—319 页。
③ 雷蒙德·威廉斯:《文化与社会》,吴松江、张文定译,北京:北京大学出版社,1991 年,第 89—90 页。

实应该为此承担更大的责任。

考察古典功利主义的创建过程,穆勒对边沁功利主义的详尽修正和解释,最初是在 1861 年以系列文章形式发表在《弗雷泽》(*Fraser's Magazine*)杂志上,1863 年以书名 *Utilitarianism* 结集出版。该书中所涉及的有关功利主义的修正对功利主义此后的发展产生了深远的影响。边沁功利主义经过穆勒修正后,新版功利主义的宗旨和理论体系基本完成,此时功利主义学说与当时的自由主义政治学说相互交融、相互支援,成为英国维多利亚时代政治伦理学说的主导性意识形态。伯杰(Fred R. Berger)1984 年指出:"*尽管有理由认为穆勒自己并不认为这是功利主义的明确声明,事实上,这篇短文是大多数哲学家了解穆勒的功利主义观点的主要来源。*"①罗森(Frederick Rosen)2003 年也指出:"*事实上,只是在穆勒的《功利主义》(1861)出版后的十九世纪后期,功利主义作为一种流行的学说才得以确立。*"②

任何在历史上曾经发挥过重要作用的思想理论发展一定与所处时代的潮流有着紧密的关系,在考察古典功利主义从边沁阶段向穆勒阶段转变时,我们首先需要了解穆勒所处的维多利亚时代(1837—1901)的特点。

1.5.1　维多利亚时代特点

从时间上考察,穆勒 1861 年发表 *Utilitarianism*,标志他完成了对边沁古典功利主义的详尽修正和解释,此时距边沁 1776 年在《政府片论》中首次提出"最大多数人的最大幸福"原则已经过去八十余年。当时英国已经进入到著名的维多利亚时期,整个社会正处在一个经济高速发展的阶段。

维多利亚时代在英国历史上最为繁荣昌盛,维多利亚女王统治长达 63 年,特别是维多利亚时代中期的经济繁荣是一个非常显著的特

① Fred R. Berger, *Happiness、Justice and Freedom：The Moral and Political Philosophy of John Stuart Mill*, Berkeley：University of California Press, 1984, p. 30.

② 罗森:《古典功利主义从休谟到密尔》,曹海军译,南京:译林出版社,2018 年,第 154 页。

征。当时的英国在完成了工业革命后成为第一个进入工业化的国家。若干行业,如纺织、铁道、钢铁、造船及机械制造已经在全球取得非常领先的地位。1850年英国的棉花和钢铁产量已占世界产量的50％左右,煤炭已经达到世界产量的2/3。通过1851年举办的万国工业博览会,在水晶宫向世界显示了英国当时在世界经济中的地位。此时的英国是世界上最富裕的国家,除了最贫困的人口外,大多数人都从这种繁荣中获益。英国经济高速发展的主要原因是得益于自由贸易政策支持下的海外市场的开拓,国民生产总值从1851年的5.23亿英镑迅速增长到1870年的9.16亿英镑。

1860年代的英国的人均收入是法国的1.5倍,是德国的近两倍。英国社会的各阶层几乎都从英国的经济繁荣中受益。根据维多利亚时代中期的统计学家达德利·巴克斯特的统计,当时全部工资报酬的四分之一归七分之一的工人所得。利润也提高了,地租和农业收入也增加了,这一事实对于保证社会和谐也是同样的重要[1]。

在具有激进主义情怀的边沁所提出的原则的影响下,差不多经过2—3代人几十年的努力,完成了最初的社会规范性基础,整个英国社会状况有了很大的进步。在带有现代特色的英国社会运行将近一个世纪后,原先的社会主要矛盾虽然没有完全解决,但其焦点发生了变化,英国社会面临的主要冲突已经发生转变,边沁当年所面临的突出社会改革矛盾也趋向缓和。由于英国已经进入了十九世纪经济高速发展的繁荣时期,这时英国资产阶级的主要任务是通过带有全球化性质的自由贸易来发展英国经济。

客观地说,英国社会在“工业革命”之后又经历了工业生产以及对外贸易的迅速发展,英国社会通过所提倡的自由竞争和自由贸易,促进了社会的巨大变革,并积累了雄厚的物质财富基础。随着社会本身的发展,社会进步的诉求成了社会关注的重心,基于当时社会的主流观念,物质财富的增长被作为衡量社会进步的主要标准,与经济相关

---

[1]　阿萨·布里格斯:《英国社会史》,陈叔平、陈小惠、刘幼勤、周俊文译,北京:商务印书馆,2015年,第297页。

的社会问题不断吸引着社会的关注。正是在这样的时代背景下,面对英国社会的这些新转向,穆勒作出了与边沁不同趋向的思考,并对功利主义理论进行了一些修正。穆勒的修正从社会发展的角度看,如果说边沁最初重点从政治层面进行突破,解决了社会发展的合法性基础问题,即建立社会规范的理论基础,穆勒则是在完善了边沁的社会规范性基础之后,从社会进步的层面,就如何服务于经济发展,追求财富积累,进行了理论框架的重点完善,论证了落实社会原则的合法性。

1.5.2 穆勒的修正

关于穆勒对边沁功利主义理论的修正动机,已经有若干学者进行过研究,部分学者意见是认为穆勒对边沁功利主义的修正是出于回应当时英国社会部分人士对功利主义的批评,其主要出发点是说明边沁的功利主义并不是所谓的"猪的哲学"①。事实上,随着社会繁荣之下社会矛盾的扩大,已经导致负面社会效果的显现;与此同时,以英国浪漫主义为代表的另一种声音,开始尖锐地批评功利主义,指责功利主义对个人利益的追求。除了英国哲学家、历史学家和散文作家卡莱尔外,英国著名作家、浪漫主义诗人雪莱(Percy Bysshe Shelley),出于对诗人的社会职责和神圣使命的思考,曾于 1837 年在《法国革命》(*The French Revolution*)、1839 年在《宪章运动》(*Chartism*)、1843 年在《过去与现在》(*Past and Present*)等著名作品中,对当时的功利主义思想和所谓的"现金交易关系"展开批判。边沁的功利主义思想除遭到了一些人的反对外,甚至还遭受到攻击谩骂。另一种解释是穆勒 21 岁时发生了一场精神危机,改变了他的生活态度。这场精神危机可能是源于穆勒早年对功利主义的全盘接受,后来的精神危机促使他反思自己的认识模式,意识到自己认识上的片面性,并开始警惕所有学说中

---

① "猪的哲学"(Pig-Philosophy),这是英国哲学家、历史学家和散文作家卡莱尔(Thomas Carlyle)1850 年在他关于耶稣会教义出版的"近代小册子"中,给当时广泛传播的哲学所取的名字。该哲学认为人类仅仅是有欲望的生物,而没有被赋予灵魂。满足欲望是崇高的幸福观,是唯一的天堂,反之则是地狱。当时这个比喻常常被用于形容功利主义思想。

所包含的可能偏见。穆勒进而思考边沁思想的缺陷并着手解决边沁理论存在的弊端。

作者不排除穆勒出于以上两种原因而修正边沁理论的可能性,但不妨也可以从另一个不同的角度来理解穆勒对边沁功利思想的修正。若放在一个更宏观的历史视野上考察,穆勒对边沁理论的修正,本质上是与十九世纪到二十世纪英国社会的历史发展趋势相吻合,符合资本主义社会新的发展阶段的需求,特别是非常契合当时维多利亚时代英国经济高速发展的特征。当时英国社会氛围被经济迅速发展的形势所笼罩,社会进步的诉求在科学理性主义的推动下已经成为当时社会关注的重心,此时的社会进步概念与社会财富的积累,特别是与经济发展物质化联系在一起,物质财富的增长已经成为用于衡量社会进步的主要标准。而相关的思想概念无疑需要从理论上给予回应,即这种新的变化与社会经济发展之间密不可分的关系需要合理的诠释,而被穆勒修正后的功利主义理论则完全承担了这个角色。穆勒对边沁功利思想的修正是在这样的社会背景通过 *Utiliatarianism* 这本书完成的,该书也是穆勒一生中最重要的著作之一。穆勒对边沁功利主义的修正,其核心的内容体现在以下三个方面:

首先是关于快乐的量的大小与质的高低。边沁认为所谓的快乐没有质上的差别,而只有量的不同,并据此还提出如何计算快乐数量的方法。穆勒对此进行了修正,首先对快乐的质进行了区分,将快乐分为高级的快乐和低级快乐,他认为"一个适当而令人满意的人生因此必须包括'精神的愉悦、感情和想象的愉快、道德感的愉快',它们作为快乐比那些纯粹的感官快乐具有更高的价值"①。在有关快乐质的差别方面,他说:"承认某些种类的快乐比其他种类的快乐更值得欲求,更有价值,这与功利原则是完全相容的。荒谬的倒是,我们在评估其他各种事物时,质量与数量都是考虑的因素,然而在评估各种快乐的时候,有人却认为只需考虑数量这一个因素。"②穆勒引入的有关快

---

① Geoffrey Scarre, *Utilitarianism*, London and New York: Routledge, 1996, p. 93.
② 穆勒:《功利主义》,徐大建译,北京:商务印书馆,2015 年,第 10 页。

乐量和质概念引起了许多争议。穆勒所谓快乐的质的不同,是指人的快乐除了身体感觉上的愉悦外,更多是指精神上追求的需要,这正是人与动物区分之所在。高级的快乐主要是精神方面的快乐,也包括道德情操方面,要做到快乐的质和量并重并优化。

其次,穆勒以幸福概念代替了边沁的快乐概念。在穆勒的 *Utiliatarianism* 一书中,穆勒是以"幸福"(happiness)一词取代了边沁的"快乐"(pleasure)和"痛苦的免除"(或"缺乏痛苦",absence of pain)。原先边沁并没有严格区分"幸福"和"快乐",功利、善行(good)、幸福与快乐,这几个概念甚至可以相互诠释,幸福的实质性内涵就是快乐。穆勒在书中基本集中于对"幸福"的论述,而对快乐内涵的理解已经发生了根本性的变化。穆勒通过对边沁理论的修正,扩大了 utilitarianism 概念的外延,并在论述过程中,从快乐的概念逐渐过渡到幸福概念。

幸福是穆勒理论的核心概念。在穆勒看来,幸福是一个比快乐有着更多内涵的概念,许多内容都可以作为幸福的组成部分被包括在穆勒的幸福概念中,其中既包括了精神方面的,也包括了物质方面。伯杰提到穆勒这种对功利主义的修正时认为,"在 *Utiliatarianism* 中,穆勒确实区分了更高、更低的快乐,但这种快乐之间的质的区别是以快乐以外的东西有价值为前提的。此外(人们进一步承认),穆勒确实声称将人们渴望权力、金钱和美德等事物作为幸福的一部分,但在声称这一点时,他要么错误地将对金钱的渴望与对快乐的渴望混为一谈,要么与他最初的说法相矛盾,即人们总是而且只渴望快乐"①。我们可以了解到穆勒在这里已经将他对 utiliatarianism 的理解区别于边沁了,他没有和边沁一样以快乐作为标准,而是以一个内涵丰富的幸福概念作为标准。

第三,穆勒通过幸福目标与手段的转换对幸福展开了新的诠释,这是穆勒对边沁功利主义修正的核心环节。

---

① Fred R. Berger, *Happiness*、*Justice and Freedom*: *The Moral and Political Philosophy of John Stuart Mill*, Berkeley: University of California Press, 1984, p. 31.

穆勒在 *Utiliatarianism* 的第四章"论功利原则能够得到何种证明"中，以环环相扣的严密逻辑推导，将幸福概念的范围扩大，并论证获得幸福的手段也成为幸福的组成部分。穆勒首先通过幸福与善的关系简单证明了"幸福有权利成为行为的目的之一，所以也有权利成为道德标准之一"。随即提出"它们被人欲求并且值得欲求，乃在于它们自身。它们不仅是手段，也是目的的一部分。根据功利主义学说，美德原本不是目的的一部分，但它能够成为目的的一部分；它在那些无私地热爱它的人中间，已成了目的的一部分，并且不是作为达到幸福的一种手段，而是作为他们幸福的组成部分，被欲求并被珍惜"。为了进一步阐明观点，穆勒用金钱的爱好来举例："金钱原本绝不比任何一堆闪亮的石子更值得欲求。它的价值仅仅在于它可以买到的各种东西；我们所欲求的是金钱之外的其他东西，而金钱不过是满足这些欲望的手段。可是，不仅爱好金钱是人类生活中最强大的动力之一，而且在许多情况下，人们欲求的是金钱本身。拥有金钱的欲望，常常要大于花费金钱的欲望，而且还在日益增大，同时对金钱之外的、为金钱所围绕的其他各种目的的欲望，反倒在减退……我们追求金钱并不是为了某个目的，而是因为把金钱当成了目的的一部分。金钱原本是达到幸福的一种手段，现在却自身成了个人的幸福观念的主要成分……人们只要拥有了这种手段，或者认为自己只要拥有了这种手段，就会感到很幸福，……这种手段之被人欲求，就像大家热爱音乐或欲求健康一样，与欲求幸福并无不同。"至此，穆勒已经完成将追求金钱的手段成功纳入幸福概念，随后穆勒又运用幸福的定义和功利主义的标准完成了最后推论。"在这些情况下，手段已经成了目的的一部分，而且比它们所追求的目的更重要。……它们都包含在幸福之内，是一些对幸福的欲求的构成要素。幸福不是一个抽象的观念，而是一个具体的整体，所以这些东西便是幸福的组成部分。功利主义的标准同意并且赞许它们如此。"①

也就是说，穆勒通过有关幸福概念的多元置换，将幸福概念的内容进一步泛化。其中特别是将对金钱、名望、权力的追求，通过被理解

---

① 本节有关幸福概念的讨论见穆勒：《功利主义》，徐大建译，北京：商务印书馆，2015年，第43—45页。

为作为获得幸福的手段,因而也成了幸福的组成部分。龚群指出:穆勒把具象化的幸福分为两个层次,一是因它自身而作为幸福是可欲的,它可以作为幸福目的的一部分,同时它们又是取得幸福总量的工具。二是只因它是达到幸福目的的工具,因与欲望对象发生了强烈的联想,从而也把它看成是幸福的一个因子。如金钱、权势等。由此看来,第一层次的因素是幸福的基础性因素,但在穆勒那里,这种因它自身而可欲的东西,并非只有一个,如健康、爱音乐等等其他的人生快乐或享受性东西都在此之列。德性也是如此。[①] 穆勒通过对幸福概念具体而复杂的论述,尤其是对于快乐进行质的区分和幸福概念外延的扩大,穆勒已经将幸福概念改造成为具有了一种新的形象,它已经完全不再是边沁式"粗俗"的快乐概念原有的形象。

除了对边沁理论以上三个方面的修正外,穆勒对边沁理论修正的另一重要贡献是强调了社会进步的概念,并将社会进步概念与物质财富相联系。从而为边沁思想理论的含义赋予了新的意义。

当时的英国在"工业革命"后,由于工业生产以及对外贸易的迅速发展使全社会物质财富得到了高速增长,其结果是重商主义精神流行,英国社会公众舆论主要内容的导向受到了这种重商主义精神和社会物质崇拜思想的极大影响。维多利亚时期的英国人在缔造了高速发展经济的同时,还形成了所谓"维多利亚主义"世界观。戴雪将其表达为:"任何时代都存在一系列的信仰、信念、情感以及广为接受的原则或根深蒂固的偏见;它们总体就构成了一个特定时代的公共舆论。"[②]

维多利亚时代的发展特征反映了英国经济高速发展的形势,社会氛围被笼罩在"社会进步"的概念中。而此时的"社会进步"概念,被认为几乎等同于社会财富的积累。穆勒在他的自传里写道:"在目前社会状况下,群众尊重的总是赖以通向权力的主要手段;在英国制度下,不论世袭财富还是赚得的财富几乎是获得政治上重要地位的唯一源

---

① 龚群:《当代西方道义论与功利主义研究》,北京:中国人民大学出版社,2002 年,第 320 页。

② 戴雪:《公共舆论的力量:19 世纪英国的法律与公共舆论》,戴鹏飞译,上海:上海人民出版社,2014 年,第 55 页。

泉；财富和表明财富的标记几乎是独一无二受到真正尊敬的东西，人们生活的主要目的就是追逐它。"①

黄伟合指出，穆勒的功利概念包含着两个互相联系的方面：个人幸福和社会进步。个人幸福既包括低级的快乐，又包括高级的快乐，而后者是更为重要的。社会的进步主要是指人们的道德的改善与智力的发展，但同时也蕴含着物质财富的增长。在 *Utilitarianism* 中，穆勒强调的是第一个方面，而在《论自由》和《代议政治论》中，他强调的是第二个方面。所以只有清楚地认识到穆勒的功利概念中包含有社会进步这一方面，才有可能对穆勒功利概念的意义有全面而确切的认识。②

有关当时的社会进步概念，穆勒在其《论文明》(1836)一文中这样写道："文明这个词，就像许多人类哲学中的概念一样，是一个双重含义的词。它有时代表一般的人类进步，而有时代表特定的人类进步。"③穆勒的社会进步概念显然与当时的维多利亚时代有密切的关系。穆勒认为他所处的时代中"高度文明状态对人格的影响之一是个人能量的释放，或者更确切地说，它集中在个人追求赚钱的狭窄范围内。随着文明的进步，每个人都变得越来越依赖于他最关心的事情，这并不是他自己的努力，而是社会的总体安排"。④ 可见穆勒的社会进步概念始终还是和当时的社会大环境挂钩，并落实在财富的追逐上。

1.5.3 边沁思想和穆勒修正后的思想比较

当讨论穆勒对边沁思想的修正时，尽管两者在历史上所针对的社会环境以及所发挥的作用不尽相同，两者的内容组成也有不少的差异，但仍应该进行一些比较。

---

① 穆勒：《约翰·穆勒自传》，吴良健、吴恒康译，北京：商务印书馆，1987 年，第 103 页。
② 黄伟合：《英国近代自由主义研究一从洛克、边沁到密尔》，北京：北京大学出版社，2005 年，第 85 页。
③ *The Collected Works of John Stuart Mill*, Volume XVIIIthur Part I PLL v7.0 (generated September, 2013), p. 203.
④ *The Collected Works of John Stuart Mill*, Volume XVIII, Essays on Politics and Society, Part I PLL v7.0 (generated September, 2013), p. 213.

　　首先涉及的比较内容就是穆勒所强调的快乐量与质的关系问题。通常大多数人的看法都认为穆勒的修正是合理的,因为从个体的直观上体会,人的快乐确实包括精神层面的愉悦,这样就不可避免在快乐的质量上有所区别。但我们若用边沁的虚构理论从哲学本体论对世界的认识来看,就会理解边沁为什么并不区分所谓快乐的质量而提出快乐的计算。因为边沁提出的是从哲学角度对世界的一种整体性的认识论,我们的各种思想是建筑在这个认识论基础上的,没有这个认识论的基础,任何所谓的理论框架就像一座建在沙堆上的建筑物,是没有根基的。在大前提没有成立的背景下,所有局部的理论建构是完全没有意义的。根据边沁本体论的看法,当我们将快乐的性质从哲学意义的角度进行理解时,它已经且必须是带有普遍性的,特别是当快乐成为一种衡量事物的外在(客观)标准时,这已经是一种要满足标准化的安排,各种快乐已经丧失了在传统伦理层面上的性质等级差异,快乐的应用须服从最大幸福原则,此时采纳的快乐当然应该是在可比较的层面上具有可计算的属性。边沁正是取消了所谓快乐在质量上的差异,而获得了快乐在数量上的可比较,于是达到了满足快乐标准的普遍性要求。这种普遍性源自虚构理论本身的哲学意义。借助虚构理论的框架,幸福、善恶就可以转化为具有实体意义的虚构实存体,从而获得了最基础的本体论意义上的合法性,也具有比较意义上的可计算性,从而使最大幸福原则作为标准真正具有了工具性。回到边沁功利主义思想本身,如果没有这种哲学意义上的支撑,是不可能通过虚构理论完成"最大多数人的最大幸福"理论严密的自洽论证。当然,一个在社会实践中经过了几百年社会发展过程的检验,并在社会转型改革过程中取得了巨大社会效果的功利主义理论,如果本身并不具备哲学意义上合法性证明自洽的可行性,岂不是成了水中花、镜中月?

　　从实际发生的结果来看,正是穆勒没有从边沁本体论的哲学角度去解读,使后人正确认识理解功利主义产生了偏差,造成了不同程度的误读。鉴于穆勒在功利主义思想史上的重要地位,他应该承担相应的责任。

至于穆勒对功利主义进行的第二个修正,尽管这是穆勒在没有认识到边沁虚构理论时的"无意识"行为,但使用幸福来代替快乐的修正仍然是落在虚构理论的框架中,与此并不冲突。扩大功利主义外延的结果,无论是对功利主义的传播、扩大影响,还是在实际应用中发挥功利主义的作用,都应该是功利主义应有之义,都取得了正面效果。

某种程度上看,穆勒第三个修正对功利主义传播及效果的实际影响是最大的,但穆勒这个修正与边沁的虚构理论也不冲突,所有被转化为追求幸福的手段原先所对应的追求目标,如金钱、名望、权力等,在边沁的虚构理论中仍可以确认它们的真实存在。在确认穆勒这种修正的合法性之后,需要注意的是,在维多利亚时代背景下,穆勒将与经济相关方面的因素(如对金钱的追求)列入幸福的范畴完全迎合了当时的社会发展需要。《西方伦理学思想史》曾描述十九世纪英国的社会氛围:"资本主义发展初期疯狂攫取金钱和财富的欲望也为十八世纪的英国人所继承,这种欲望表现为一种弥漫全国的'向上看'的社会风气。赚钱是衡量个人的能力的唯一标准,也是个人向更高的社会阶层升迁的最快的途径。当时英国社会的各个阶层,包括贵族阶层、工人阶层以及中等阶层在内,都怀有这种不安于现状的赚钱和升迁的愿望。个人的竞争和进取精神得到了全社会的普遍的承认和鼓励。"[①]这种对当时社会氛围的描述对我们今天理解穆勒所处的社会环境非常有帮助。而穆勒顺从维多利亚时代的社会发展状况出发,提出这样的补充性的修正,将追求幸福的目的与追求幸福的手段进行了置换,为维多利亚时代的社会经济发展提供了理论上的支撑。这种修正的实际效果是通过开放了功利主义的应用边界,使得当时的社会潮流得到了功利主义理论的支持,尤其是迎合了当时整个社会对财富概念的追求,这也在一定程度上支持了当时社会进步的概念,对整体社会发展发挥了积极的作用。

当我们从十九世纪到二十世纪英国社会的历史发展的过程来观察时,借助市民社会的特殊性角度,可以认为边沁针对传统社会转型

---

① 宋希仁主编:《西方伦理学思想史》,长沙:湖南教育出版社,2006 年,第 399 页。

提出的最大多数人的最大幸福原则,表现为强调了社会的普遍性原则;但随后在具体贯彻落实过程中,从社会层面上看,很大程度却体现为对个体特殊性的释放。对于处在资本主义发展初期的市民社会而言,个体特殊性代表着市民社会的动力,也就是社会发展的活力,没有这种社会的发展,国家本身也就丧失了存在的可能性。穆勒鼓励个体特殊性的释放体现为对个人对财富的追求,其本质是"每个人都以自身为目的"的个人利益追求,这是对当时英国社会经济发展"刚需"的回应。但在理解穆勒对功利主义修正时,尚不能简单停留在释放个体特殊性这一方面,应该更深入地全面理解穆勒的思想逻辑,特别是穆勒的社会进步的概念。穆勒虽然将幸福和快乐合流,特别是通过有关幸福概念的多元置换,将对金钱、名望、权力的追求也作为幸福的组成部分,这些无疑都是肯定了个体特殊性的释放。但根据穆勒提出的社会进步思想概念,指出物质财富与社会进步概念的联系,强调了释放个体特殊性和成全社会普遍性之间相互一致,从而论证了功利主义通过其促进社会进步的效果,保持了对美好社会的追求,仍然坚持了现代社会成全所有人的理想,通过对社会进步概念的阐发完成了对社会普遍性的支持。穆勒的这种修正将幸福的概念进行了共同价值观的普遍化处理,使更多的社会群体被纳入到一个达成共识的社会体制中,而包含社会进步概念的功利主义,无疑在促进物质财富的增长的同时,促进公民政治发展和社会基本权利的主张。与此同时,作为完善了社会原则的合理性的修正版功利主义必然带来社会治理新的制度创新,由此提高社会行政管理水平(事实上英国社会的整体管理能力确实在维多利亚时期有了很大的提高)。从表面看来,边沁、穆勒两个不同时代有关功利主义理论阐释的侧重点有所不同,边沁强调对转型社会普遍性的坚持,穆勒强调对转型社会个体特殊性的释放。但这是面对社会转型的不同阶段,对社会普遍性和个体特殊性的辩证关系的合理运用。其背后都不是单向度的简单表达,而是各自都相互包含了对方的一种辩证关系,体现了功利主义自身的内在张力。

我们也必须认识到,正是由于穆勒的修正,使边沁创建的"原初"

功利主义发生了一些实质性的变化,边沁版功利主义逐步摆脱了最初强调实践性的社会改革使命,过渡到理论色彩浓厚的一种伦理学说。此后的讨论、修正更多地表现为文人、哲士间的笔墨之争,正如浦薛凤指出:"若必抛弃其动机、背景、对象与功用,而只就其论点本身推敲咬嚼以判别其真假优劣,姑无论此事之是否可能,恐非研究政治思想史者之急务。"①表面上似乎提高了功利主义的理论色彩,从学术史的角度上看,实际上由于穆勒并没有消化理解边沁功利主义哲学本体论的理论框架,由此所引发展开的讨论是一种低水平的理论化过程,并严重误导了后人对功利主义的理解,在大多数情况下,使得人们将边沁的学说仅仅理解成是相对通俗实用的一种经验总结,直接导致对边沁本人的认识评价也处在一知半解的水准。而这个变化正是从穆勒这里开始的。

1.5.4 穆勒思想的传播与"理论旅行"

穆勒 1861 年发表的《功利主义》,集中阐释了他对边沁"功利主义"修正的主要观点,穆勒此次修正对此后的功利主义发展产生了深远的影响。古典功利主义经过穆勒修正后,其宗旨和理论体系基本完成,但古典功利主义也带有了比较浓厚的穆勒思想色彩。穆勒将经济财富等概念引入幸福概念中,对此后功利主义传播过程中所被接受的功利主义内涵产生了相当大的影响。伯杰指出"尽管有理由认为穆勒自己并不认为这是功利主义的明确声明,事实上,这篇短文是大多数哲学家对穆勒的功利主义观点的主要来源"②。罗森指出,"事实上,只是在穆勒的《功利主义》(1861)出版后的十九世纪后期,功利主义作为一种流行的学说才得以确立"③。

中国研究者也指出,"就功利主义世俗化、大众化的影响而言,穆

---

① 浦薛凤:《西洋近代政治思潮》,北京:北京大学出版社,2007 年,第 527 页。

② Fred R. Berger, *Happiness、Justice and Freedom：The Moral and Political Philosophy of John Stuart Mill*, Berkeley：University of California Press, 1984, p. 30.

③ 罗森:《古典功利主义从休谟到密尔》,曹海军译,南京:译林出版社,2018 年,第 154 页。

勒的《功利主义》无疑成了功利主义学说集大成意义的作品，不仅为学术界奉为经典，同时在社会中作为道德规范的指南也产生了不可估量的广泛影响"①。

人们通常认为反映边沁功利主义思想的主要代表作分别为《政府片论》和《道德和立法原理概述》，而穆勒的代表作是《功利主义》，比较边沁和穆勒这三本书的出版情况②，可以从另一个角度了解他们思想传播的情况。

边沁的《政府片论》(*A fragment on government*)自 1776 年首次出版到 1900 年，百余年间共有 11 个版本，其中 1882 年日本学者藤田四郎将其翻译为日语并且出版，是 1900 年前唯一的英语以外版本。

边沁的《道德和立法原理概述》(*An introduction to the principles of morals and legislation*)自 1789 年首次出版到 1900 年，百余年间同样有 11 个版本，并于 1833 与 1867 年分别出版了德语及俄语版。

穆勒的《功利主义》(*Utilitarianism*)自 1863 年首次出版到 1900 年，36 年间至少有 19 个版本。其中值得注意的是，1865 年《功利主义》已经出版了法语版，此后意大利语版、日语版、俄语版、西班牙语版分别于 1866 年、1877 年、1882 年、1891 年出版。并且从书籍出版信息中可以了解到，1891 年朗文(Longmans, Green and Co.)出版的《功利主义》已经发行到第 11 版。由此可见，相比于边沁的《政府片论》和《道德和立法原理概述》，穆勒的《功利主义》不论是在英语世界范围内，还是其他语言版本，出版后获得了较好传播与影响力。

至于边沁、穆勒功利主义思想在亚洲的传播情况比较，可以选择日本作为重点考察对象。明治初期，日本接受了许多西方思想，涉及政治、经济、法律、哲学等多个学科领域。早在 1870 年，西周就通过《百学连环》总论介绍了穆勒思想，而《百学连环》中哲学的历史章节只是简单提及了边沁。③ 1871 年福地源一郎④翻译的《会社辩》摘抄了穆

---

① 韩冬雪、曹海军：《功利主义研究》，长春：吉林人民出版社，2004 年，第 159 页。
② 根据世界上最大的在线联合目录 WorldCat 数据库资料进行比较。
③ 西周：《百学连环 哲学二》，许伟克译，《或问》2014 年第 25 期，第 143 页。
④ 福地源一郎(1841—1906)，号樱痴。日本政治评论家、记者、文学家。

勒的经济学部分内容。1872年中村正直翻译的《自由之理》是日本最早单独成册的穆勒译本。此后至1900年,穆勒著作译本共公开出版16种单行本,涉及经济、政治、哲学等方面的6本穆勒著作。而日本最早发行边沁译本的单行本是1876年何礼之翻译的《民法论纲》。这是边沁《道德与立法原理导论》法文版中的民法部分。此后截至1900年,边沁著作共公开出版10种单行本,其中涉及法律、政治方面的7本边沁著作。根据日本明治维新期间有关边沁、穆勒著作翻译的统计,我们有理由相信"功利主义"思想传播至亚洲时,影响最大的可能会是穆勒的《功利主义》这本书,而不是边沁的著作《政府片论》和《道德和立法原理导论》。对此现象一个可能的解释是,虽然边沁作为古典功利主义的创始人和早期自由主义的积极倡导者,为自由主义在十九世纪的蓬勃发展提供了基本的道德和政治哲学的理论框架,但随着社会的发展,由于穆勒的思想更加贴近当时的社会现实,更容易帮助解决现有客观问题而被更广泛地传播和接受。当"功利主义"传入日本,它所面临的是日本社会经济发展的强大诉求,而穆勒版本的"功利主义"中含有鼓励追求经济财富等内容,恰恰是日本社会所需要的。日本的社会需求决定了对古典功利主义思想的取舍。

根据相关史料,utilitarianism曾从英国传播到日本,经过日本"中转"后方进入中国。在研究思路可以考虑将utilitarianism从英国到日本再传入中国的传播过程看作一种全球性的"理论旅行",而这种类似全球性"理论旅行"的对象研究可以参考萨义德(Edward W. Said)的"理论旅行"理论,从宏观上借助"理论旅行"所提示的要点把握在"旅行"中思想概念的变化。重点考察"功利主义"概念在不同国家的不同阶段与社会实践发展之间的复杂互动。(有关功利主义全球"理论旅行"的具体分析,将在本书的第五章展开。)

第二章 "功利主义"的日本旅行

考察清末民初期间西方思想在中国的传播,来自明治期间日本的影响是无法回避的,英国功利主义思想正是经由日本的中介而传入国内。为了解日本社会所接受的功利主义思想概念此后在何种程度上影响中国社会对功利主义的理解接受,有必要考察日本社会当时对西方功利主义思想接受理解的情况。

总体上说,明治时期西方功利主义思想在日本的接受理解经历了两个阶段:积极接受功利主义的第一阶段和批判功利主义并对其进行"污名化"的第二阶段。本章将结合当时的日本社会背景,梳理这两个阶段功利主义思想概念接受理解的过程,考察西方功利主义传入日本的流变轨迹。

通常对西方外来思想概念的接受理解是从该概念的翻译用词开始,通过对译词的选择过程进行考察,可以从一个侧面反映西方思想概念在接受过程中的流变过程。本章将从 utilitarianism 的译词如何确定入手,结合明治启蒙思想家对功利主义思想的认可过程,考察日本社会是怎样消化接受"功利主义",以及日本社会具体接受了"功利主义"哪些方面的内涵。只有以理解日本社会接受英国"功利主义"思想概念的过程作为必要的前提基础,才有可能开展对随后发生的功利主义思想概念"西学东渐"进入中国的相关研究。

2.1 日本明治维新时代的社会背景

明治维新以前,日本是以个体农村经济为主体的封建社会。日本政府二百多年的"锁国政策"和长期的封建统治,完全束缚了日本社会的发展,造成日本经济严重落后于世界水平。当时日本的政治、经济、社会等各方面制度已经腐朽,各种社会矛盾日益尖锐,幕府的封建统治开始动摇。而十九世纪中期又正是西方国家迅速发展的历史阶段,随着西方国家的大举"东进",亚洲成为西方国家侵略的对象,不少亚洲国家相继被迫打开门户,陷入了殖民地或半殖民地的状态。1853 年美国首先以武力叩开日本江户时期的锁国之门,激化了日本国内的矛盾,使日本陷入了严重的民族危机之中。而这一切加速了日本社会的动荡,在内忧外患的相互影响下,日本幕府政权最终下台,拉开了明治维新变革的序幕。

在此社会背景下,国家生存成为当时日本的首要任务。如福泽谕吉在《劝学篇》中所描述:"没有人喜欢苛政而嫌恶仁政,也没有人不愿本国富强而甘受外国欺侮,这是人之常情。"①敏锐的日本明治启蒙思想家意识到传统思想无法拯救当时的日本社会,于是他们将视线转向了代表先进文明的西方国家,将欧洲各国和美国视为最文明的国家②,认为要使日本国家富强,就必须以欧洲文明为目标,以这个标准来衡量事物的利害得失。③

1868 年 4 月,维新政府以天皇名义发布了施政纲领《五条誓文》,该纲领概括起来就是去除封建独裁,开放门户,努力学习西方科学技术,按照西方近代国家体制来改造日本,调动全体国民的积极性,同心协力,发展国家经济,使日本走上西方国家的发展道路。明治政府确定了"文明开化""殖产兴业"和"富国强兵"的新目标,全面走上了学习西方道路。随后整个日本的各个领域,包括政治、经济、思想、文化等

① 福泽谕吉:《劝学篇》,群力译,北京:商务印书馆,1984 年,第 7 页。
② 福泽谕吉:《文明论概略》,北京编译社译,北京:商务印书馆,1959 年,第 9 页。书中原文为:现代世界的文明情况,要以欧洲各国和美国为最文明的国家,土耳其、中国、日本等亚洲国家为半开化的国家,而非洲和澳洲的国家算是野蛮的国家。这种说法已经成为世界的通论。
③ 福泽谕吉:《文明论概略》,北京编译社译,北京:商务印书馆,1959 年,第 11 页。书中原文为:如果想使本国文明进步,就必须以欧洲文明为目标,确定它为一切议论的标准,而以这个标准来衡量事物的利害得失。

都启动了以西方国家为目标的全面改造。当时日本国内的兰学日渐式微,英、法、德等西洋学术逐渐兴起。严绍璗指出:"欧美近代思想文化——先是英国的功利主义,再之以法国的自由民权学说,继之以美国的人道主义与实用精神,前呼后拥地进入日本社会,一时之间,开始了对欧美政治制度、科学技术与文化思想的无节制的介绍和吸收,他们高举'剔除传统'的旗帜,创导'自由'和'民主',鼓吹建立'民权国家',在相当的层面上冲击着日本人精神世界的各个领域,一时之间曾经构成了明治近代文化运动的主流。"①

日本哲学家井上哲次郎在《对明治哲学界的回顾》一书中也写道:"从明治初年到明治23年期间,以哲学为中心的思想潮流大体是启蒙思想,英、美、法的思想占优势。它不是单纯的'优势',它像汹涌澎湃的洪水一般侵入日本。也就是说,英、美的自由独立思想、法国的自由民权思想等都纷至沓来地被介绍进来,被主张、被倡导、被宣传,成为相当广泛的席卷社会的浪潮。英、美学者中主要有边沁(J. Bentham)、密尔(Mill)、斯宾塞(H. Spencer)等人的思想传播进来。"②

明治早期启蒙思想家有福泽谕吉、西周、津田真道、加藤弘之、中村正直、西村茂树、森有礼等人,他们组成"明六社",出版《明六杂志》,成为日本启蒙思想运动的中心。井上哲次郎所提及的明治启蒙思想主要内容就是全面引进西方思想,涉及政治、历史、哲学、法律、伦理、教育等各个方面,并以此批判日本儒学为主体的封建意识。如明治启蒙思想家引进了西方的"实证主义"并倡导"实学",批判日本儒学,认其为"虚学";引进穆勒的功利主义思想,批判日本儒学"克己"禁欲观念;引进西方"天赋人权"和"社会契约"理论,反对日本儒家的封建纲常等等。

明治初期,日本政府注重尽快革除旧制度的弊端,以利于"殖产兴业"及"富国强兵",或者说他们关心的是如何改造和重新组织日本社

---

① 严绍璗:《中国儒学在日本近代变异》,《国际汉学》2012第2期,第453页。
② 井上哲次郎:《对明治哲学界的回顾》,卞崇道、王青主编:《明治哲学与文化》,北京:中国社会科学出版社,2005年,第147页。

会,以利于通过经济发展实现"富国"目标。而在"文明开化"的要求下,他们认为与这种需要相适应的自然是英国"功利主义"思想。"功利主义"思想正是在这样的背景下被引进了日本,其中穆勒的著作在明治初期是最早被引入日本的西方译著之一。另一方面,当时随着幕府统治力的下降,藩学主流思想的影响日衰,"町人"①势力扩大,肯定商人追求"利"的学说开始出现,也为明治初期启蒙思想家们对功利主义的接受,奠定了一定的基础。②

2.2 utilitarianism 译词的变化过程

考察功利主义在日本的传播过程,本节首先试图从语言上如何翻译并接受的角度切入,了解 utilitarianism 译词的词汇化过程是如何实现的。所考察的具体工作包括考察明治时期 utilitarianism 在英和辞

---

① 町人,江户时期住在城市的工商业者。

② 幕府时期日本各学派代表人物对"义"与"利"的观点:1.朱子学:(1)藤原惺窝(1561—1619)——肯定"公利",否定"私利";(2)林罗山(1583—1657)——否定"利""欲""私";(3)贝原益轩(1630—1714)——肯定"利"在一定时候可以变成"义",但批判"人欲之私"和带有私意的"义"。(这种对"利"与"义"的理解是德川时代日本儒学界对"利"的共识——至少在统治阶级武士中是如此。)2.古学派(分为圣学、古义学派[或堀川学派]和古文辞学派[或徂徕学]):(4)山鹿素行(1622—1685)——宣扬君子之利,批判小人之利。(武士之道)[圣学];(5)伊藤仁斋(1627—1705)——只要一个人有"志""才""学",且行王道的话,这个人的利就是善。[古义学派];(6)荻生徂徕(1666—1728)——认为"利"与"义"并非相对概念。二者是以功用不同区分的两个概念。"利""私"是指内在、私人的含义;"义""公"是指政治、社会或者对外的含义。荻生徂徕通过上述理解将"利"从负面含义中转换出来。[古文辞学派][注:西周 18 岁接触徂徕学,受其影响。];(7)海保青陵(1755—1817)——将"利"与"理"结合在一起,试图唤起了武士的功利主体的自觉。明治期"士魂商才"论的雏形。3.国学派:(8)本居宣长(1730—1801)——肯定"人欲",并认为富荣是对父母、祖先真正的孝道。同时要注意不可过于贪恋名利,忘记初衷;(9)中井竹山(1730—1804)——认为人欲是对利益的追求,并希望通过生利,最终通义;(10)山片蟠桃(1748—1821)——认为"利"作用于他人为善,作用于己身则为害。4.町人学者:(11)石田梅岩(1685—1744)——认为"利"符合商人之道,并认同商人对"利"的追求。5.农民学者:(12)二宫尊德(1787—1856)——认为中庸化的"欲"是符合"人道"的,即人适度追求"利"是正当合理的。6.水户学:(13)藤田幽谷(1774—1826)——认为功利是自古圣人就追求的,不应空谈道德仁义,讳言功利。

典中的收录情况、边沁和穆勒著作的日文译本使用的译词以及当时日本学术著作中的有关 utilitarianism 表达。通过对辞典和文章中译词的归纳梳理，同时根据文章中的用词语境来理解译词的思想表达，从而了解不同译词的演变过程。

明治期间，"功利主义"最终被用作 utilitarianism 的译词，但为什么选择"功利"作为 utilitarianism 的核心译词？ 我们需要对此进行必要的研究和辨析。本节将多角度考察该译词的确定过程，包括英和字（辞）典中的收录情况、边沁和穆勒著作日文本的译词以及当时日本学术著作中有关 utilitarianism 的表达。

2.2.1　早期英和辞典中译词的变化

明治初期，由于西方各种新思想的引入，日本对英文翻译需求旺盛，为满足对英语工具书的需求，据不完全统计，明治期间先后出版了大约 170 余本各类英和辞典工具书（见附表 1 明治时期部分英和辞典相关译词汇总）。当时日本正处于引进西方思想的初始阶段，早期各种英和辞（字）典用词并不统一，通常情况下，某一英文单词并没有一个固定与其相对应的日语译词。当翻译者翻译某个英文单词时，必须决定是使用已有的用语，或使用日本儒学用语来翻译，还是创造一个全新的单词来翻译。这种情况下译词的选择就必定会体现出翻译者对原文思想的理解，早期各辞典不同译词的选择可以比较真实地从一个侧面反映当时日本社会对西方外来思想的理解。

据此，笔者查找了明治时期辞典类工具书 200 余本，试图通过调查辞书类文献的方法来考察当年日本社会早期对 utilitarianism 接受理解的状态。通过筛选出相关英和、和英类字典工具书 170 余本，比较了 utilitarianism 在明治时期的各种相关译法，试图厘清 utilitarianism 译词的演变过程。

根据所掌握的明治时期英和辞典中 utilitarianism 的译词资料，可以很直观地了解到这期间曾先后出现过许多不同译词，如"利学""利道""利人之道""利人主义""实利主义""实利学""利用论""福利学"
"巧利说""功利论""功利说""功利主义"等。其演变过程大致可分为
三个阶段,1880 年之前,英和辞(字)典收录 utilitarianism 词条的译
词含义多为"利人之道""利用之论""利学""道之本源在于利"等,未
见统一。此后至 1890 年左右,各辞(字)典的释义较为丰富,"功利"
"实利""利人之道"等关键译词并存,含有"功利"的核心译词首次出
现在《哲学字汇》①中。1890 年后,"功利"作为核心译词逐渐地被更多
辞(字)典采用,"功利学""功利道""功利论"等含有"功利"的译词逐渐
增多,最终译词"功利主义"作为 utilitarianism 的专有名词被接受并固
定下来。完整"功利主义"译词的首次出现在 1886 年的《和译英文熟
语丛》②中,不过该字典是将"功利主义"译词放在 utilitarian 词条下,
对应的英文为 utilitarian principle。而"功利主义"作为辞典的独立条
目则最早出现在 1905 年的《普通术语辞汇》③中。对译词演变过程的
进一步分析可知"功利主义"译词不是直接得出的,而是由"功利"这
个核心译词经由"功利学""功利论"最终过渡至"功利主义"。其演
变路径也可以理解为两个部分组成,即:"功利"+"主义"。在出现
包含"功利"的译词同时,"功利学""功利道""功利教"中的"学""道"
"教"也过渡到"主义"一词,演变为后缀意义的词意。而有关"主义"
一词的溯源,据余又荪考证,将 principle 译为"主义"是由西周确定
的,他于 1872—1873 年首先在他的论文中使用"主义"一词。④ 陈力卫
的研究表明,主义最初的词意是指原理、原则。这是中文古典义的活
用,然后才作为词缀"ism"的译词被广泛使用。⑤

　　以下针对出现在辞典中的主要译词"利人之道""利学""功利"进
行溯源考察。

---

① 井上哲次郎等编:《哲学字汇》,东京大学三学部,1881 年,第 97 页。
② 斋藤恒太郎编:《和訳英文熟語叢》,公益商社,1886 年,第 682 页。
③ 德谷豊之助、松尾勇四郎:《普通術語辞彙》,敬文社,1905 年,第 308 页。
④ 余又荪:《日译学术名词沿革(续)》,《文化与教育》1935 年第 70 期。
⑤ 陈力卫:《主义概念在中国的流行和泛化》,《学术月刊》2012 年第 9 期。

"利人之道"曾是《英华字典》^①中 utilitarianism 的译词。utilitarianism 最早与中文的接触始于十九世纪中西文化交流的英汉字典翻译,该词的首次中文译词出现在 1869 年 2 月德国传教士罗存德(Wilhelm Lobscheid)编写的《英华字典》第四卷。由于《英华字典》出版后迅速被引入日本^②,日本英和字典采用"利人之道"的译法显然是受到罗存德《英华字典》的影响,并表明日本学界的这种理解并不来自于日本本土。事实上,《英华字典》曾对明治期间的英和辞典工具书产生了很大的影响,成为明治期间英和辞典的主要参考资料^③,如明治中期最具影响力的《附音插图英和字汇》(1873)就是以该字典为主要译词来源的。

"利学"是由日本启蒙思想家西周提出的,1875 年西周在《人生三宝说》^④中将 utilitarianism 的译词从他最初使用的"便利为主"改为了"利学"。1877 年西周用古汉语翻译了穆勒的著作 *Utilitarianism*,并使用"利学"^⑤冠为书名。鉴于西周当时作为著名启蒙教育思想家的影响力,"利学""便利"也曾影响明治时期的部分英和字典。

"功利"一词出自井上哲次郎主编的《哲学字汇》^⑥,这是日本明治期间第一本哲学专业术语辞典,为明治初期规范哲学术语译词起到了重要的作用。有关该辞典的编撰目的,编者在第三版前言中写道:"由于西方哲学是在明治维新后不久首次引入日本,因此我们很难用自己的语言为其所用的术语找到确切的对应词。同一个词有时会被不同的表达方式翻译出来,这些表达方式在不熟悉原文的读者看来含义明

---

① Wilhelm Lobscheid, *English and Chinese Dictionary*, Hong Kong: Daily Press, 1866—1869, p. 1903. utilitarianism(利人之道,以利人为意之道,利用物之道,益人之道,益人为意)。相关词条还收录了 utilitarian(a. 利用的,裨益的;n. 以人为意者,从利用物之道者)和 utility(n. 益,裨益,利益,俾益,加益,致益,有益)。

② 沈国威编:《近代英华华英辞典解题》,关西大学出版部,2011 年,第 101 页。

③ 沈国威:《近代中日词汇交流研究—汉字新词的创制、受容与共享》,北京:中华书局,2010 年,第 131 页。

④ 西周:《人世三宝说》。大久保利谦编:《西周全集》第 1 卷,宗高书店,1981 年,第 514 页。

⑤ 弥尔氏:《利学 訳利学説》,西周译,岛村利助掬翠楼藏版,1877 年。

⑥ 井上哲次郎等:《哲学字彙》,東京大学三学部,1881 年。

显不同。因此,非常有必要规范翻译中术语的对应关系。"①《哲学字彙》是以 William Fleming 的 *Vocabulary of Philosophy*② 为蓝本,经大幅度扩充编纂而成。*Vocabulary of Philosophy* 的词条中包含 utility,并无 utilitarianism,但在 deontology 的词条下提及边沁及 the principle of utilitarianism,所以井上哲次郎当时至少可以通过该英文字典注解③,比较全面地了解到边沁的 utilitarianism 思想概念,可知井上哲次郎并不是在无法了解英文词意的背景下进行的译词选择。关于"功利"译词的溯源,余又荪曾撰文认为"井上哲次郎是根据管商④功利之学译为功利主义。功利一语,屡见于管子书中"⑤。朱明也提及"'功利主义'未流行前,称为'利学论',后井上根据管子,才译成这名词"⑥。但余又荪、朱明均未给出推断井上哲次郎采纳管商提法的任何直接依据。从《哲学字彙》第一版"绪言"可了解到,井上哲次郎在该辞典中所采用的译词,其来源是参考了中国典籍《佩文韵府》《渊鉴类函》《五车韵瑞》。除这三本典籍外,根据《哲学字彙》中部分译词的注脚了解到译词来源还涉及其他中国典籍,如《易经》《书经》《庄子》《中庸》《淮南子》《墨子》《礼记》《老子》《传习录》《俱舍论》《大乘起信论》《圆觉经》《法华经》,以及杜甫、柳宗元的诗文。通过查阅归纳了所有这些典籍以及相关诗文中关于"功利"的表达,基本可以确认此处"功利"为中国传统文化中所指的"功名利禄"之意。如清代官修大型

---

① 井上哲次郎等:《英独仏和 哲学字彙》,丸善,1912 年。

② William Fleming, *Vocabulary of Philosophy*, *Mental*, *Moral*, *and Meta Physical*; *Quotations and References*; *For the Use of Student*, London and Glasgow:Richard Griffin and Company, 1858.

③ 见 *Vocabulary of Philosophy*, p. 13,该字典在 deontology 的词条下的第一条注释采用的是边沁著作 *Deontology* 中一段原文:Deontology or that which is proper, has been chosen as a fitter term than any other which could be found, to represent in the field of morals, the principle of Utilitarianism, or that which is useful。(Bentham, *Deontology*; or, *the Science of Morality*, vol. i. , p. 34)

④ 管商是管仲和商鞅的并称。两人分别为春秋和战国时期的重要法家、政治家。

⑤ 余又荪:《日译学术名词沿革(续)》,载《文化与教育》1935 年第 70 期。

⑥ 朱明:《日本文字的起源及其变迁》,中日文化协会出版,1932 年,第 41 页。

辞藻典故辞典《佩文韵府》中有关功利的解释①与当下世人对"功利"的解释并无大的区别②，实际就是中国传统"义利之辨"中"利"（即急功近利、只求功名利禄）的概念。此外，井上哲次郎 1902 年在讨论东西方伦理思想差异时谈到了他对西方功利主义与中国功利之间的理解，他认为，"西方的功利主义虽是建立在周密的学理之上的道德主义，从本质来说却是同中国一直以来存在的功利的主义和方针是一致的。所以西方的也加上了功利主义这个名称"③。尽管目前无法查寻到井上哲次郎自己关于选择"功利"译词的原初文本说明，但根据这些信息基本可以确认，井上哲次郎并不是在无法了解英文词意的情况下选择的译词，选择"功利"作为译词的原始出处应该是根据中国典籍的表达。他所理解的"中国一直以来存在的功利主义"实际上也是根据中国传统文化思想的框架去理解边沁、穆勒的思想。另据井上哲次郎 1881 年发表的文章④（将在 2.4.3 节展开讨论），他对穆勒的思想并没有正面肯定的理解。这样井上哲次郎选择"功利"一词来表达 Utilitarianism 思想内涵，造成日后世人对 Utilitarianism 所产生的理解错位，显然不属于"无心之过"，应是井上哲次郎有他自己的考虑。鉴于井上哲次郎在日本接受"功利主义"过程中的特殊地位，有关井上哲次郎与"功利"译词选择的其他问题，将在后面继续相关讨论。

---

① 张玉书等编：《钦定佩文韵府》（第 63 卷），上海：上海同文书局，1886 年，第 22 页。有关"功利，出处可见：《史记　平准书》，"公孙弘以汉相，布被，食不重味，为天下先。然无益于俗，稍势于功利矣"；《荀子》，"隆诈势，尚功利，是渐之也；礼义教化，是齐之也"；《何晏　景福殿赋》，"当时享其功利，后世赖其英声"；《朱庆余诗》，"深映菰蒲三十里，晴分功利几千家"；苏轼《次韵子由诗》，"功利争先变法初，典刑独守老成余"。

② ①指眼前的功效和利益。多含贬义。②功业所带来的利益。③指功名和利禄。《汉语大词典》第 2512 页，第 2 卷，第 768 页；①功效和利益：功利显著。②功名利禄：追求功利《现代汉语词典》，第 453 页；①指功业所带来的利益。何晏《景福殿赋》："故当时享其功利，后世赖其英声。"②指眼前物质上的功效和利益。《荀子·议兵》："隆势诈，尚功利。"《辞海：1999 年缩印本（音序）》，第 684 页；功绩和利益。《文选.何晏.景福殿赋》：「故當時享其功利，後世賴其英聲。」台湾《重编國語辭典》。

③ 井上哲次郎：《東西洋倫理思想の異同》，见井上哲次郎：《巽軒講話集·初編》，博文館，1902 年，第 452 页。

④ 井上哲次郎：《学芸論》，载《東洋学芸雑誌》1881 年 10 月第 1 号，第 13 页。

2.2.2 著作文献中译词的变化

除了以上通过英和字典译词考察 utilitarianism 译词变化并对核心译词进行溯源外,笔者还对 utilitarianism 译词在明治时期相关著作文献中的表达进行了考察,以期从另一个不同的侧面理解日本社会对 utilitarianism 概念的接受过程。

严绍璗①列表说明日本明治早期导入英国功利主义思想的情况,涉及如下主要学者和译著:1. 西周著《人世三宝说》;2. 中村敬宇译《自由之理》《西国立志篇》;3. 福泽谕吉创庆应义塾,著《劝学篇》《文明论概略》等;4. 箕作鳞祥译《代议政体》;5. 田口卯吉著《日本开化小史》;6. 安川繁成译《英国政治概说》;7. 尾崎行雄译《权理提纲》。参考山下重一②的工作,笔者根据相关资料,补充整理了日本当时引进边沁、穆勒与 Utilitarianism 有关的译著以及日本学术界当时涉及介绍该学说的部分著作(见附表 2 明治时期边沁、穆勒 Utilitarianism 有关译著及日本学术界部分相关著作)。尽管边沁和穆勒的著作在明治期间几乎同时被介绍进日本,但穆勒著作的比重更大。

西周是日本介绍引进"功利主义"的第一人,作为当时著名的启蒙思想家,1870 年他开始在私塾育英舍授课,系统阐述包括 Utilitarianism 思想概念在内的多门西方学说(其中涉及许多当时尚未普及的译词)。西周的授课讲义③《百学连环》④中首次使用"便利为主"⑤一词介绍了 utilitarianism。这是日本本土最早关于 utilitarianism 的译词,而在

---

① 严绍璗:《日本中国学史稿》,北京:学苑出版社,2009 年,第 106 页。
② 山下重一:《ベンサム·ミル·スベンサー邦訳書目録》,《参考書誌研究》1974 年第 10 号。
③ 大久保利谦编:《西周全集》(第 4 卷),宗高书店,1981 年,第 180 页。
④ 手岛邦夫:《日本明治初期英语日译研究 启蒙思想家西周的汉字新造词》,刘家鑫译,北京:中央编译出版社,2013 年,第 20 页。
⑤ 根据典籍,便利包含"有利"之意,西周可能是取该词的此意作为译词。见《墨子·尚同中》:"万民之所便利,而能疆从事焉,则万民之亲可得也。"《汉书·魏相传》:"所以周急继困,慰安元元,便利百姓之道甚备。"除西周外,笔者也曾查阅到中国著名记者邹韬奋 1936 年译述部分先前在伦敦博物馆图书馆所写英文笔记,也用"便利"来解释边沁的理论。(邹韬奋:《读书偶译》,上海:生活书店,1937 年,第 26、28 页)可见"便利"被作为译词应有一定的合理之处。

1875 年发表《人生三宝说》时,西周将译词"便利为主"改为更直接意义上的"利学"。1877 年,西周用"利学"作为书名翻译了穆勒的著作 *Utilitarianism*,确认了他对"利学"作为译词的坚持。西周采用"利学"作为译词,除对明治早期部分英和字典的译词选择产生影响外,"利学"一词对当时的一些译著也产生了影响,如林董的《刑法论纲》、岛田三郎的《立法论纲》中均采用了西周的"利学"作为译词。有研究表明,西周特别在《百学连环》的译词上参照了《英华字典》是确凿无疑的历史事实。① 这说明尽管西周当时已经使用《英华字典》帮助选择译词,但他仍然坚持选择单字"利"作为 utilitarianism 的核心译词,由此可知,无论采用"便利"还是"利学",西周应该是有他自己的独立思考。结合西周在《人生三宝说》中所表达的观点,他也许是取"利"字中所含"收获、得到"以及"利益"之意。至于西周采用"利"与"学"搭配,手岛邦夫研究西周译词方法时曾提到,西周三字汉字译词接尾字为"学"字的词汇高达 77 个,从一些痕迹可以看出,他特别热心于创造学问名称。② 笔者推测也许他同样将 Utilitarianism 作为一门学问处理,试图用一个双字的词来简洁表达。

穆勒的 *Utilitarianism* 的第一个日文译本是 1880 年涩谷启藏翻译的《利用论》,书中译词为"利用之道"。在该书例言中涩谷启藏提到:"原名为 utilitarianism,是以公利幸福为道德目的,所以或译为利人之道或译为利用之道,虽然如此,至今仍在探寻其义,暂且先借利用二字。"③由此可知,涩谷启藏对该词的理解是源于《英华字典》"利人之道或利用之道"的解释。小池靖一在 1879 年出版的《法学要义》中提出 utilitarianism 是"道之本源在于利"的学说。④ 小池认为法学的本源在于"利"字,他在文中解释边沁功利主义的宗旨便是益世。

---

① 手岛邦夫:《日本明治初期英语日译研究 启蒙思想家西周的汉字新造词》,刘家鑫译,北京:中央编译出版社,2013 年,第 32 页。
② 手岛邦夫:《日本明治初期英语日译研究 启蒙思想家西周的汉字新造词》,刘家鑫译,北京:中央编译出版社,2013 年,第 57 页。
③ 渋谷啟藏:《利用論》,山中士兵衛,1880 年,例言。
④ Sheldon Amos:《法学要义》,小池靖一译,回澜堂,1879 年,第 8 页。

小野梓 1879 年发表了《利学入门》[①],文中全面阐述了边沁的功利主义思想,将 utilitarianism 理解为"真利之学",并提出此中的"利"并不是当时与孟子所提倡的"仁义"相对的含义,与其他大多数日本学者不同,他对"利"的理解并不与通常意义上的利益相联系,而是借用了大乘佛教"无上大利"中"利"之本意,这是源于佛教《无量寿经》的"欲拯济群萌,惠以真实之利"的意思。

1884 年陆奥宗光将边沁 *An Introduction to The Principles of Morals and Legislation* 一 书 翻 译 为 日 语 版 的《利 学 正 宗》,utilitarianism 所使用译词是"实利主义"。陆奥宗光在书中解释如下:"如果对书名进行直接翻译的话,多半会使用道德以及立法主义总论中的'含义',不过,边沁的著作中几乎均曾有实利主义出现。尤其是该书中非常认真反复地对该主义进行了演绎。因此,我将该书的名字翻译成了'利学正宗'。"[②]陆奥宗光给岛田三郎翻译边沁的另一篇著作《立法论纲》[③]作序时提到他认同边沁的 utilitarianism,并提及他译为"实利学"。将边沁的思想理解为"实利",在当时获得了一定的认同。

据笔者的统计,1880 年到 1890 年间出现 utilitarianism 译词的相关21 本著作中有 15 本使用了"实利主义",比例非常高。而对当时使用"实利主义"著作的文本语境进行分析后可知,"实利主义"有两种比较多的主要表达,分别为"最大多数的最大幸福"[④]和"追求现实利益和效用的思考方式"[⑤]。结合前文所述的社会背景,笔者认为此时"实利主义"使用比较频繁,是源于明治初期一些启蒙思想家的观念变化。他们抨击传统儒家束缚道德、追求虚名的世界观,提倡引进西方的方法论可以

---

① 明治文化研究会:《利学入门》,见明治文化研究会:《明治文学全集》(第 12 集),筑摩书房,1973 年。
② Jeremy Bentham:《利学正宗》,陆奥宗光译,稻田佐兵衞,1884 年,凡例第 1 页。
③ Jeremy Bentham:《立法論綱》,岛田三郎译,律书房,1878 年,序。
④ 如生岛肇《政談討論百題》(1882)、杉山藤治郎《政談学術演説討論種本》(1883)、松永道一《地方自治論》(1888)等。
⑤ 如アルフレッド・フォウィリー的《国家教育論》(1896)、尺秀三郎的《新编實用教育學》(1897)、三原赍太郎的《小哲學》(1900)、久松义典的《近世社会主義評論》(1900)、吉田静致的《倫理学要義》(1907)等。

直接作用于现实社会的丰富物质。日本人当时理解"实利"一词的主要意思是"实际利益和效用"①,说明 utilitarianism 被相当一部分人从实际利益的角度解读,而现代日语中"实利主义"的释义就包括"基于现实利益或实际效用的思考方式"②的解释也能帮助我们确认这一理解。

1883 年,井上哲次郎发表了他的伦理学著作《伦理新说》。井上哲次郎沿用了《哲学字汇》中的核心译词"功利",称 utilitarianism 为"功利教"。他在《伦理新说》中说:"休谟首次创建功利教,然而并没有通行于世。其后边沁主张人生之目的在于功利,令世人大惊。"③1887 年井上圆了在其论著中采用了"功利说"的说法。他认为边沁的功利说类似于墨子的"兼爱"。④ 1900 年加藤弘之的《道德法律进化之理》也采用了"功利说"。

明治时期边沁、穆勒著作的日文译本中对 utilitarianism 的译词不尽相同,均反映了译者各自对 utilitarianism 的不同理解。西周的译词"利学"以及"实利主义",虽然得到了一部分学者的肯定,但最终并未被认作为 utilitarianism 的统一译词。

综上可知,1880 年前各种译著及相关的书籍文献中有关 utilitarianism 的译词选择与当时英和辞典的选词结果大体相同,以"利学""利人之道"为主;而从 1880 年至 1890 年,却以"实利主义"为主,虽然"功利"一词这时已经出现,但只在少数著作中使用,尚未有很大影响;1890 年后,含有"功利"的译词开始流行,1900 年左右"功利主义"译词被基本接受。

2.2.3 译词演变的总结

通过对明治时期 utilitarianism 在辞典中译词的收录、穆勒和边沁

---

① 西周《人生三宝说》中所提"私利在三宝之外,全都是从实利学得来的"。
② 《デジタル大辞泉》(小学館)、《大辞林　第三版》(三省堂),https://kotobank. jp/word/%E5%AE%9F%E5%88%A9%E4%B8%BB%E7%BE%A9-521793♯E5. A4. A7. E8. BE. 9E. E6. 9E. 97. 20. E7. AC. AC. E4. B8. 89. E7. 89. 88。
③ 井上哲次郎:《倫理新説》,酒井清造,1883 年,第 18 页。
④ 井上円了:《シナ哲学》:《哲学要領》,哲学書院,1886 年,第 97 页。

著作日文译本中的译词以及在日本学术著作中的体现这三方面进行归纳,基本可以认为明治时期 utilitarianism 译词的演变主要分为以下三个阶段:

引入期(1880 年前),此阶段日本译介边沁、穆勒的作品多为政治、法律方面的著作。出版的书籍及资料中对 utilitarianism 的翻译多为学者自身的理解,没有统一的解释。此期间日本学者的共同特点是将 utilitarianism 的核心归于"利"。大多数学者的理解来源于儒家思想,与幕府时期日本社会所尊崇的"武士道"文化中的"义"相对,含有"利益"之意;也有学者采用"利用"释义,含有"利用厚生"之意;还有采用的是佛教对于"利"的理解(并非主流观点)。此阶段特点为:收录 utilitarianism 的辞典较少,且多受罗存德《英华字典》的影响。翻译著作方面多为日本学者自己的理解,"利"被确认为核心词义,受汉学思想影响比较明显。

容纳期(1880—1890 年左右),"功利主义"思想作为西方政治哲学、伦理思想被日本学者广泛传播。在当时介绍西方思想的著作中虽提到了"功利主义"与古典的享乐主义不同,但并没有用单独的专业词汇加以定义。"功利主义"和霍布斯、康德等人的学说一起被定义为"快乐说"或"实利主义"的一种(如:利益之道学[①]、普泛的快乐说[②]),也有书籍中注明"实利主义"有"最大多数的最大幸福"之意。井上哲次郎在《哲学字彙》以及《伦理新说》中将 utilitarianism 译为"功利",当时并没有得到普及。此阶段字典和书籍中 utilitarianism 的释义增多,"功利"释义出现,但出版书籍中仍以"实利主义"为主。

确定期(1890 年以后),尽管 1890 年后介绍西方思想的书籍以及各大学的教材中已经大多采用"功利主义"的解释,但值得注意的是明治初期的启蒙思想濒临解体,传统保守思想开始主导。随着英美思想受到普遍的批评和排斥,"功利"的贬义词含义逐渐加重。此阶段尽管

---

① Fouillee,Alfred:《理学沿革史》,中江兆民译,文部省编辑局,1885 年,第 941 页。

② ヘンリー・シヂウキック:《伦理学说批判》,山邊知春,大田秀穗译,大日本图书,1898 年,第 793 页。

日本学界曾有过多种译词,除"实利主义"外,也有人提议译为"公利主义""效用主义",甚至建议译为"大福主义"①。而辞典和书籍中已经普遍接受 utilitarianism 为"功利主义",其使用逐步普遍化,被日本社会普遍接受。查询相关资料也可知,1900 年左右,日本当时已有数种书籍使用"功利主义"一词②,反映了"功利主义"的接受程度。对此现象,日本学者山田孝雄比喻为:"井上哲次郎这位大学者所扭曲创造的'车辙',已经出现,后面的车想要改变这个痕迹是非常困难的。如果这'车辙'深而且大的话,则更是如此。而所扭曲创造的'车辙'既是便利的,从某种意义上来说,为了理解上的方便,又被原封不动地沿袭,经过漫长的岁月,直至今日。可以说,现在想要对之进行纠正,几乎是不可能的了。但是,错误就是错误,错误并不会因为经过漫长的岁月就变成正确。"③

此外,观察到明治早期各相关文献中 utilitarianism 的译词选择虽有不同,但都包含对"利"的理解,译词背后的思想指向值得进一步的探讨。

2.3　明治早期:"功利主义"的引进

以上为明治期间 utilitarianism 译词的情况,虽然通过对"功利主义"被选为译词过程的梳理,澄清了功利主义研究中的一个重要的基础性问题,但仍需就"功利主义"引入时日本思想界的情况进行考察。

---

① 一ノ瀬正樹:《功利主義と分析哲学》,放送大学教育振興会,2010 年,第 4 页。

② 除《奠都三十年》(1897)外,如:河合栄治郎的《英国派社会主義》(1900)出现有《(一)下部構造としての功利主義目次》《(一)功利主義の修正》;加藤弘之的《道德法律進化の理》(1900)出现有《第三章功利主義の性質及び種類》;井上哲次郎的《巽軒論文》(1901)出现有《第一利己主義と功利主義とを論ず》《本論下功利主義の道德的価値》;松井広吉的《上杉謙信》(1902)出现有《武士の斬取強盗は功利主義》;加藤弘の的《自然界の矛盾と進化》(1906)出现有《第四章:自然人為の二淘汰に基ける功利主義》;桑木厳翼的《倫理学講義》(1908)出现有《功利主義》等等。

③ 山田孝雄:《英国功利主義の日本への導入についての一考察》,帝京短期大学紀要,1979 年。

当时与西方文化的"交流"中,以西周、福泽谕吉为代表的一批明治启蒙思想家发挥了很大的引领作用,如数位思想家作为明六社成员发表文章,阐明西方的实际情况,促使日本国民的思想变化,特别是对日本民众在价值观念上的变革进行了引导教育。如津田真道在《明六杂志》上发表《论进行开化的方法》:"……取其尤新尤善尤自由尤文明之说,助我国开化之进步,乃我邦现今之上策。"[①]而文中所言的"尤新尤善尤自由尤文明之说"就包括了这一阶段传入日本的英国功利主义思想。

在"功利主义"的影响下,日本明治早期的启蒙思想家们宣传新的伦理观,确立新的善恶标准,他们发挥所谓"文明开化"的引导作用,包括宣扬功利主义思想,伸张个人的权利和对欲望的追求,批判封建的身份制度和禁欲道德。限于篇幅,以下仅就明治维新期间最有代表性的启蒙思想家西周、福泽谕吉、中村正直对"功利主义"的理解与接受展开讨论。

2.3.1 西周对 utilitarianism 引入的贡献

西周(1829—1897)生于幕末,幼时学习的是朱子学。18 岁时生病读了荻生徂徕的《论语徵》,恍如大梦初醒,深受启发[②]。从朱子学转向徂徕学这一过程对西周的思想形成很重要,重视礼乐(制度)的徂徕学成为他日后接受西方思想基础。西周当年曾经在学问上有很大的抱负,"吾早年也有鸿鹄之志……因此肩负方笈寻访四方贤者"[③]。1853年西周开始学习荷兰语,1856 年学习英文,并在"藩书调所"[④]任教。1862—1865 年西周被幕府公派留学荷兰。留学荷兰时,师从菲塞林教

---

① 津田真道:《開化ヌ進ル方法ヌ論ズ》,《明六雑誌》1874 年第 3 号,7 表—8 裏。
② 西周:《徂徕学に対する志向を述べた文》,大久保利謙编:《西周全集》(第 1 卷),宗高书店,1960 年,第 3—6 页。
③ 山下重一:《西周訳『利学』(明治十年)(上)ミル『功利主義論』の本邦初訳》,《国学院法学》3,2011 年 12 月。
④ 藩书调所亦称蕃书取调所、洋书调所。德川幕府的外交文书翻译局及洋学教育研究机关。明治维新后称开成学校。后与医学所一起成为东京大学前身。

授（Simon Vissering），学习自然法、万国公法、国法、经济学和统计学五科。西周留学期间非常认同西方的文化，他与好友松冈鏻次郎往来的书信中曾提到："小生近顷来所窥夕阳的性理之学及经济学等之一段，真是值得惊叹的公平正大之论，从而觉得与从来所学之汉说，颇有不同之处……基于公顺自然之道，建经济之大本者，亦胜于所谓王政，感到彼合众国，英吉利等之制度文化，亦超过尧舜观天下之意及周召制典之心。"①在荷兰留学期间西周接触了边沁、穆勒的功利主义思想，深受孔德、穆勒、边沁影响，他认为西方哲学"所论虽穷精微，毕竟事涉凿空摸索，与夫易象，空观何择焉。而只有实证主义（Positivism）据证确实，辩论明哲，才是正确的实理学"②。于是针对"和汉"的"虚学"，主张实学。尤其穆勒的 Utilitarianism 是西周最爱读的书籍，"功利主义"思想概念也成为西周日后宣传启蒙思想的基石之一。③

回国后，西周在私塾育英社授课，讲义《百学连环》的哲学历史章节中有关功利主义部分提到："英国有 Utilitarianism 之学（功利主义，效益主义），为哲学之一派，关系政事。此学由 Bentham（边沁）创建，认为天下万事皆为便利，便利即道理。……Positive（实理上）Philosophy（哲学）。此学根源为法国人 Auguste Conte（孔德）、英国人 Whewell（威廉·惠威尔）以及 John Stuart Mill（穆勒）。其中穆勒还健在。此三个人之前，学问还是空谈之学，自孔德开始走向实证之学。其学说中，有 three spaces（三要素），事物之进步依据神、空、实三者存在。如今，及至穆勒，所有学术大开。"④随后其发表的《生性发蕴》与《致知启蒙》中也均谈及了穆勒的归纳法。⑤

西周从这种哲学立场出发，以 Utilitarianism 的价值观批判克己禁欲的封建道德规范与观念，认为是"桎梏性情而求人道于穷苦贫寒

① 杉本勋：《日本科学史》，北京：商务印书馆，1978 年，第 314 页。
② 铃木正、卞崇道：《日本近代十大哲学家》，上海：上海人民出版社，1989 年，第 34 页。
③ 麻生义辉在《西周哲学著作集》第 393 页写到孔德和穆勒的哲学成为西周思想的基底，尤其《功利主义》是西周最爱的书籍。据说每次他和人相见都会宣传盛赞这本书的内容。
④ 西周：《百学连环 哲学二》，许伟克译，《或问》2014 年第 25 期，第 143—144 页。
⑤ 大久保利谦编：《西周全集》（第 1 卷），宗高书店，1960 年，第 31、107、393、450 页。

之中"①。进而努力提倡 Utilitarianism 道德,认为穆勒、边沁的道德学说是欧洲道德学说史上的一大变革,日本一旦形成这种道德,国家就会富裕强盛。能够反映西周接受 Utilitarianism 思想的主要著作有两本,即西周所著的《人世三宝说》(1875)和西周的译著《利学》(1877)。西周自己与功利主义有关的道德学说反映在《人世三宝说》中,发表于《明六杂志》,为当时日本政府推行的基本国策发挥了启蒙道德的作用。而《利学》则是西周用古汉语翻译穆勒 Utilitarianism 的译著。

1.《人世三宝说》

考证西周的"功利主义"思想时,比较具有代表性的论述是西周的《人世三宝说》,这是西周吸收"功利主义"思想(大体上基于穆勒的 Utilitarianism 思想系统),阐述他的功利思想的一篇著名文章。(《明六杂志》因明治政府修改的"新闻纸条例"和"谗谤律"限制言论自由的影响主动停刊,《人世三宝说》成为未结束的文章。)

从《人世三宝说》可以清晰地了解到西周对 Utilitarianism 思想的认可,西周将"一般最大福祉"作为"人类最重要的中心"。② 而想要达到"一般最大福祉",必须尊重并保护"第二等的中心",也就是西周的人世三宝,即健康、知识和富有三个方面的内容。这个"三宝"被西周认为是达成人类一般福祉的手段,主张所有道德原理的根本都与这"三宝"有关。西周认为穆勒根据实证主义发展了边沁的功利主义的道德论,并将此看成"近代道德论的一大变革"③。西周也同意穆勒将实现最大多数人的最大幸福视为终极目标。在确立这样的终极目的后,为了达成这一目的,西周提出"方略媒介"以及"次要关键点"的概念,借此论述了其独特的见解。西周将最大福祉或最大多数人的最大幸福作为第一关键要点,将健康、知识和财富作为次要关键点。他认

---

① 弥尔氏:《利学 译利学说》,西周译,岛村利助掬翠楼藏版,1877 年,序。
② 西周:《人世三宝说》,《明六雑誌》1875 年第 38 号。西周在文中写到写该论文的目的是"想要阐述达到人类一般最大福祉目标的手段"。
③ 西周:《人世三宝说》,见西周:《西先生論集:偶評》(卷三),土井光華,1880 年 4 月,第 2 页。

为自己的这一看法"固然为鄙人管见却也是肺腑之说"[①],他自己认为这极具独特性。

穆勒在著名的 *On Liberty* 中提及人时曾指出,无论身体(bodily)、思想(mental)还是精神(spiritual)的健康方面,每个人都是他自己最好的监护人[②]。而我们对比西周的三宝来看,发现西周将"精神"换做了"富有"。需要注意的是,西周将所言的三宝作为人生幸福的基础,这与日本儒学的思想大为不同。日本儒学思想中的君子之"乐"是不应包括财富的,但西周却将富有也作为人生幸福的基础。显然,西周这里是受到了穆勒的影响。西周所提人世三宝的概念,其核心内容——健康、知识、财富,应与穆勒修正后的功利主义幸福观有直接的联系。

西周认为"人世三宝"是天赋予人的最大道德权利,而健康是保证幸福的最重要条件之一,也是天赋予人以权利的基点。尊重知识是在社会上竞争的必要条件,人的决定因素是知识能力,所以扩大知识是天赋于人的第二种权利。人除了满足生存基本的要求外,还追求各种快乐,当然包括对财富的欲望,追求富有是天赋予人的第三种权利。西周的"求福祉"的道路即为追求健康、追求知识、追求富有,他认为只有依靠"三宝"才能实现人的最大幸福。他的"积极三纲"的概念,就是"健康、知识、富有"。他的"消极三纲"概念为"疾病、愚痴、贫乏"。西周甚至认为:"消极三纲为法律之源,积极三纲为伦理之源。"[③]可见西周将"消极三纲"看成是法律的源泉,并将"积极三纲"看成是道德的基础。他主张尽可能站在利他的视角去从事快乐的计算。优先他人就是"爱所有人",才是真正的"人世至大至高、至美至善的德"[④]。

关于西周的《人世三宝说》,除了关注他以上这些基本主张外,重

---

① 大久保利谦编:《西周全集》(第 1 卷),宗高书店,1960 年,第 515 页。西周:《人世三宝说》,见西周:《西先生论集:偶評》(卷三),1880 年 4 月,第 3 页。

② John Stuart Mill, *On Liberty*, Batoche Books Limited, 2001, p. 16. "Each is the proper guardian of his own health, whether bodily, or mental and spiritual."

③ 大久保利谦编:《西周全集》(第 2 卷),宗高书房,1962 年,第 521 页。

④ 植手通有编:《日本の名著 34　西周加藤弘之》,中央公論社,1971 年,第 229 页。

点需要理解西周思想中以下几个重要的部分。

第一，西周积极肯定了私欲，这一想法对当时改变日本社会风气颇有影响。正如有学者在论述西周的思想时所提到的，其"目的在于将人类从儒教禁欲主义、规范主义中解放出来"，"反映了明治初期对资产阶级的自由、平等、个性解放的要求，以及对封建意识的批判"，将江户时代的思想，特别是儒教思想，看作是压抑人类欲望的"封建性思想"，主张将人类从这种"封建性"的律己主义中解放欲望，并肯定了人的欲望。①

第二，西周还提出"公益是私利的总数"②的观点，认为公益建立在私欲的基础之上。这是对原先"公即为善，私即为恶"这一日本传统公私观念的根本反叛。原本日本儒教传统中，根本不重视"利"，甚至将"利"作为批判的对象。正是西周肯定 Utilitarianism 思想中的私欲成分，通过其"道理论"和"人世三宝说"之说重新建构日本的"东方道德"，为明治维新所需要的新道德规范的建立贡献了力量。

第三，最为引人注目的是西周提出"财富"是达成人类一般最大福祉的手段之一。西周的这个提法实际上是在翻译穆勒的著作《利学》中吸收了穆勒的理论（当西周翻译《利学》时，还超出原文专门为此增加举例说明，详见下一节的讨论）。值得注意的是，西周的"财富"和"钱"并不是等同的概念。西周在《百学连环》的"制产学"（西周对经济学的译词）条目下曾写道："金银非为富之原因。只有积物之劳、满足供需利用之事、变成快乐开始蔓延他人，方可谓之富也。"③可见，西周的本意是只有满足了"不仅要自己有钱，还要能够给予他人的幸福"才可以称之为"富"。而这个观点也与"最大多数人的最大幸福"原则是相通的。西周在《人世三宝说》中写道："金钱和财富之间的差别在经济学中可以表示，然而在这个道学中想要金钱这件事也可以被认为是

① 菅原光：《西周の政治思想—规律・功利・信》，ぺりかん社，2009 年，第 104 页。
② 西周：《人世三宝说》，见西周：《西先生論集：偶評》（卷三），土井光華，1880 年 4 月，第 52 页。原文：合私利者为公益。更明确地说，即公益为私利的总数。
③ 铃木修一：《西周「人生三宝説」を読む》，《『明六雑誌』とその周辺：西洋文化の受容・思想と言語》，神奈川大学人文学研究所編，御茶の水書房，2004，第 41 页。

道德的一部分。"①幕府时期倡导的儒学中虽对"利"没有完全地排斥，但对于下级武士阶级所灌输的思想中仍是忠义为先。这种强调"富有"是幸福的源泉之一的说法仍是对当时日本传统思想的巨大冲击。②

西周以人世三宝为主轴，试图建立具有日本特色的启蒙道德学说。西周从理解人的欲望，从生理、精神、物质等诸方面考察人的多层次的需求，把健康、知识、财富视为人世三宝，意识到了伦理道德与物质生活之间的内在关系，并把它与人的道德权利和道德义务直接联系起来。日本实际国情决定了西周人世三宝说作为典型的日式启蒙伦理的特征和内容，它不像西方霍布斯的功利说，把个人利益作为至上的道德要求，也不是英国边沁的功利原则，将"最大多数人的最大幸福"视为社会转型阶段的标准，而是从"富国强兵"的目标出发，以"人世三宝"作为道德信条，使其功利道德在一定意义上摆脱了西方观念的束缚，特别强调了国家的重要性。日本明治维新期间的启蒙功利说，并没有采取个人主义的形式，这是由于日本的文化传统并不是市民的"自由的原则"，而是优先地提出国家的"统一的原则"。西周道德学说适应了以国家为主体进行资本原始积累的日本国情，对近代日本企业家和国民素质的形成产生了重大影响，这也是日本在明治期间发展经济取得成功的原因之一。

虽然这种受到穆勒"功利主义"影响提出的伦理观与明治维新前日本社会的主流思想完全相反，但对其后的日本经济发展起到了思想观念上的引导作用。

2.《利学》

1877 年，西周使用《利学》作为书名翻译了穆勒的著作 *Utilitarianism*，关于翻译此书的由来，麻生义辉在《西周哲学著作集》中曾有介绍："孔德和穆勒的哲学是西周思维的基础，特别像

---

① 西周：《人世三宝说》，见西周：《西先生論集：偶評》（卷三），土井光华，1880 年 4 月，第 5 页。

② 山田孝雄在《英国功利主義の日本への導入についての一考察》中写道，（西周）针对德川幕府时期武士阶级不看重金钱，强调富有是幸福的源泉之一。这是在当时世人皆惊的一个新思想。

Utilitarianism 就是其最爱读的书籍。据说这本书的内容,他每每向其相识的人推荐阅读。西本愿寺的铃木慧淳执事僧也与西周有交情,传闻是通过他的引荐,(西周)开始与光胜法主密切往来。光胜对《功利主义》的内容十分感兴趣,劝其翻译。西周难以推却光胜热情的劝说和拜托,翻译了这本书。"[①]

也许是因为西周用古汉语翻译了这本书,《利学》在当时发行的数量不是很大,对当时日本社会的实际影响力也有限。但考虑到西周作为著名启蒙思想家在明治维新期间的引领作用,在分析"功利主义"思想进入日本以及被理解接受的过程时,西周翻译的《利学》是一个有非常有代表性的典型案例,值得进行详细考察。

如果考察西周翻译《利学》的整体效果,应该说西周基本上准确地传达了原文的思想与观念,绝大多数情况下的表达忠于原文。在翻译具体方法上,西周采用多种方法,如创造全新词汇,部分内容采用了意译,或者为了说明内容自行增加例子,或者通过页眉注释来解释说明某一词语。山下重一指出:"《利学》虽然是以厚重的汉文体形式翻译而成,但同时较为准确地再现了原文中的英文,巧妙地运用了儒学中的用语。"[②]西周对穆勒、边沁和"功利主义"的情况非常熟悉(可能是因为西周曾经在欧洲留学),他在序言中清晰地介绍了该书作者穆勒的生平。他提及穆勒的著作"具有求取知识,树立典范的特点,被世人称颂。认为欧洲自从过去的观念学逐渐走向衰败后,人们都无所适从,可以说在观察世界方面败坏极了,之所以如此这样,是因为他们有演绎归纳二法如何得到真理的疑问,所以解答这个疑问不仅对于人间知识的成功是关键,而且对于人生日常生活也是急需的。而穆勒这本书就是用来解答这个疑问的,希望能够或多或少有所帮助"[③]。西周同时也介绍了边沁

---

①　麻生義輝編:《西周哲学著作集》,岩波書店,1933 年,第 393 页。

②　山下重一:《西周訳『利学』(明治十年)(上)ミル『功利主義論』の本邦初訳》,《国学院法学》3,2011 年 12 月,第 41—87 页。

③　原文为:"所著致和軌范世所诵法。自谓自旧说(观念学)渐就衰颓,在欧洲人莫知所适从,可谓在观察世界,而坏乱亦极矣。盖其所以至于此者,唯在一,疑问(指演绎归纳,法執得真理)。二,故解此問題者,不特于人间知识之成功,常为切要,又于人生日用在今日殊为急务也。而此书乃为解此問題,庶几裨补其万一者矣。"

的生平:"边沁早期便辞职,他的著述非常精当,一心致力在法律世界发挥改革精神,其学说与制度设想是逐渐被人采用,开始虽然只是一枝半叶,但后来终于采用了他的全部学说。边沁立志于这项事业,最后成了奠基人。"①根据序言中关于穆勒、边沁的介绍,西周对当时英国功利主义所产生的背景以及边沁、穆勒的作用还是十分了解,说明日本当时的启蒙思想家对英国功利主义及其社会的文化背景还是相当清楚的。

对应穆勒原文,西周用五个部分完整翻译了穆勒原著 Utilitarianism。除西周的序《译利学说》外,相应原文五个部分的标题分别为第一章《总论》、第二章《如何是利学》、第三章《利之大本毕竟凭何权而行》、第四章《何等凭证可得征利之大本》、第五章《论正义与利之连络》。这五个标题的翻译基本对应了穆勒著作原有之意。

西周在序文中为读者归纳了各章的要点,说明第一章是论述利学与其他学说的主要差异,使读者获得入门之法;第二章是概括利学的主旨以及它的根据;第三章是论述利学道德标准的约束力,这是在其他学派中进行的论述,利学家也同样具有这种约束能力;第四章是论述利学的根本是如何证明的;第五章则是论述利学也是法律的根源,由此而开创了正义是本于人性的学说。但西周强调"这本书整体都是辩论反驳其他学说,而不是讨论利学的法则。读者可能会难以获得它的要点,必须潜心静气,反复琢磨,明了它的主旨"②。

对于此书中的核心概念"利",西周在序文中解释:"以利为大本,称之为道德学"③,并在第二章的页眉注释中特意提及"朗卢④云梁惠利国之利⑤,孟子为仁义之利,人苦分别,读此章则涣然冰释"⑥(这个

---

① 原文为:"宾氏早辞仕途,故其著述尤当,而其意专在发挥改革之精神于法律之世界也。其时渐次行于实事者,虽不过为断枝片材,后来将有举其全干而用之之时矣。其著鞭此业,孰亦望为先驱乎?"
② 原文为:"然此书以通体主论辩攻击,而非开示法格者,读者或难得其要领,须沈潜反复悉其旨趣。"
③ 弥尔氏:《利学 译利学说》,西周译,岛村利助掬翠楼藏版,1877年,第4页B面。
④ 阪谷朗卢(1822—1881),幕末汉学家,教育家。通称希八郎,名素,号朗卢。
⑤ 该典故出自《孟子 梁惠王上》,孟子见梁惠王。王曰:"叟不远千里而来,亦将有以利吾国乎?"孟子对曰:"王何必曰利?亦有仁义而已矣。
⑥ 弥尔氏:《利学 訳利学説》,西周译,岛村利助掬翠楼藏版,1877年,第6页A面。

批注是所提阪谷素［阪谷朗卢］认为西周文中所说的"利"与梁惠王所言"利国之利"、孟子所言的"仁义之利"是一致的）。显然西周此处理解的"利"是与中国传统文化中的"仁义"相对立的"利益"之意。西周将《利学》的"利"采用"利益"之意作为解释，反映了以西周为代表的启蒙思想家在接受西方新思想时，并不能完全跳出日本传统文化的束缚，仍然在日本当时的儒家传统思想框架内来理解西方的观念。作为当时著名"明六社"的另外一位成员阪谷朗卢为《利学》写了一篇后记，阪谷朗卢在后记中首先大谈中国儒家文化中董仲舒、司马迁、孔子、孟子、程颢关于"利益"的讨论，以及中国典籍《论语》《诗经》《尚书》《周礼》《周易》中的观点。随后认为"中国的学者语焉不详，导致拘泥于古时，排斥了日益进步的利益，使中国作为先行开化的国家而招来未开化国家的嘲笑。……这本书的要旨是在福祉的根本中表明利益的重要性，可以明确地运用于讲求道德之路上，论述确实而精微明确，可以说是说出了古人没有论述到的方面"。[①] 事实上，边沁、穆勒功利主义思想基础并不等同于中国传统文化中的"义利"观念，边沁 Utilitarianism 的内涵也并不是中国文化中"利益"所指的内涵（即往往与金钱、物质联系在一起的"利益"概念）。

另外，值得注意的是，西周在《利学》中将 *Utilitarianism* 原文第二章中的"Utility, or the Greatest Happiness Principle"翻译成了"利即最大福祉之理"[②]。同样的情况也发生在涩谷启藏的《利用论》之中，"利用即チ最大幸福ノ理"[③]。由此可见，当时的日本启蒙思想家对 utility 的理解还是有偏差的，很大程度上，他们将穆勒、边沁的核心概念 utility 与本国文化中的"利益"概念直接挂钩。

此外，西周的译文并不是原封不动根据原文直接翻译，西周有时会增加一些文字用于表达他的观点。穆勒在第二章有这样一段话："唯有其行为能够影响整个社会的那些人，才需要习惯性地关注如此

---

① 阪谷朗卢：《書翻譯彌留氏利学書後》，见弥尔氏：《利学　訳利学説》，西周译，島村利助掬翠楼藏版，1877 年，后记。

② 弥尔氏：《利学》，西周译，島村利助掬翠楼藏版，1877 年，第 12 页 B 面。

③ 弥尔氏：《利用論》，渋谷啟藏译，山中士兵衛，1880 年，第 10 页 A 面。

宏大的对象。"①而西周的译文为："若夫其行实、为众人民所瞻视仪型者，常以公益大眼目，为己任，固其所也。盖立于如此地位者，禁其嗜欲，亦当一层严。"②显然，西周在穆勒原意上增添了一些内容。另一个例子，针对一段介绍功利主义作用的原文，西周在内容后面增加如下形容性的文字，"这一论说稳健扎实，其势头更如长江压下一般滔滔不绝不可阻止"③。从增加的这段文字可见作为译者的西周对穆勒观点持全面赞同的态度。西周类似这样在译文中适当发挥，补充一些他自己观点的处理方法，在书中并非一例。

在研究穆勒对边沁古典功利主义进行修正时，上文曾经提及穆勒以幸福代替了边沁的快乐以及他对幸福目标与手段的转换诠释。穆勒通过将幸福概念的内容具体化为人们对不同的具体目标、具体欲望的追求，直接将物质财富与社会进步概念联系起来，从而迎合了维多利亚时代的社会需要。而西周出于明治维新期间日本社会转型的需要，非常敏感地抓住了穆勒所修正的这个非常重要的观念要点，并在《利学》的译文中得到体现。穆勒的原文中有一段涉及"幸福的目的手段"的讨论，西周在《利学》中将这段文字译为："故当此时，则手段，变为目的一部分，而此重要性更胜于其原作为手段。如今福祉作为靶，而方法是弓箭，虽然打准靶就需要弓箭，却常常导致弓箭反宾为主的

---

① 穆勒：《功利主义》，徐大建译，上海：上海人民出版社，2008 年，第 19 页。穆勒原文：Those alone the influence of whose actions extends to society in general，need concern themselves habitually about large an object.

② 弥尔氏：《利学　訳利学説》，西周译，岛村利助掬翠楼藏版，1877 年，第 38 页 A 面。其白话文本为："如果他的行为确实是人民所仰视而作为典范的，便经常将公益大事作为己任，这固然是恰当的。处于这样的地位，禁止他的嗜好和欲望，也要比常人更为严格。"

③ 穆勒：《功利主义》，徐大建译，上海人民出版社，2008 年，第 4 页。原文为："因此功利原则，也就是边沁后来所谓的最大幸福原理，在各种道德学说的形成中都起着很大的作用，即便是那些最蔑视功利原则的权威性的学者的道德学说，也并不例外。"西周译《利学　訳利学説》，岛村利助掬翠楼藏版，1877 年。原文为："是蓋關人人福祉者之所致而即為利之大本，賓雜吾晚年所稱最大福祉之大本者是也。此大本也，於立道德之学，則從来居其大半者也，乃雖痛蔑視擯斥其功力之徒，亦不能脱其範圍矣。夫論道德之條目，則福祉關之行為尤多，其論極着實，且有長江在壓下之勢，令雖有惡認之以為道学之基本，德義之根源者，亦所不能辭也。"

现象。虽然如此,世界上岂有没有靶子,而使用弓箭的。所以它们作为器械也是追求福祉的一种手段,人们能够得到这种器械就能够得到福祉,不能够得到这种器械就会失去福祉。所以想要器械的人并没有和想要福祉的人有差别。"①对比西周译文与穆勒原文的这段文字,发现西周完全超出原文范围,增加了"靶与弓箭"的关系的说明,通过这个例子来补充说明对穆勒观点的理解,可见西周其接受并欣赏的程度。

西周的部分译文可谓是"信达雅",如他通过"鱼与熊掌"的巧妙比喻翻译了以下这段原文,"Now it is an unquestionable fact that those who are equally acquainted with, and equally capable of appreciating and enjoying, both, do give a most marked preference to the manner of existence which employs their higher faculties."西周译为:"自古以来人都十分了解这两种快乐,但是能够雨露均沾享有的却是少之又少,多是自选下等,而仍毫不在意之人也是寥寥无几。这多是因为想要鱼与熊掌兼得却自己选择失败。"②

西周在《利学》中将 expediency 翻译为"便利"。③ 穆勒原文意思是指功利以"expediency(利益)"的日常用法去理解,西周选择"便利"表达"expediency",翻译的含义大体正确。实际上在当时日语的俗语

---

① 《利学》中原为:"故當文此等時,則其為方略者,變為目的之一分而切要,更勝乎其所緣以为方略者也。今夫福祉为正鵠,方略为弓矢,虽为达此正鵠,而要此弓矢,常至弓矢之用却为主耳。虽然,世岂有无正鵠,而为弓矢之用哉? 故其为器械者,亦为福祉之一分耳。人能得此器械,则得福祉,不得,则失福祉。是以,其欲器械者,非有异于欲福祉也。"对应穆勒英文原文为: In these cases the means have become a part of the end, and a more important part of it than any of the things which they are means to. What was once desired as an instrument for the attainment of happiness, has come to be desired for its own sake. In being desired for its own sake it is, however, desired as part of happiness. The person is made, or thinks he would be made, happy by its mere possession; and is made unhappy by failure to obtain it.

② 弥尔氏:《利学 译利学说》,西周译,岛村利助掬翠楼藏版,1877 年,第 21 页 B 面。原文为:"自古人能熟知两种之快乐,而当堪均享之时,自选其下等,恬不以介于意者,盖有之哉。其多欲兼鱼与熊掌,而遂自取败者,则有之。"

③ 弥尔氏:《利学 译利学说》,西周译,岛村利助掬翠楼藏版,1877 年,第二章。原文:"又世人往往目利以为不经之学。是不过视此语,以为便利之义。据世俗之意味,以咎其与本论相反耳。然便利之义,视之为与直道相反者,是大率指其人一己之便利。"

语境中，"便利"所表达的利益应该是指带有负面意涵的个人利益。由此观察到西周最初在《百学连环》曾经使用"便利"来翻译utilitarianism，这可能是从一个侧面反映了西周曾经通过将utilitarianism与"便利"挂钩，主观上从"个人利益"的角度来理解"功利主义"。

对"私欲的肯定"这一观点本身并非西周独有的见解。津田真道1875 年（明治 8 年）发表《情欲论》①，论述了私欲的重要性本身，福泽谕吉也在 1877 年（明治 10 年）在《可营私利》中提到，"私利作为公益的基础，公益是由谋求私利者带来的"②。对于当时的启蒙思想家来说，肯定私欲可以说是共同的观点。

西周认为穆勒功利主义可以为穷苦贫寒之人指明道路，让每个人发挥自己的作用，最终使得日本国富民安。"钱财""权势""名誉"与"德"是一类的，都是为了达到"一般福祉（国富民安）"的手段。正如西周在《利学》翻译穆勒原文所述："所以对于利学的大根本来说，对于其他的欲望，如果能够增长一般的福祉，而不会至于颠倒损害福祉，就会包容它，允许它存在，所以没有差别等次。"③可见西周认为对金钱、权力、名誉等欲望的渴望应该允许。

此外，西周尽管同意功利主义所说的人的自然本性是"趋乐避苦"。但值得注意的是西周虽然肯定"富有"和"私利"，但其实他最终要达成的是"一般福祉"，即"富国强兵"的目的。这与"功利主义"所追求的"最大多数人的最大幸福"还是有本质性的区别。

综上，我们可以从西周为《利学》撰写的序中了解到西周基本理解了边沁、穆勒的主要思想要点。因此，他并非由于对基本情况不了解

---

① 津田真道：《情欲论》，《明六杂志》明治 8 年 4 月第 34 号，七上—九下。

② 福泽谕吉全集十九集，第 634 页。（《福泽全集卷四　福泽文集 2 编卷一》第 9—12 页文章"私の利营む可き说"）。

③ 原文为："好德较诸爱钱货、欲权势、好名誉之三，而不能稍无差别。盖若三者，不能使人因以无毒害于社会之列。独至好德而无私，养德而不倦，则及庆福乎他人者，将不测。故若利家之大本，在他诸欲，诚长一般福祉，而苟无至驾轶以毁伤福祉之度者，则容之许之固不别差等。唯若培养德之爱则务之求之欲有以致其强。而超乘于诸物之切要乎一般福祉者耳。"

的误读而产生了对"功利主义"的歧义,他应该更大程度上服从日本当时社会发展的需要,主要是从经济的角度上来解读了穆勒的 *Utilitarianism*。铃木修一认为西周无论是将"happiness"译成了"福祉",还是将"the study of prosperity"翻译成"繁荣の学",都可以看出西周是着重从经济角度来吸收"功利主义"的。①

当时也不是只有西周将经济作为达成"幸福"(财富)的手段。无独有偶,涩谷启藏在穆勒 *Utilitarianism* 另一个译本《利用论》中,将"Expediency"翻译为"便宜",大致属于同样理解。也许这不是西周和涩谷启藏个人的认知偏差,而是代表着当时日本启蒙思想家的整体理解。在这一点上,同样作为明治初期启蒙思想家的福泽谕吉也提出了相似的观点。福泽在《文明论之概略》第二章中就举例写道:"工商业日益发达,开辟幸福的泉源。"②

2.3.2　福泽谕吉早期与功利思想的提倡

福泽谕吉生于日本中津藩一个下级武士家里,从小就感受到封建等级制度的存在,在思想上非常反感。青年时期,由于日本社会变化,他有机会接触到西方文化。福泽谕吉从 21 岁开始学习西洋理学,24 岁从学习荷兰语转而学习英语,后被幕府聘为翻译。到 1867 年,福泽谕吉已经访问美国和欧洲国家三次,亲身了解了一些西方先进的思想和文化,这也为其理解接受功利主义思想奠定了基础。福泽根据出访欧美记录,撰写了《西洋事情》③,这是第一本由日本人撰写的比较全面介绍西方世界的读物,一经发表,风靡一时,成为当时日本人了解西方的启蒙读物,不少人通过此书接受了近代科学和资产阶级自由民主思想。

福泽谕吉以谋求国家独立和"富国强兵"为己任,介绍西方文明精神,号召日本人学习"实学"、学习科学,兴办实业,发展经济。福泽谕吉与在新政府从政的西周有所不同,他更贴近平民生活。福泽所写文

---

① 铃木修一:《西周「人生三宝説」を読む》,《『明六雑誌』とその周辺:西洋文化の受容・思想と言語》,神奈川大学人文学研究所编,御茶の水書房,2004 年,第 10 页。
② 福泽谕吉:《文明论概略》,北京商务印书社译,北京:商务印书馆,1992 年,第 10 页。
③ 福沢谕吉:《西洋事情》,慶應義塾大学出版会,2009 年。

章比起口号更侧重于实际应用。1868 年他创办庆应义塾,培养人才,针对当时的社会现实问题,积极从事启蒙活动,福泽谕吉因而被称为"日本伏尔泰",可见其影响之广。他毕生从事著作和教育活动,对西方启蒙思想在日本的传播和日本社会的转型发展发挥了巨大的推动作用。明治新政府成立后,福泽谕吉拒绝做官,始终以平民的身份活动。

福泽谕吉作为明治时期著名启蒙思想家,针对当时日本内忧外患的逆境,深感民族独立和国家主权的重要,曾立下生平两大誓愿,分别为冲破腐朽的封建制度和摆脱西方国家对日本的压迫。由于明治政府实行"废藩置县"等一系列改革措施,福泽谕吉看到了希望,便进而主张"乘势大力吹进西洋文明新风,从根本上改革全国民心,在绝远之东洋开辟一新的文明之国"①。福泽谕吉的启蒙思想并不是单纯介绍西方文明,重点是通过宣传西方文化来帮助日本的文明开化,号召改变社会精神,目的是使日本赶上西方国家。福泽谕吉认为"文明"的概念内涵丰富,包含经济发展、政治制度、科学技术、道德伦理和文学艺术等等众多内容,并认为文明不是一成不变的东西,而是不断发展变化的。他特别强调道德的重要性,认为一国文明程度的高低可以用人民的道德水准来反映,而道德水准的提高并没有限制,文明的进步也没有止境。福泽谕吉对比了当时的日本文明和西方文明的程度,认为日本应该向西方学习。然而传统的封建习俗以及既成的价值观念却妨碍西方文明在日本的传播和发展,尤其是当时日本人积极要求西洋文明的热情,急需"理智"的指导,使国民正确地把握"文明开化"的真正含义。福泽谕吉认为学习文明的外形容易,但是学到文明的精神非常困难。只有顺序对了才能取得作用,反之则有其害。他认为真正导致东西方情况差距悬殊的关键是所谓"文明的精神"②。"所以应该先追求精神,排除障碍,为文明的外形开辟道路。反之当遇到障碍时,将会束手无策。追求其文明首先便是要变革人心,然后改革政令,最后

---

① 虞小强:《日本素质教育研究及启示》,陕西师范大学硕士学位论文,2004 年,第 8 页。

② 福泽谕吉:《文明论概略》,北京编译社译,北京:商务印书馆,1992 年,第 12 页。文中写道,文明的精神是什么? 就是人民的风气。亚欧两洲的情况相差悬殊就是这个文明的精神。

达到有形的物质。"①福泽努力著书立说,启蒙世人,积极地配合明治政府的社会改革。《劝学篇》②和《文明论概略》便是这一时期的主要代表作。当时这两部著作畅销日本,影响巨大。③

福泽谕吉鼓励人们摆脱封建思想的束缚,自尊自重,自主独立。首先想要将国民从身份等级的桎梏中解脱出来,各司其职。所以他提出了著名的"天不造人上之人,也不生人下之人"④理论。认识到愚昧的国民无法使得日本走向文明道路,便鼓励人们学习接近日常实用的学问。当时日本社会风气是遵循既成的价值观,且既成的思维方式和习惯的影响非常大,往往因袭世故而不重实际价值,福泽谕吉所提出思想的目的是改变当时日本社会普遍的价值观,并改变日本人的思维方式。

福泽谕吉公开提出应该让追求利益合理化,大胆地提出常常被日本社会假装漠不关心的金钱问题。在《文明论概略》中,福泽说:"争利就是争理。"⑤这就从伦理上把追求利益加以合理化了。在 1885 年写的《要成为钱的国家》⑥一文中,他进一步发挥这种观点,号召人们摆脱"轻视钱的旧习"。福泽谕吉极力批判儒家的"贱商主义"和"官尊民卑"思想。他认为工商业者付出劳动得到报酬,与武士服军役得俸禄、官员施政领取薪水是一样的,没有贵贱之分。⑦ 从 1868 年起他公开在庆应义塾开始收取学费。根据福泽谕吉自传,"福泽谕吉认为,教学也

---

① 福沢谕吉:《文明論之概略》,岩波书店,1931 年。文中写道,寻求欧洲文明,必须先难后易,首先变革人心,然后改革政令,最后达到有形的物质。

② 福泽谕吉在《学問のすすめ》中写道,此书本意是作为民间读本和小学课本而写的,所以文中尽量使用了通俗易懂的文字,以便阅读。也正因为如此,这本书得以广泛普及。初版约为 20 万本,截至 1897 年市场流通数量约为 340 万本,足以看出其影响力之大。

③ 吴潜涛:《日本伦理思想与日本现代化》,北京:中国人民大学出版社,1994 年,第 37—38 页。

④ 该口号来自福泽谕吉的《学問のすすめ》开篇第一句。这句话体现的人权打破了传统封建思想中的"君权神授"。

⑤ 福泽谕吉:《文明论概略》,北京编译社译,北京:商务印书馆,1992 年,第 71 页。原文是"利を争ふは古人の禁句なれども、利を争ふは即ち理を争ふことなり。"

⑥ 福沢谕吉:《錢の国たる可き》,《福泽全集九 時事論集第二卷》,第 29—40 页。

⑦ 福泽谕吉在 1873 年的《帐合之法》的序文中提到:"买卖是学问,工业也是学问。从另一个方向阐述的话,根据天之定则,劳其身心获得报酬这是买卖,官员为政获得薪水这也是买卖,以前武士服军役获得俸禄这也是买卖。然而世上之人皆以武士、官员的买卖为贵,物品买卖、制作物品的买卖为贱,这是何故?"

是人们的一项工作,人做自己的工作而取代价这又有什么不可以的?由于认识到这样做毫无关系,所以公然规定一个数额而收费,于是确定了'学费'这个名称,并规定每个学生每月缴纳学费二分。……教师也领钱,这在当时是大惊天下之耳目"。①

　　福泽谕吉的金钱观和此前日本所流行的金钱观完全不一样,日本封建社会中占主流地位的金钱观,分为武士金钱观和町人(商人)金钱观两种。前者卑视金钱,并因此而瞧不起赚钱的町人;后者虽然承认他们的人生道路在于追求"利",作为对求"名"的思想的替代。换句话说,武士舍"利"而取"义""名",町人逐"利"而弃"义""名"。日本社会当时普遍在追求"利"时都有心理上的桎梏,福泽谕吉试图破除这种落后思维,建立起追求"利"是合乎伦理道德的风尚,从而解除了社会上逐利的心理障碍,他通过自己的言行发挥了无可替代的作用。由于这种价值观是肯定劳动价值的思想观念,这也是引领日本社会趋向具有现代性的价值精神。尽管福泽谕吉屡次被非难为拜金主义之徒,但他仍然坚持致力于建立日本社会民众新的金钱价值观。福泽谕吉在《文明论概略》中写道:"所谓文明指的是人的身体安乐,道德高尚;或指衣食富足,品质高贵。"②这里福泽谕吉特意强调了"健康、道德、富足"这三个在文明中是缺一不可的。相比较西周的"富"的观念而言,福泽谕吉的"富足"更直白一些。

　　福泽谕吉所表达的这种与"利"相关的新思想应该和当时流行的功利主义思想有密切关系,日本学者川尻文彦写道:"众所周知,福泽谕吉在青年时代就酷爱阅读穆勒的《功利主义》等书,在庆应义塾中也进行了大量阅读。"③此外,山内崇史的研究指出:福泽谕吉曾在 1876 年 4 月 13、14 日两天陆续阅读了穆勒 *Utilitarianism*(第五版 1874)。④ 卞崇

① 福泽谕吉:《福泽谕吉自传》,马斌译,北京:商务印书馆,1980 年,第 175 页.
② 福泽谕吉:《文明论概略》,北京编译社译,北京:商务印书馆,1992 年,第 32 页。
③ 川尻文彦:《"自由"与"功利"——以梁启超的"功利主义"为中心》,《中山大学学报》(社会科学版),2009 年第 5 期。
④ 山内崇史:《福沢諭吉における功利主義受容と『貧富論』》,载《法学政治学論究:法律·政治·社会》,2017 年 3 月,第 377 页。

道也表示,"福泽谕吉是提倡以'实学'为中心的学问观,以数理和独立为本的教育思想,以致富为目的的功利主义伦理观"①。根据丸山真男的研究,明治六、七年至明治十年这段时间,福泽谕吉从阅读 J. S. Mill 的《代议制政府》和 A. 托克维尔的《论美国的民主》等名著中得到了不少启发。②

"福泽不是一位专门学者,其思想并没有构成一个严谨的哲学、伦理体系,连他自己也从不以哲学家或伦理学家自居。"③需要指出的是,福泽谕吉所接受的西方思想观念,是通过 19 世纪欧洲的思想家如孔德、穆勒、斯宾塞等人为中介的,这些人物并不是欧洲启蒙初期的思想家,而是新兴资产阶级已经取代封建社会统治取得政权、居于社会主导地位的思想家。福泽谕吉沿袭这些思想观点,认识论上他接近经验论的立场,在政治上他主张君主立宪制,伦理上他鼓吹世俗功利观。由此可见,由于日本明治维新期间社会转型变化和欧洲的启蒙运动的路径完全不同,福泽谕吉基本上是按照更实际的富国强兵的形式构成它全部的思想内容,所谓思想的文明开化也是服务于这个目标。

日本著名评论家长谷川如是闲在《日本现代史》中指出:"明治的启蒙时代,在日本文明史上创了一新纪元,输入英美的新思想,给了日本国民思想上重大的暗示,那开拓者,给了当时及后来的很大的影响,这即是不能忘记的先觉福泽谕吉。……以他的功利主义为主的学问思想,在维新后给了日本国民生活非常重大的影响,他以富国强兵为最要紧,注重实利实学,同时又介绍了个人主义的经济思想,这可以说是使日本的文明开展到欧美各国的资本主义文明的第一人。"④

另外,福泽谕吉"把他的伦理思想归纳为民族主义的独立自尊说,让人人一律平等的天赋人权和国与国一律平等的天赋国权结合

① 铃木正、卞崇道编:《日本近代十大哲学家》,上海:上海人民出版社,1989 年,第 86 页。
② 丸山真男:《福泽谕吉与日本近代化》,区建英译,上海:学林出版社,1992 年,第 83 页。
③ 吴潜涛:《日本伦理思想与日本现代化》,北京:中国人民大学出版社,1994 年,第 46 页。
④ 长谷川如是闲:《日本现代史》,彭信威译,郑州:河南人民出版社,2016 年,第 67、70 页。

为一体,个人独立与国家独立合二为一,使西方的天赋人权说移植到日本国土后,在性质上发生了巨大的变化,即变强调个人权利的个人主义为强调国家权利的民族主义或整体主义。……在旧有的封建价值观念与外来价值观念的撞击中形成有利于本民族的新价值取向,作出了极为有益的贡献"。① 这种出于不同的目的吸收西方思想概念是日本启蒙思想家理解接受西方思想概念的本质性特征,也是造成所接受的思想概念和原本西方的概念有差异错位的根本原因之一。

2.3.3　中村正直与穆勒思想的引入

中村正直(1832—1891),号敬宇。15 岁学习兰学,17 岁学习朱子学。31 岁被列为"御儒者"②。1866 年幕府选拔 12 名官家子弟赴英国留学,中村随行任副监督,目睹了英国社会的繁荣先进,中村深受震撼。中村正直留学英国前,明确表示其致力于了解欧美等先进国家的"诸国之政化学术",研究这些国家的"人伦之学、政事之学、律法之学"。③ 但在留学期间中村正直发现技术文明以及制度等只是英国强大的表象,而真正让英国强大的原因是一些支撑在这些学问背后的无形东西,即支撑这些形质性东西后面的民族精神及社会风气。④

1872 年(明治 5 年),中村正直翻译穆勒的 *On Liberty*,出版了《自由之理》,这也是已知日本最早完整翻译穆勒著作的译本。但对比原著而言,穆勒原著重视的是个人自由,主张限制社会对个人自由的干预。中村在翻译中,则是在道德的意义上对自由加以更多发挥。中村强调自由要服从于政治人物和一般的社会习俗规定。很多学者认为

① 吴潜涛:《日本伦理思想与日本现代化》,北京:中国人民大学出版社,1994 年,第 46—47 页。
② 御儒者:幕府时期设立的一个儒学专家职位。职能是为将军讲解经典、文学和学问。
③ 李少军编:《近代中日论集》,北京:商务印书馆,2010 年,第 317 页。
④ 郝重庆:《明治维新以来自由主义在日本的发展及影响研究》,中共中央党校博士学位论文,2017 年,第 102—103 页。

中村正直并没有完全理解穆勒 *On Liberty* 原文意思而导致了误译。[①] 中村正直自己也在《自由之理》序中写道："原文精妙之极,我亦不过通晓大意。西人曾以拉丁文译欧公之醉翁亭记。自评原文如玉,译文如泥。此语亦可评吾之译文。"[②]本文认为虽然中村在留学期间受到西方自由主义思潮的冲击,原有的儒学思想必然会发生一定改变,但也难以完全脱离固有思想的桎梏,完全透彻地阐述新的思想。故中村对"市民自由"和"社会自由"的理解偏差也在情理之中。但不可否认的是,中村正直的《自由之理》在当时日本社会上产生了广泛的影响[③]。虽然在当时日本社会对法国自由主义思想和穆勒自由思想有可能并没有区分开来,但是《自由之理》一书所传递的反抗专制统治、争取自由权利的理念也为自由民权主义运动提供了理论支持。[④]

1880 年涩谷启藏翻译穆勒 *Utilitarianism*《利用论》,中村正直在为该书所作的序中写道:"日耳曼学者之言曰,人之凶祸未有甚于愚而多财者也。故知均是财也智用之则利,愚用之则不利。故曰利用存乎人。中子曰物之利用,有因人之地位而变者。贪污之吏利重税,而良民则苦之。文明之民利自由,而暴君则恶之。……利用者所以使人生达于福祉安乐之物也。……呜呼,宇宙间一切无用之物,一经妙用点

---

① 中日学者均有对中村正直在《自由之理》部分误译做了探讨。有人认为是源于中村正直序言提及"凡事不可无限量,唯爱不可有限量……此书论政府之权当有界限,明白详备。故余别举当无限量者言之。夫爱不可以有限量",认为中村是基督徒身份,宣扬"上帝之爱"的无限永恒性。因此中村的理解与穆勒原著论述的"市民自由"和"社会自由"是有差距的。详情可参见刘学军的博士论文《明治维新以来自由主义在日本的发展及影响研究》第 28—29 页,郑匡民所著《梁启超启蒙思想的东学背景》第 102—111 页。还有人认为因为穆勒《自由论》原文语言比较难懂。穆勒的《自由论》是希望通过推进政治改革打造市民自由的社会,并在多数人的暴虐中保护个体的自由。而在这一点上,包括中村正直在内的当时日本社会是难以理解的。详见高桥俊昭发表在《日本英语教育史研究》第七号的《中村正直と英语》。

② 弥尔:《自由之理》,中村正直译,1872 年 2 月。

③ 箕作麟祥 1874 年发表在《明六杂志》第 9 号上的《リボルチーノ说》就曾写道,现今各国政治尽善尽美、国力强盛源于人民的自由。详情可见中村先生翻译发行的穆勒《自由之理》一书。

④ 郝重庆:《明治维新以来自由主义在日本的发展及影响研究》,中共中央党校博士学位论文,2017 年,第 28 页。

化,无不归于有用。利用之说,至哉大矣。"①可见中村正直也是从经济角度,认为功利主义思想是可以点化人们智用财物,让人最终可以达到安乐福祉的。

中村正直在《西国立志编第三编》的序中写道:"今日之西国比之五十年之前则又有高下霄壤之异矣。呜呼如此福运何由而致哉。得无非教化日明而人心向善之效乎。"②中村认为只有提高国民素质,才有可能实现日本的现代化。

1882 年 2 月中村正直创半月刊《政理丛谈》,并以《民约译解》为题宣传卢梭的自由主义思想。功利主义思想对中村正直的影响逐渐被取代。自此以后,中村正直致力于将"天赋人权"的思想积极推广给社会大众。之后又在《政理丛谈》上翻译刊登了美国的《独立宣言》、法国的《人权宣言》等西方民主政治的相关资料。

2.4 明治中期:"功利主义"批判

明治初期十年间(1867—1877 年),明治政府以废藩置县、地税改革为主,进行了一系列的改革,文明开化的启蒙教育也取得了明显的效果。但明治政府很快就面临一个无法回避的难题,即如何建立日本的国家体制。当时在西方新思潮的影响下,"自由""民权"思想几乎是不受控制地蔓延,随着自由民权运动的开展,以天赋人权理论为依据,出现要求设立国会的主张;此时,日本国内另一种完全相反的意见是根据日本传统道德立场,主张赋予天皇以巨大权力,以此来谋求国民精神的统一。明治政府为保持"富国强兵"政策,开始反对自由民权运动,于 1875 年颁布了限制言论、出版的《谗谤律》《新闻纸条例》,希望通过限制言论自由的方式来控制当时对日本政府甚至是皇室的"不

---

① 中村正直:《敬宇文集》(卷 3),1903 年 4 月,第 16—18 页。
② 中村正直:《自助論第二編叙》,见 Samuel Smiles:《西国立志編》(第二、三编),中村正直译,序。

当"言论。稍后明治政府于明治 14 年发生政变,主张英国式立宪制度的大隈重信被驱逐出政府,结束了内部派阀林立的状况[①],日本自由民权运动终于失败。1881 年天皇颁布《国会開設の勅諭》(关于开设国会的敕谕),明治政府为全面展开立宪工作开始做准备。1889 年颁布宪法,确立了天皇亲政式的日本式的国家体制。正如严绍璗在《日本中国学史稿》中所说:"在东亚皇权主义的国家里,任何社会改革的推行,都必须借助于'皇权'本身。……天皇制政体所能提供的对维新的支持,只是在维护它自身利益的范围之内。"[②]日本统治者最终选择了符合他们利益的皇国主义,走向了天皇集权的军国主义道路。而这也导致了日本思想界对"功利主义"的批判,随后功利主义思想的社会地位开始了显著下降。

日本明治维新初期十年和此后的十年相比,我们可称前者为发展经济的改革为主导,后者是政治思想转向而成为所谓政治体制的改革为主导。在明治期间发生这样政治思想转向的社会背景下,部分启蒙思想家的思想也发生转向,直接或间接地对功利主义的传播产生影响。但这个阶段已经基本完成了功利主义传入接受的任务。

2.4.1 福泽谕吉的思想转变

福泽谕吉在明治初期大力宣扬自由平等的理念,宣称天皇也是人,君臣关系是人出生后发生的,不是人的本性。他在《文明论概略》中写道:"在中国和日本,把君臣之伦称为人的天性,认为人有君臣之伦,犹如夫妇父子之伦。……君臣关系,本就是在人出生之后产生的,所以不能说它是人的本性。天赋的人性是本,人出生之后才产生的是末。不能以有关事物之末的高深理论来动摇事物之本。……人类社会莫不有父子夫妇,莫不有长幼朋友,这四者是人类天赋的关系,即人的天性。唯独君臣,在地球上,某些国家就没有这种关系。目前一些

---

① 刑雪艳:《日本明治时期民权与国权的冲突与归宿》,中国社会科学院博士学位论文,2009 年,第 89 页。

② 严绍璗:《日本中国学史稿》,北京:学苑出版社,2009 年,第 100 页。

实行共和制的国家,就是如此。这些国家虽然没有君臣,但政府与人民之间,各有各的义务,政治情况也极好。"①

到了 1878 年(明治 11 年),福泽谕吉在《通俗国权论》中感叹道:"看古今之事,没有贫弱无智的小国能通过条约和公法保全其独立体面的例子。"②"百卷万国公法,不如数门大炮,几册和亲条约,不如一筐炸药,大炮和弹药不是主张某个道理的装备,而是制造无道理的器械。"③福泽认为在当前"弱肉强食"的世界中,稳定国内局势共同抵御外部压力才是上上之策。福泽 1881 年(明治 14 年),在《时事小言》中写道:"天然的自由民权论是正道,人为的国权论是权道,……我辈乃从权道者。"并认为"培养国民忠义之心便于稳定社会"。④ 次年,福泽谕吉在《时事新报发行之趣旨》上主张要把日本国权的扩张作为最高目的。随后在《时事新报》上又陆续发表多篇文章,希望日本充当东洋文明的指导,武力保护落后的邻国,阐明日本作为亚洲文明之首的"东洋政略"。在讨论与朝鲜关系的时候,甚至认为"我日本对朝鲜国的关系,应当是当年美国对日本的那种关系"⑤。这种强者生存的理念更贴近于进化论理念,也更符合日本政府后来所选择的皇权帝国主义道路。而被后人认为是福泽谕吉的文章《脱亚论》更是直白地为日本侵略亚洲周边国家提供了理论支持。而这早已与明治初期所倡导的"自由""平等""民权"分道扬镳甚至背道而驰了,与前文提到明治初期福泽谕吉所说的不伤害他人的宗旨相违背,更是已经偏离了"功利主义"的思想基础。

2.4.2　加藤弘之对功利主义的理解

加藤弘之是明治时期极具影响力的思想家。加藤早年发表的《立

---

① 福泽谕吉:《文明论概略》,北京编译社译,北京:商务印书馆,1992 年,第 35—36 页。
② 福沢谕吉:《通俗国権论》,山中市兵衛,1878 年 9 月,第 96 页。
③ 福沢谕吉:《通俗国権论》,山中市兵衛,1878 年 9 月,第 96 页。
④ 福泽谕吉:《时事小言》,见福沢谕吉:《福沢全集》(第 5 卷),国民图书,大正 14—15,第 154 页。
⑤ 区建英:《福泽谕吉政治思想剖析》,《世界历史》1986 年,第 40 页。

宪政体论》《真政大意》等等均是宣扬自由主义思想,受到了自由民权者的拥护。然而到了 1882 年(明治 15 年),加藤出版《人权新说》,完全推翻了其之前的学说,宣扬"社会进化论",猛烈攻击自由民权思想,在书中提到他的思想转向的问题。"我起初相信天赋民权主义,确信我们人类与其他动物不同,生来就有天赋的权利和自由,而这权利与自由个人都是平等的。《国体新论》以前的著作都是依据这一主义发生的评论,待逐渐了解欧洲新主义的学说,且知道达尔文以及斯宾塞等人的进化论之后,对于由下等动物逐渐演化而来的我们人类与其他动物不同,生来就有天赋权利之事产生疑问。随着研究的不断积累,相信天赋权利的主义终究没有丝毫证据,于是写出《人权新说》的小册子,公布与从前完全不同的见解。"[1]

《人权新说》后附参考书目中出现了穆勒的 *On Liberty*,加藤弘之在文中还以边沁为例,指出限制的选举法也能够达到"最大多数人的最大幸福"。[2] 此时加藤强调专制的政府统治也能达到多数人的幸福之终极目标。但同时他指出:"道德法律终极目标不在众个体的安宁幸福,而在社会的幸福安宁。故我们的道德和法律的行为定是为了直接或间接为了达成此目的。万种行为中哪一种是最直接接近该目的的呢?一言蔽之为爱国行为。……日本人的爱国心又与忠君心完全相融合。有爱国心者必有忠君心。有忠君心者,必有爱国心。日本自国初,就奉戴一系的帝室而臣事之。故国与君视同一体。朕即国家,这句只有我国天皇能言之。"[3]此处可以看出他将最大多数人转换成了社会这一概念,从而引出"忠君心"就是"爱国心"这一论点。

加藤认为:"将国家放到政府手里,才是最正确的选择。国家绝非

① 郝重庆:《明治维新以来自由主义在日本的发展及影响研究》,中共中央党校博士学位论文,2017 年,第 45 页。
② 加藤弘之:《人权新说》,山城屋佐兵衛,1882 年 9 月,第 119—120 页。原文:"如硕学边沁,在其书英国国会制度改革论中,以英国之限制选举为有害于自己所提倡的最大多数人的最大幸福之真主义,欲废之而主张普通选举法。不知英国人最大多数人的最大幸福,其实限制也可以得之,却废此而以立有害的普通选举法为上策,实乃最为轻躁之观点。"
③ 加藤弘之:《道德法律進化の理》,博文館,明治 33 年 4 月,第 123 页。

是众个体之共同事业,而完全是国家之事业。其道理与缝纫机器一样。缝纫机器绝不是机器各个部分共同事业组成,而就是机器本身的事业。"①

为了更容易引导读者将多数人的幸福理解成为社会层面的幸福,加藤弘之在《道德法律進化の理》的书中则是将"幸福"换成"安宁幸福",用以证明"若国家只以个体幸福为主要,而牺牲自己的幸福,则国家不免要遭受存立之大不幸"②。

加藤弘之对功利主义的理解,在其著作《道德法律進化の理》中得到了详细的阐述。首先他引用犬儒派第欧根尼的"凡属于有机物均具有完成维持其自己或使之进步之力(即为自己谋求利益之力)"。用以限定促进人类进步的力均是源于爱己心。加藤弘之又将爱己心分为两类,一类是固有的爱己心,即纯独的爱己心;另一种稍微变了性质,加藤称之为变性的爱己心,即爱他心。变性的爱己心(即爱他心)又分为两类,自然的爱他心和人为的爱他心。③ 实际上就是通过这样的操作,加藤希望可以混淆人们对爱己心与爱他心的本质区别,从而认同其对于利己主义的肯定。

加藤认为功利主义可以被称为目的主义或者幸福主义。称之为目的主义是取"自道德行为必有其目的"之意;称之为幸福主义是取自"道德行为必欲求幸福"之意。功利主义流派甚多,文中他以两个大的流派为例子:"一是道德行为只发于爱己心的爱己的功利主义;一是道德行为发于爱他心的爱他的功利主义。如霍布斯、边沁、穆勒等其他英国哲学家大多取于前者,如西季威克取于后者,其他现今的哲学家多取为后者。爱他心毕竟不过就是变性的爱己心,故前者合乎真理。但余之所见,与取前者学者有各不相同。"④然后加藤便假以功利主义之名,想要推出军国皇权的合理性。"功利学派以公共安全为目的。边沁以前的学者,其说公安也,以人民全体之安宁解释。边沁开始改

① 加藤弘之:《道德法律進化の理》,博文館,明治 33 年 4 月,第 114 页。
② 加藤弘之:《道德法律進化の理》,博文館,明治 33 年 4 月,第 116 页。
③ 加藤弘之:《道德法律進化の理》,博文館,明治 33 年 4 月,第 2—3 页。
④ 加藤弘之:《道德法律進化の理》,博文館,明治 33 年 4 月,第 106—107 页。

为最大多数的最大安宁。穆勒也是如此。今日取此解释者变多。大概也知道人民全体安宁总不可得。最大多数之安宁已为满足也。然所谓人民全体之安宁，及最大多数之最大安宁者，乃集合的个人之安宁，非国家性质社会的安宁。"①

加藤弘之在文中又以"全民皆兵"政策和"少数富民纳税"的两个例子想要证明很多时候"人民全体的安宁幸福，即最大多数之最大安宁幸福"是与社会安宁不一致的。这种情况下应该以社会的安宁为主。②

综上，加藤弘之所谓的功利主义，只是假以"最大多数人的最大幸福"之名，实际宣扬的是皇国军权的利己主义思想。

2.4.3　井上哲次郎对功利主义的抵制

井上哲次郎作为日本明治、大正、昭和时期的哲学家，在日本思想界、教育界有较大影响。少年时代就学于汉学塾，聪颖过人，后精通汉学。1871 年入长崎广运馆，拜美籍教师学习英文、历史和数学等课程。1875 年入东京开成学校学习。1877 年入东京大学文学部哲学系，1880 年毕业后主办《东洋学艺杂志》。1882 年任东京大学副教授，讲授哲学。1884—1890 年井上哲次郎被政府选派送去德国留学，研究德国观念论哲学，后将其介绍到日本。他提出在专研西方哲学的同时也不能懈怠东方哲学，应以二者融合统一为己任。③ 在留德过程中，井上哲次郎活跃于各种社团、热衷于发表演讲和拜访名人，如 1888 年曾专程去斯宾塞家里拜访。1890 年回国后任东京帝国大学文学科教授，

---

①　加藤弘之：《道德法律進化の理》，博文館，明治 33 年 4 月，第 110 页。原文写道："人民全体之安宁幸福及最大多数之最大安宁幸福而这固然重要，然很多时候却与社会之安宁不一致，又是会相互抵触。但若用边沁主义，惠恤于人民中占大多数的中产以下的人民，以是为国家对于臣民之德义，而对少数富民征收巨额租税，则此最大多数的中产以下人民虽能得最大幸福，然于社会上、经济上、是过度消耗最为必要的少数人之财力，又削弱了中产以下最大多数人民纳税的已无心，这难道不是最为伤害社会之安宁幸福的吗？"

②　加藤弘之：《道德法律進化の理》，博文館，明治 33 年 4 月，第 112—113 页。

③　井上哲次郎：《明治の哲学界の回顧》，岩波書店，1932 年。

1891 年获文学博士学位。井上哲次郎的主要代表作有《哲学字汇》（1881）、《伦理新说》（1883）、《教育敕语衍义》（1891）、《教育与宗教的冲突》（1893）、《哲学丛书》第一卷第 1—3 集（1900—1901）、《日本阳明学派之哲学》（1900）、《伦理与宗教的关系》（1902）、《日本古学派之哲学》（1902）、《日本朱子学派之哲学》（1906）、《哲学与宗教》（1915）、《明治哲学界的回顾》（1932）等。

井上哲次郎 1890 年曾奉政府要求被召回国，政府指定井上哲次郎来起草《教育敕语衍义》并于 1891 年 9 月出版，此书作为经过文部省审查的、具有半官方性质的师范学校、中学的教科用书，影响很大，发行量据说达数十万册。起草《教育敕语衍义》背景是明治政府 1890 年 10 月 30 日以天皇的名义发布了《教育敕语》。"敕语"的公布在日本思想史上具有重大意义，"敕语"所列举的"孝于父母，友于兄弟，夫妇相和，朋友相信……"这些品德每一个单独看待似乎都正确。但贯穿在这些品德中间的主导旋律，是高调的国家至上主义伦理，而且每一个品德都以天皇的神圣权威为背景，这就等于宣布了国民所不能争辩的教条。在"宪法"中被利用为政治上中央集权之代表的天皇，在"敕语"中被利用为思想上的中央集权代表。这种天皇统治在实际上发展起来之后，天皇个人就作为"现人神"被神格化，国民作为"人的资源"被物格化，科学和哲学则被置于"教学"下面隶属于它。而《教育敕语》所表现的思想，就是要使"皇室与臣民之间在思想上结成新的君臣关系，以此来作为日本人国民道德的枢轴"。

发布《教育敕语》是明治期间政治转向的重要标志性事件。为了强化对天皇体制和政府权力的绝对服从，在"敕语"公布后，明治政府需要物色一个适当人物来担当起它的解释工作。井上哲次郎在自传中说明了政府为什么选用他的原因："在自明治维新开始后的约 20 年间的日本思想界，实际上很混沌，甚至危险之处不少。如问其原因，在维新前是尊王攘夷，但是维新后，突然一变而西洋化的倾向很明显。在急于输入西洋文化、采用西洋学术之余，无论什么都是非西洋化而不得满足。当然作为当时的形势虽是必要，但是过于急速西洋化的结果,便将过去所有的东西都看作没有任何价值的了。因为如此坚实的判断错误而偏向于西洋化这一个方面,国学者、儒教家、佛教徒都失去其势力,而完全不为社会所顾及。在这样的时代,当时根据国学者或汉学者所作的敕语解说,恐怕不为知识分子所尊信。那么让学洋学的人来做,又认为不能求得恰切的解释。因此我被选定来担当此任。我想大概因为我在留学之前攻读东洋的学问,然后在大学讲授东洋哲学史,然后在德国留学约7年间学习了西洋哲学,这样来推测,大概让我来作敕语的解说被认为比较恰当吧。"①由此说明可见,井上哲次郎的政治观点和日本早期启蒙思想家完全不同。

井上哲次郎在《敕语衍义》中写道:"现今社会的变迁太过急激,而且西洋诸国的学说教义等东渐以来,人们大都多歧亡羊。"②"敕语的目的在于学习孝悌忠信的德行,巩固国家的基础,培养共同爱国的义心,以备不虞之变。"③并提出其著名的关于国和家的理论:"国君之于国民,犹如父母之于子孙,即一国乃一家之扩充耳。"④之后井上哲次郎开始用以皇室为中心,国家主义为核心的忠君爱国、忠孝一本的国民道德思想,去批判以功利主义为首的英美道德思想。

井上哲次郎在此基础上建立的国民道德论,一方面与早先的启蒙主义道德论对立起来,另一方面又与同时代和稍后的学院派的伦理学对立起来。这一点决定了井上哲次郎的哲学思想在日本思想史上所占地位的重要标志。他批判启蒙主义道德论的主要论点,最明显地表现在他对于福泽谕吉的批判。他把福泽的学说断定为"多少带有物质主义的没有系统的功利主义"⑤。在这样规定了启蒙主义道德论之后,他说明自己的道德论的特征是与功利主义相对立的理想主义和与物质主义相对立的精神主义。井上哲次郎在《对明治哲学界的回顾》中

---

① 井上哲次郎:《井上哲次郎自传》,见岛菌進、矶前顺一编《井上哲次郎集》(第8卷),富山房1973年,第31页。
② 井上哲次郎:《勅語衍义》上卷,1891年9月,《勅語衍义叙》第4页B面。
③ 井上哲次郎:《勅語衍义》上卷,1891年9月,《勅語衍义叙》第3页A面。
④ 井上哲次郎:《勅語衍义》上卷,1891年9月,第10页A、B面。
⑤ 井上哲次郎:《明治哲学界の回顾》,岩波书店,1932年,第19页。

讲述了他于明治年间的哲学立场:"我基本上是站在理想主义一方,不断与主张唯物主义、功利主义、机械主义的人作斗争,最激烈的论战对手是加藤弘之博士。元良勇次郎虽是朋友,但在学术上常常发生冲突。"①加藤弘之与井上哲次郎之间曾展开过一场与功利主义相关的论战,关于这一场争论的经过,川尻文彦曾在一篇文章中有详细的描述。②

井上哲次郎曾说:"在维新以来学者受欢迎的伦理学说中功利主义占有相当大的分量,这是显著的事实。"③这是由于福泽谕吉所倡导的"独立自尊"以及加藤弘之的进步源于"爱己心"的理论,加强了功利主义作为道德思想的传播,使功利主义在日本社会的影响很大,于是他强调"功利主义作为国家经济主义一直是好的。但若将之作为关系个人唯一的道德主义则是不行的"④。

事实上,井上哲次郎与功利主义思想概念自明治期间进入日本后的整个接受传播过程密切相关,井上哲次郎在整个过程中扮演了十分重要的关键角色,甚至对日本社会理解接受功利主义思想概念造成了不可替代的影响。这主要体现在明治期间的若干关键历史节点上,他对"功利主义"在日本的传播过程中所发挥的重要的影响作用。

1880年井上哲次郎大学毕业后,由于当时日本已经大举引进了许多西方思想,虽然出现不少译著,但各种翻译用词并不统一,他致力于当时翻译西方哲学名词的用词统一,这是一项开创性的工作,其代表作为《哲学字汇》一书。板桥勇仁在研究日本哲学方法的时候曾说道:"井上哲次郎编撰《哲学字汇》所采用的译词,是现代日本人哲学用词的基础。从这一点来看,井上哲次郎哲学性的思索,甚至可以说是在

---

① 井上哲次郎:《对明治哲学界的回顾》,见卞崇道、王青主编:《明治哲学与文化》,北京:中国社会科学出版社,2005 年,第 150 页。
② 川尻文彦:《"自由"与"功利"——以梁启超的"功利主义"为中心》,《中山大学学报(社会科学版)》2009 年第 5 期。
③ 井上哲次郎:《哲学丛书》第 1 集,集文阁,1900 年 10 月,第 287 页。
④ 井上哲次郎:《哲学丛书》第 1 集,集文阁,1900 年 10 月,第 287 页。

日本尝试哲学性的思考中，昭示的某种必然倾向和命运。"①亚里士多德著名的哲学巨著 *Metaphysics* 的中文译名"形而上学"就是由井上哲次郎根据《易经·系辞上》中的"形而上者谓之道，形而下者谓之器"译出（中文日后也采用了"形而上学"的译法），可见井上哲次郎的影响力之大。

utilitarianism 这个词汇进入日本后，起初也有"利人之道、以利人为意之道、利用物之道、益人之道、益人为意、便利、利学、利益、道学、利用、实利主义"等林林总总若干不同的译词，直到井上哲次郎 1881 年在《哲学字汇》中首次采用了"功利"作为核心译词，才逐步将 utilitarianism 的翻译最终统一译为"功利主义"。而正是井上哲次郎对 utilitarianism 的译词误导了许多人对功利主义的理解，甚至为随后出现对功利主义的"污名化"埋下了一颗"地雷"。

研究功利主义的现代学者基本上都不认为"功利主义"是 utilitarianism 比较恰当的译词，其中一个关键的问题是"功利"往往给人以负面的理解。井上哲次郎的汉学水平非常高，应该不至于不了解中国典籍中"功利"的负面含义；他 1871 年就入长崎广运馆，跟美籍教师通过英文学习数学和历史等，英文能力应该也不会差，仅根据《哲学字汇》的蓝本 *Vocabulary of Philosophy*②，也可以在 deontology 的词条下见到提及边沁及 the principle of utilitarianism，所以井上哲次郎当时是有机会了解到 utilitarianism 这个词边沁原来的概念内涵（他也可借助当时的流行英语字典）。此外，《哲学字汇》中，井上哲次郎将 utility 标注为财经词汇③。井上哲次郎这一译词的标注选定显然认为该词是与经济钱财挂钩。有关井上哲次郎对 utilitarianism 的理解立场，在《哲学字汇》发表的同年（即明治 14 年），井上哲次郎曾以井上哲

---

① 板桥勇仁：《日本における哲学の方法—井上哲次郎から西田幾多郎—》，载《立正大学文学部论丛》(119)，2004 年 3 月。

② William Fleming, *Vocabulary of Philosophy*, *Mental*, *Moral*, *and Meta Physical*; *Quotations and References*; *For the Use of Student*, London and Glasgow: Richard Griffin and Company, 1858.

③ 井上哲次郎，有贺长雄编：《改订增补　哲学字汇》，日就社，1882 年 8 月，第 132 页。

二郎的署名在《东洋学艺杂志》发表了文章《学艺论》，文章中提及功利主义代表人物的穆勒，从而更加清晰反映出他对功利主义的态度。他写道："维新以来，洋学东渐，风俗一变。于是乎苟有余财者，读郭索文，而攻实际之学。然而恶习更有甚于昔日者。是无他。彼仅涉猎洋书数篇，则以为足。或夤缘就官，或铅椠着书。栖栖逐逐，求毫末之利，卖泡影之名。既无阐洪钧之蕴奥，又无探造化之妙工，鲁莽囵囵。走肉而长髯，枵腹而大言。傥取其策论，而条分缕析。则自弥儿极坐脱化而来者，芬芳有蒜土臭，不可咀啮。"①从这篇文章可以了解到井上哲次郎在编辑《哲学字汇》时，实际上就对功利主义的立场非常负面，称穆勒芬芳中带有"蒜土臭，不可咀啮"，这显然可以说明井上哲次郎当时是从负面来选择 utilitarianism 的译词。这个佐证非常有说服力。

综合以上这些情况，井上哲次郎在明治中期政治转向的背景下很有可能出于不赞同的立场来理解 utilitarianism，从中国典籍中有意识选用带有负面含义的词，将译词的理解与金钱相关联，井上哲次郎很可能是有意而为之的。菅原光在一系列比较研究后认为："将'功利主义'作为 utilitarianism 的翻译是在西周之后，在西周理解功利主义时并没有负面印象。"②井上哲次郎当年对穆勒学说的负面理解，应该是井上哲次郎为明治功利主义"污名化"埋下的一颗"地雷"的主要原因，从而导致了日后人们对功利主义的负面认识结果。

事实上，井上哲次郎不仅仅是 1882 年就对功利主义持有"蒜土臭，不可咀啮"的负面看法，此后也一直坚持他对功利主义的负面看法。1900 年他出版了关于阳明学的著作《日本阳明学派之哲学》，在谈到发行该书原因时，井上哲次郎谈到了他对功利主义的认识："维新以来世间之学者，或鼓吹功利主义，或主张利己主义，其结果所及，或将最终破坏我国之国民道德心。此虽出于其学问不能彻底之故，亦必将挫折国家之元气，荼毒风教之精髓。如功利主义者，为国家经济之主义则可，为个人唯一之道德主义则不可。为何？就两者而言，道德本

---

① 井上哲次郎：《学芸論》，《東洋学芸雑誌》1881 年 10 月第 1 号，第 13 页。

② 菅原光：《西周の政治思想—規律・功利・信》，ぺりかん社，2009 年，第 140 页。

为他律之物,而对心性道德之养成毫无效用。盖功利主义乃将人引至私欲之教诲,污蔑我邦自来视为之神圣心德之物。功利主义虽为精心构造之理论,然以其为德教则不足取。至如利己主义者,真不过为有害无益之诡辩。然而世间实有百态,亦有鼓吹功利主义或利己主义,欲图扑灭我国民之道德心者也。此则余不待此书之订正,而姑以稿本发行之故。我国之国民道德心,即心德之普遍化。心德实可谓我东洋道德之精髓。此书在东洋哲学史中虽不过大鼎中之一脔,余亦愿其庶己可为将心德之为何发扬于世界万国之一具。"①根据该文,不难了解到井上哲次郎从道德的制高点出发,仍对功利主义维持其严厉的批判态度。而井上哲次郎对功利主义更加全面的看法可见他的另一篇文章,他批判了功利主义的诸多方面,认为功利主义作为道德主义有六个缺点②:

1)功利主义正确的名称应该是利用主义,利用不在于将自己作为目的,而是为了达成其他的目的。因此以利用作为人生目的,这一点从开始就已经是错的。而以得到快乐为目的就难免会产生不道德的结果。因此纵观东西哲学史,没有听说过自古以来主张快乐主义起到了德化的功效。

2)功利主义是与动机论正相反的结果论,是在一个行为还未实施之前,以空想的结果作为判断依据。然而在实际生活中,空想与事实并不一定相一致。空想归根到底只是空想,功利主义亦是如此。行为的结果无论怎样精密地确定,不到最后也是无法计量的。欲事先确定后果属于不可能的事情。结果论很容易置于俗事之中,但在理论上却难免薄弱。

3)我等也主张人生的最终目的是增进社会的福祉,但实践道德的成功并不能期待从功利主义中得出。因为社会利益这件事情在实际生活中并不是一个可以明了的事物。关于社会利益,见仁见智。但

---

① 井上哲次郎:《日本陽明学派之哲学》,富山房,1900 年,绪论,第 2—4 页。
② 井上哲次郎:《维新以后的哲学》,载《哲学叢书》第 1 集,集文阁,1900 年 10 月,第 289—296 页。

是如最大多数的最大幸福,谁也无法去计算,则其实根本上属于不可能的事情。

4)企图最大多数的最大幸福其本身就是不可能的。只是宣传入耳容易,实际确定却很困难。最大多数的性质与数量难以得到统一。

5)幸福也好,利益也好,快乐也好都是因人而异的。功利主义既没有告知最大幸福应以何等的幸福作为标准,又主张通过客观的方式增进幸福,实乃谬见。因为幸福这件事情,本就全是主观的感受。想要通过客观确定幸福这种主观状态不过就如梦中梦一般的空论。

6)功利主义原是古代伊壁鸠鲁主义的复活,即快乐主义的异名。从伊壁鸠鲁开始,就主张比起劣等快乐,要得到高等的快乐。功利主义也是在于同样的目的的高等快乐。所以首先要辨明劣等快乐和高等快乐。这就要求功利主义者除了功利主义之外还要确立区分高等和劣等快乐的标准。这两种道德标准合二为一才能成为伦理道德。因此单纯的功利主义并不足以贯穿一切。

最后他强调没有心德的学说,就不可能感化民众。而根据他之前的理论,"忠君爱国"这种有德行的学说才会被人喜欢。只以利益强辩的伦理(如功利主义)则必然会被人厌烦。

1932 年井上哲次郎在回顾明治期间思想变化时,曾总结他自己对功利主义的看法:"像中岛力造那样翻译性地介绍西方伦理,完全讲授一般的普遍的伦理,丝毫不说东方伦理,特别是日本的国民道德,这实在是不切实际的做法。我认为无论如何伦理要融合东西方的伦理为一体来加以实行,所以我主张国民道德,努力弥补学术界的欠缺,使伦理成为切实可行的章法。若问国民道德是理想主义还是功利主义,我认为在享有福利的程度上与功利主义不矛盾;但不停留在此而远远突破了它并有所提高,当然是理想主义。"①

井上哲次郎也是一名国家主义者,他作为日本学院哲学的确立

---

① 井上哲次郎:《对明治哲学界的回顾》,见卜崇道、王青主编:《明治哲学与文化》,北京:中国社会科学出版社,2005 年,第 156 页。

者,对于明治、大正、昭和时代的日本思想界具有很大的影响。特别在明治哲学的发展过程中,他作为国民道德的鼓吹者,留下了绝不可忽视的痕迹,产生了很大的影响。从他的思想发展轨迹来看,他几乎一直站在英国古典功利主义的对立面上。尽管明治中期的政治转向对功利主义的社会认识造成的影响很大,但井上哲次郎在日本功利主义传播接受的过程中所发挥的个人作用依然不可忽视。

2.4.4 功利主义的"污名化"

综上所述,明治维新是维新改革者为了富国强兵,进而与西方列强争霸世界,而在政治、经济、思想、伦理道德诸领域进行系列变革的过程。但其政治结果是确立了特殊类型的近代国家体制、即日本近代天皇制,并形成了一个与之相适应的国家主义的伦理思想体系。

明治初期,由于"文明开化"政策,使日本社会一度醉心于西洋文明,出现了道德上的混乱——新旧思想交替时,必然会带来混乱。面对这种混乱,德川末期的思想家们曾经设想的应付西洋文明的"公式",即"东洋道德西洋艺",显得苍白无力。然而,那种道德上的混乱现象,并没有走向道德上的全盘西化,西洋道德被移植在日本国土上后变为含有日本传统伦理因素的日本启蒙伦理思想。这种启蒙伦理虽风行一时,但始终没有扎下牢固的根底,从它形成之日起就遇到了儒教伦理思想的拼命对抗,特别是在天皇制度的政治需求的制度安排下,经过反复较量,终于处于劣势地位。

明治初期,日本政府注重的是如何革除旧制度的弊端,更加关心如何有助于"殖产兴业"和"富国强兵",或者说他们的重点是如何改造和重新组织日本社会,以利于经济的发展。因此,当时的日本伦理思想界,着重移植穆勒"功利主义"思想要点,试图以其为参照系建立新的功利主义启蒙伦理思想体系,而这个做法本身也是着重于功利主义的实际效用。随着日本产业革命高潮的兴起和经济现代化的全面展开,以及明治政权的管理逐步完善,潜在于日本社会人心深处的传统伦理意识与西方近代伦理思想的冲突愈来愈激烈，特别是当出现服务于天皇制度政治需求时，建构一种为统治阶级服务的，包含传统伦理和西方近代伦理的统一思想体系，便成了当时官方伦理学的一个亟待解决的中心议题。天皇专制体制是具有浓厚封建色彩的国家体制，与之相匹配的是日本的传统皇国思想，而非西方的自由民主思想。这里的统一思想体系，不是指两种不同质的伦理文化简单混合或机械相加，而是要求两者逻辑的统一。因此，自日本近代天皇制国家确立以后，日本伦理思想界就不再满足于移植英国"功利主义"的伦理学，而是转向大量移植德国的唯意志主义伦理学，致力以"纯正哲学"或"形而上学"的哲学思想为基础的东西方伦理文化上逻辑的统一。

　　功利主义思想作为英美自由民权思想的代表，在这个阶段受到政治和思想上的打击，影响急转而下。明治思想家们一方面肯定"最大多数人的最大幸福"的终极目标，另一方面故意模糊其哲学含义与俗语之间的区别，夸大思想中利己的部分，从而使中性的"功利"成功地被"污名化"。这些思想家们混淆了边沁、穆勒功利主义思想和旧有封建儒家思想中的"功利"的含义，将耽于享乐、对利益不择手段均看作是功利主义的表现。最终在各方共同"努力"下，边沁、穆勒功利主义进入了消沉期，①明治初期，西周、福泽谕吉在内的启蒙思想家们引进功利主义的目的是开民智，改良日本社会。而随着中期日本社会有关理解"功利主义"的氛围的改观，明治中后期的日本大学生（包含一部分大学毕业生）在追求纯粹的学问的同时，对明治初期的学者或"非专家"的哲学论者已经带有轻蔑的态度。② 东京大学教授桑木严翼在《明治の哲学界》中就举例说到《哲学会杂志》上就有人批

---

① 桑木嚴翼：《明治の哲学界》，中央公論社，1943 年 3 月，第 27 页。原文谈及功利主义时写道："穆勒的功利主义——虽然利己、功利这样的词汇如果解释为贬义确实也可以。但绝不是说穆勒的功利主义是错的。西周或是福泽等人是抱着想要改良那个时代的目的引入的这个思想，多数人认为这个志向是必须要被看到的。"

② 桑木嚴翼：《明治の哲学界》，中央公論社，1943 年 3 月，第 50 页。文中写道："我认为，随着大学学生、毕业生等态度逐渐变得纯粹学问的同时，对明治初年的学者，或者对那个时代不是专家的哲学论者，多少有些轻蔑的态度。"

评西周。西周翻译穆勒的书籍在明治 20 年重新出版,在明治 21、22 年的时候,遭到哲学会杂志记者的批判。指出文中错译,并认为西周将穆勒 *Utilitarianism* 一书用汉语译出本身就是多余的事情。[①] 有一部分人认为,用中国文化来解释西方思想是源于日本自身文化的不自信。[②]

而《哲学字汇》作为哲学专业词汇选择"功利",因功利本身俗语的贬义意涵,使得普通百姓以及一些对于英语不擅长的日本学者很容易望文生义,与"拜金主义"等挂钩,这种"污名化"现象对于当时"功利主义"的传播是雪上加霜。

对此,究其原因,笔者认为大致有以下几点:

1)政治上,日本近代文化运动发生之初,便已经有了先天的矛盾。天皇制政体在维新中所追求的首要目标是需要坚决巩固"万世一系"的日本皇权。其手段是试图通过殖产兴业来发展日本经济,从而使日本成为国际强国。但是以巩固天皇政体作为前提下的日本现代化,其根本着眼点在于皇权,并不在其他。当自由民权运动危及皇权本身,以"明治天皇"为主的明治政府势必要加以干涉。如支持英国立宪制度的大隈重信在明治 14 年政变后下台,明治政府核心存留的是以倾向德意"普鲁士"政权的井上馨、伊藤博文等人。

2)社会上,"国家主义"的兴起,彻底将功利主义从道德角度推离主流。明治启蒙思想家都有着坚实的儒家基础。一方面启蒙思想家是希望可以通过新的西方技术和文化,改善日本当时落后的状态,另一方面却并没能提出一个能够替代儒家思想的新道德,这就决定了启蒙思想家对封建思想打击的不彻底性。这种情况下,当明治 14 年政变,明治政府统治相对稳定后,不断宣扬"皇权"思想,呼吁"儒家"道德的回归,在相关政策的推动下就得以十分顺利地开展。特别是《大日

---

① 桑木嚴翼:《明治の哲学界》,中央公論社,1943 年 3 月,第 50 页。

② 三浦国雄:《翻訳語と中国思想—「哲学字彙」を読む》,载《人文研究大阪市立大学文学部纪要》,1995 年 12 月 47 期。原文中写道:"大概井上他们一定认为,用来体现日本思想和表达的日语在与西欧文明与文化的对等性上并没有抗衡的能力。"

本帝国宪法》颁布后,终结了"鹿鸣馆"①时代,权力集中到天皇手中,明治政府对国家的掌控力达到了相当高的程度。

3)学术上,随着东京大学等大学的陆续出现,日本专门研究学问的组织初具雏形,学术的传播变得更加专业。一个时代的思想家往往关注的是同一时代的思想,而非是滞后的思想。从理论上分析,明治启蒙思想家们接触到的功利主义思想,并不是英国当年边沁的功利主义概念,其实是启蒙运动已经结束之后经穆勒修正后的功利主义概念。另外以"进化论"思想为例,该思想一经传入,迅速得到了以东京大学为代表的高端知识分子的认同。作为日本当时最高学问聚集地的"东京大学"作为权威所在,对社会学界的影响不言而喻。斯宾塞、达尔文思想成为当时哲学领域的热门学问。② 功利主义的受重视程度下降。

2.5 "功利主义"日本"中转"旅行总结

2.5.1 接受特点

日本明治初期功利主义接受的特点主要有以下几个方面:

(1)明治初期对于功利主义思想的接受涉及多个领域,穆勒、边沁著作流入日本时,译本种类涉及政治、经济、法律、哲学等多个学科领域。早在 1870 年西周就在《百学连环》总论中介绍了穆勒思想,《百学连环》中哲学的历史章节也简单提及了边沁③。1871 年福地源一郎

---

① 明治 16—20 年左右,日本政府为了与修改与西方列强之间的不平等条约,提出全面模仿西方政策。鹿鸣馆作为其中一环,上流社会欧化交流,频繁举行西洋风格的酒会,成为全面欧化标志性存在。因此这一时期也被称为鹿鸣馆时代。1887 年井上馨改订条约失败,社会上对全面欧化政策强烈批判,全面欧化政策失败,鹿鸣馆时代宣告终结。
② 桑木严翼:《明治の哲学界》,中央公论社,1943 年 3 月,第 32—38 页。"能够引入进化论是因为当时社会渐渐颇具雏形的大学。此外,在大学中人们也倡导进化论,哲学问题在大学中渐渐成了主要研究学问。""大学中也有研究穆勒、边沁,但进化论是当时学者之中最具势力的新学问学风。"
③ 西周:《百学连环 哲学二》,许伟克译,《或问》2014 年第 25 期,第 143 页。

翻译的《会社辩》摘抄了穆勒的经济学部分内容。1872 年中村正直翻译的《自由之理》是日本最早单独成册的穆勒译本。此后至 1900 年，穆勒著作译本共公开出版 16 种单行本，涉及经济、政治、哲学等方面 6 本穆勒著作。日本最早发行边沁译本的单行本是 1876 年何礼之翻译的《民法论纲》。这篇文章为边沁《道德与立法原理导论》法文版中的民法部分。此后截止到 1900 年，边沁著作共公开出版 10 种单行本，涉及法律、政治 7 本边沁著作。

据不完全统计，明治时期提及边沁、穆勒的书籍或论文共有 103 篇，其中包含边沁译本 10 本，穆勒译本 16 本。其中涉及穆勒的有 41 本，涉及方向有经济、政治、哲学（归纳演绎法、伦理道德等）；只涉及边沁的有 14 本，涉及方向有政治、法律及哲学；边沁、穆勒共同提及的有 48 本，涉及方向只有哲学。其中涉及的穆勒思想主要以经济、人权、逻辑学等为主，边沁主要以政治、法律为主。这与日本新政府实行的"求学于世界"的全面欧化政策不无关系。

（2）功利主义概念的接受以穆勒思想为主。值得注意的是，我们可以明显看出明治启蒙思想家最早并主要关注的是同一时期的穆勒的思想，但并未严格区分边沁和穆勒的功利思想，常常是将二者并列提出。如井上圆了在《伦理摘要》中所写"功利教以社会多数人的幸福利益为目的，为近世边沁、穆勒等人所倡导"；即便提及穆勒修正了边沁思想，也未能加以深入对比。如西周在《人世三宝说》中提到穆勒根据实证主义发展了边沁的功利主义的道德论，并将此看成"近代道德论的一大变革"①。当时日本社会主导思潮是实学，讲究简洁实用。尽管穆勒的"功利主义"与边沁之间的内涵有着很大的区别，但对于明治维新期间的日本来说，却是几乎将二者视为一体。具体来说，当时的日本社会主要是采纳了穆勒的"功利主义"思想中对当时社会有用的内容。

（3）明治启蒙思想家主要从经济（或利益）角度去解读功利主义，这是由当时民众基础和社会需求共同决定的。明治初期日本的社会

---

① 西周：《西先生論集：偶評》，1880 年 4 月。

还处于蒙昧状态,日本人长期受到"忠谅易直"①的教化,自视"奴隶",就是福泽谕吉所谓的"无气力人民"。如阪谷素在《書翻譯彌留氏利学書後》中所言:"西君见示其所译英人弥留氏利学书、其旨,大要表利于福祉之太元。明用于道德之正路,表的确实,本支精明。(中略)古昔蒙昧不可谕以理,则教法方便以诱之。示斯利之方向也。人智渐开,教以道理,劝以开物成务,达斯利之作用也。"②对于这种现状,以"利"诱之远比空洞的说理要更直接且更有效。

此外,明治的社会现实决定了必须要发展经济。国内失业者众多、政府费用增加,入不敷出。增发纸币导致物价飞涨,启用外债又偿还无望。进口超过输出,金货外流,船舰、兵器又需购诸国外。③ 国家的"内治"要求是"振兴国内产业,增加输出,勤于富强之路",即实行"殖产兴业"。外岩仓使节团归国后,便提出了要以英国为榜样的《有关殖产兴业的建议》。其中说到"大凡国家之强弱,系于人民之贫富,人民之贫富,系于物产之多寡,而物产之多寡,在于是否勉励人民之工业"等。并以英国为例,认为"其君臣一致,以其国家天然之利为基,扩大财用,以致巩固国家根基伟业,是我国……当为规范者"。④ 明治早期的启蒙思想家所推崇的源自英国的"功利主义"正迎合了这个以发展经济为先的社会需求,使之得以快速得到传播,扩大了影响。

(4)污名化。受政治影响,儒家忠君思想被倡导,自由、民主思想被打压。"功利"俗语含义带有浓重的贬义,普通百姓以及一些对于英语不擅长的日本学者很容易望文生义,将边沁穆勒的思想与现实中的

---

① 取自《礼记·乐记》:"致乐以治心,则易直子谅之心油然生矣。"孔颖达疏:"子谓子爱,谅谓诚信,言能深远详审此乐以治其心,则和易正直子爱诚信之心,油然从内而生矣。"西周用此词为贬义,意为腐朽思想所禁锢。西周在《国民気風論》对"忠谅易直"进行了批判,并认为正是因为这种特质导致了福泽谕吉所说的无气力的日本人。西周:《国民気風論》,见西周:《西先生論集:偶評》(卷二),土井光華,1880 年 4 月,第 52—62 页

② 阪谷素:《書翻譯彌留氏利学書後》,见弥尔氏:《利学 訳利学説》,西周译,島村利助掬翠楼藏版,1877 年,后记。

③ 指原安三:《明治政史》第 1 卷,第 443—444 页,转米庆余:《明治维新—日本资本主义的起步与形成》,北京:求实出版社,1988 年,第 75—76 页。

④ 米庆余:《明治维新—日本资本主义的起步与形成》,北京:求实出版社,1988 年,第 72 页。

"拜金主义"混淆,从而加以排斥。功利主义思想的传播受到日本社会、政治、文化、译者等诸多方面的影响。在这个过程中,日本社会理解的"功利主义"思想与边沁、穆勒原本思想有所偏差,只是更符合日本当时社会需要的走向。更因"功利主义"世俗化用语含义"污名化",使得广大社会民众(特别是没有西方知识认知的人)望文生义,产生不恰当的理解。

(5)明治启蒙思想家引入功利主义思想最主要出发点是改变国民思想,其目的却是富国强兵,抵御外敌。面对着西方国家的强权压迫,日本社会的共识是国家必须迅速地强大起来,一切以此为目的。日本思想家虽然在明治维新开始前,已经有人认识到当时落后的思想不能适应日本社会的发展,但真正行动起来还是借助外来力量的推动,并迅速采用了当时西方(欧洲)所流行的观念作为自己的思想武器,某种程度上讲,只是需要利用西方的观念来实现迅速发展的任务,这也符合日本实学的传统。

2.5.2　接受影响

自幕府末期儒教开始世俗化后,国民心态有强烈的儒教道德特征,即把获取利润视为不道德的行为。这种道德观念,显然是殖产兴业的一大障碍。在明治初期,以西周、福泽谕吉、加藤弘之等为代表的一批启蒙学者,积极地推进"文明开化"政策,或者从事翻译工作,或者亲自著书立说,传播"功利主义",批判有碍于经济发展的封建道德观。他们的努力使日本冲破了封建制度思想的羁绊,确立了近代国家体制,实现了民族独立。"功利主义"思想作为文明开化的舶来思想,虽然直接作用时间短暂,但给日本明治维新时期留下的影响却不容忽视。

(1)对打破"四民"身份等级束缚起到了加速的作用。虽然到了明治末期,日本君臣思想仍没有被清除,甚至是愈演愈烈。但是就反对封建的"四民"等级制度来说,功利主义带来的自由、平等思想起到了重要作用。自由民权运动中颇具影响力的立志社就以"人民尽皆平等,无贵贱尊卑之别"为口号,向民众传达四民平等的思想。其中在男女平等方面,穆勒的《男女同权论》更是起到了指引的作用。加藤弘之在《夫妇同权之流弊论》中所言"森、福泽两先生之夫妇同权论出,而夫妇之真理得渐明于世,随之从来蔑视夫妇之恶风与妄蓄妾之丑俗次第废灭,随之夫妇之同权真行于实际者可至也。两君之功绩岂可谓不伟大耶"。① "四民平等"的实现也为明治日本社会的发展起到了巨大的推动作用。

(2)功利主义被明治启蒙思想家们积极引入进日本是因为符合当时的日本国情。作为理论基础,"自由""人权"和"代议制政府"等的功利主义思想的流入,被日本自由民权运动所吸纳,为日本自由民权运动提供了理论支持。推进了日本政体和国体的改革。对日本宪法的修订起到了推动作用,②虽然日本自由民权运动最终被镇压,但是他们给明治新政府带去了巨大的冲击,加速了日本政体和宪法的确定。

(3)为日本经济发展作出了贡献。首先在经济理论基础方面,如堀经夫所言,探寻明治时代日本经济学的形成,绝不能遗漏穆勒之名。③ 从1871年(明治4年)福地源一郎的《会社辨》开始介绍穆勒的经济学理论,到之后穆勒的《经济学原理》被多次翻译出版、引用,对明治日本经济学基础的形成起到了重要作用,④为明治后期的经济学提供了系统的模板。作为文化思想,其"最大多数人的最大幸福"的终极目标也被日本社会所认同。按照麦迪逊《世界经济千年史》中的数据⑤,日本1820年GDP为207.4亿国际元,1870年为253.9亿国际

---

① 金井淳、小泽富夫:《日本思想论争史》,北京:北京大学出版社,2014年11月,第327页。

② 日本第一次的自由民权运动是以反对藩阀专制,争取扩大参政范围,并对外改约问题为主要内容的运动。米庆余:《明治维新 日本资本主义的起步与形成》,北京:求实出版社,1988年。

③ 堀经夫:《明治初期の思想に及ぼしたJ.S.ミルの影響》,《经济学研究》1957年1月,第57—87页。

④ 1886(明治19)年天野为之出版的《经济原论》的参考书目之一就是穆勒的 *Principles of Political Economy*。

⑤ 〔英〕安格斯·麦迪逊:《世界经济千年史》,伍晓鹰、许宪春等译,北京:北京大学出版社,2003年第1版,第199页。

元,明治维新前 50 年的复合增长率为 0.4％。相比而言,明治维新后 1870—1900 年 30 年间的复合增长率为 2.4％,1870—1920 年 50 年间的复合增长率为 2.7％。由此可见,明治维新后日本的 GDP 增速较明治维新之前有了大幅的提升。

随着明治政权所拟定的一系列与资本原始积累和产业革命有关的改革政策的实施,日本经济开始了有史以来的"第一次起飞",如果我们把当时的社会改革看作是当时日本经济发展的主要外在条件的话,那么,它主要的内在因素或活力则是源于日本在明治维新后所形成功利主义的价值观。功利主义在福泽谕吉等启蒙思想家的宣传下,为当时改变日本社会对财富的价值观取得了很多成效。然而,体现在明治时期的企业家身上的另一种成效是:他们蔑视只追求个人利益的生活信条和纯粹物质意义上的功利,主张为国家而无条件牺牲,不希望为获得个人财富而献身事业,极力避免用物质标准来衡量他们身份、地位的高低和事业的成败。日本企业家的精神导师涩泽荣一明确指出,企业家的目标不是追求最大的利润,而是为了谋求民族的进步,企业需要有强调共同体精神的儒家伦理思想,要为国家和公司利益真正取利,决不可钻营私利。在他看来,多生产利润并非富足的钥匙,只能是"为善之道"。

"功利主义"尽管在日本明治维新期间遭遇了"污名化",被偏离了其本意,但我们褪去时代限制的偏见,用客观的眼光重新审视这一时期的"功利主义",不难发现在当时的历史条件下,"功利主义"思想解放了日本民众对"利"的忌讳,推动了日本明治初期的经济发展,也发挥了促使社会进步的作用。

第三章 "功利主义"的中国之旅

近代西方学术思想向中国传播的历史过程,按照冯天瑜的阶段划分,"西学东渐"的第三阶段是中日甲午战争以后到民国初年间(十九世纪九十年代中期至"五四"),其主要是二个途径:"一是掌握了西文和西学的中国知识分子(如马建中、严复等)直接译自西书;二是从明治维新后的日本引入,传输主体是留日学生和寓居日本的政治流亡者(如梁启超等)。"①其中冯天瑜提及的"日本引入"正是当年功利主义以及其他源于西方的思想概念经日本中介后漂洋过海传入中国的历史背景。

有学者曾对日本的汉字新词、译词从何时起传入中国进行研究:"一般的看法是甲午战败之后清政府首次向日本派遣留学生(1896 年3 月);其后戊戌变法失败(1898 年秋),鼓吹改革的领袖人物康有为、梁启超等流亡日本,在东京创办《清议报》(1898)、《新民丛报》(1900),文章中多用日语词。1900 年以后留学生逐渐掌握日语,开始大规模地翻译日本书,日语词汇遂大量流入汉语。"②该研究的结果与本书所用功利主义一词传播进入中国的过程的史料非常吻合。柴萼《梵天庐丛录》的《新名词》③也写道:"数十年来。吾国文章。承受倭风最甚。……及留日学生兴。游学译编。依文直译。而梁氏新民丛报。考生奉为秘册。务为新语。"

---

① 冯天瑜:《新语探源—中西日文化互动与近代汉字术语形成》,北京:中华书局,2004 年,第 22 页。

② 沈国威:《近代中日词汇交流研究——汉字新词的创制、容受与共享》,北京:中华书局,2010 年,第 189 页。

③ 蔡萼:《梵天庐丛录》,北京:中华书局,1926 年(卷 27),第 33—34 页。

3.1 清末民初的中国社会状况

随着"西学东渐"大潮的兴起,功利主义在经过明治期间日本社会的中介后来到了中国。当时中国社会正是沉疴痼疾、满目疮痍,国家内外交困,社会呼唤变革。1840年,中英鸦片战争以中国失败而告终,闭关锁国、故步自封的局面被打破,西方列强用枪炮揭开了中国近代历史的序幕。用梁启超的话来说"吾国四千余年大梦之唤醒,实自甲午战败割台湾偿二百兆以后始也"。[①] 当时的中国社会在外国列强的冲击下,国内原有的多种矛盾不断激化,社会生存环境急剧恶化,造成社会结构秩序总体平衡遭到破坏。自给自足的农业自然经济和手工业经济的基础遭到破坏,原本极不稳定的小农经济因西方商品经济的强力冲击而渐趋瓦解。其结果直接导致中国传统社会发生深刻裂变,这种趋势直到民国初期,并未改变,中华民族的国家危机非但没有消除,反而愈演愈烈。

特别是甲午战争的惨败,使清政府的腐败无能彻底暴露,而随后力图维护清政府统治的戊戌变法也历时103天以失败告终。面对西方入侵、民族存亡的严峻局势,在中华民族生死存亡的时刻,日趋深重的国内外危机客观上促使国内各方志士仁人自觉担负起时代所赋予的历史责任,力求挽救民族危亡与国家命运。中国各阶层知识分子纷纷寻求新的救国之路。求强、求富、求独立成为当时各阶层有识之士的共识。在这样的社会背景下,随着西学东渐的交流推进,部分近代进步思想家积极引入西方伦理学说,试图借鉴并融汇西方近代功利主义思潮和实践经验,以批判封建纲常伦理,改造中国传统思想,促成中西伦理思想的融合,推动社会经济发展资本等方面发挥作用,由此逐步奠定中国近代社会转型的伦理基础。

通过日本学习吸收西方文化,在当时是一条事半功倍的捷径。此

---

① 梁启超:《梁启超全集》,北京:北京出版社,1999年,第181页。

时的中国与幕末明治初期的日本的社会境况比较相似,由于日本明治维新的"经验"、文化共通性以及费用成本等原因,日本成为当时中国社会变革学习的模板之一。在这样的背景下,留学日本成为热潮,甚至引起西学传播内容和方法的变化。为从西方找到救国方案,对西方民主政治学说的引进与传播都是前所未有的,其中通过日本对西方社会政治学说的大量引进成为当时西学东渐的重要特点。一批中国知识分子根据近代社会状况,探索救亡图存、强国富民的有效策略。他们译介西方学说,并将西方学说与晚清时局紧密结合,托译言志、译书经世,思考中国传统伦理道德问题,为倡导社会变革提供必要的理论支撑,作为西方思想代表的"功利主义"正是在这样的背景下被引进中国。

3.2 "功利主义"在中国的引入

"西学东渐"过程中,日本更是成为一些中国学者了解西方的重要媒介。梁启超在戊戌变法失败后流亡日本,尽管他在流亡日本的主观意愿上是被动的,但时间上与西学东渐的这一段的社会历史进程完全重叠,随即成为这一阶段西学东渐大潮中极具代表性的人物。梁启超通过《清议报》《新民丛报》等刊物,以前所未有的力度和广度向国内介绍西方新思潮、新文化,同时大力提倡改革中国的旧思想和旧文化,有力地推进了中国传统思想和文化的转型,1901 年 9 月到 1902 年 10 月期间,梁启超先后发表了 12 篇介绍西方哲学家的论文。① 相较于对学

---

① 《霍布士(Hobbes)学案》(1901 年 9 月,《清议报》96 号、97 号)、《斯片挪莎(Spinoza)学案》(1901 年 9 月,《清议报》97 号)、《卢梭(Rousseau)学案》(1901 年 10 月,《清议报》98 号、99 号)、《近世文明初祖二大家之学说上篇倍根(Bacon)实验派之学说(亦名格物派)》(1902 年 1 月,《新民丛报》1 号)、《近世文明初祖二大家之学说下篇笛卡儿(Descarete)怀疑派之学说》(1902 年 1 月,《新民丛报》2 号)、《天演学初祖达尔文(Darwin)之学说及其略传》(1902 年 2 月,《新民丛报》3 号)、《法理学大家孟德斯鸠(Montesquieu)之学说》(1902 年 2 月,《新民丛报》4 号、5 号)、《民译论钜子卢梭之学说》(1902 年 6—7 月,《新民丛报》11 号、12 号)、《乐利主义之泰斗边沁(Bentham)(转下页)

说的深入研究,他在形式上更偏向于百科全书式的介绍,同时需要指出的是尽管梁启超本人不能简单地被称为"政治家",但梁启超所写"启蒙文章"是为其政治实践服务的[①],梁启超的努力在中国近代史上发挥了非常重要的作用,对中国思想界产生了深远的影响。

3.2.1 梁启超与"功利主义"传播

当年梁启超为传播其新思想,除了亲自写了大量的文章外,在日本还创办了报纸,直接通过自己办的报纸扩大影响。他办的第一份报纸是《清议报》,每月 3 册,旬刊,每册约 40 页。从 1898 年 12 月 23 日《清议报》第一期至 1901 年 12 月 31 日止,共出 100 册,约 300 多万字。"大致《清议报》的平均销售数目,总在三千至四千份。由于清廷一再查禁梁启超的言论,群众的好奇心理反愈使《清议报》广传,读者人数当不下四五万人。"[②]《清议报》出完第 100 册因火灾等原因停刊,梁启超随即又创办了《新民丛报》,并于次年元旦发行。《新民丛报》为半月刊,每年 24 册,每册约五六万字。《新民丛报》于 1902 年 1 月 1 日出版,到 1907 年 10 月 15 日最后停刊,出版了 96 册。"本报首事不过数月,而印刷之数,自二千增至五千,读者之数,当自二万增至五万。……本报开办未及一年,承海内外大雅不弃,谬加奖励,发行总数递增至九千份。"[③]张朋园估计此后第二年、第三年、第四年《新民丛报》发行总数或许与第一年不相上下,大致在一万份左右。"以后任公又将每年报上论著汇订成册,计有壬寅(1902 年)、癸卯(1903 年)、甲辰(1904 年)、乙巳(1905 年)等编,其销售数已无法得知。"[④]由此可见新

(接上页)之学说》(1902 年 8 月,《新民丛报》15 号、16 号)、《进化论革命者颉德(B. Kidd)之学说》(1902 年 9 月,《新民丛报》18 号)、《斯密亚丹(Adam Smith)学说》(1902 年 10—12 月,《新民丛报》19 号、23 号)、《亚里士多德(Aristotle)之学说》(1902 年 10 月,《新民丛报》20 号、21 号)。

① 狭间直树:《梁启超·明治日本·西方—日本京都大学人文科学研究所共同研究报告》,北京:社会科学文献出版社,2001 年,第 68 页。

② 张朋园:《梁启超与清季革命》,长春:吉林出版集团有限责任公司,2007 年,第 188 页。

③ 张朋园:《梁启超与清季革命》,长春:吉林出版集团有限责任公司,2007 年,第 197 页。

④ 张朋园:《梁启超与清季革命》,长春:吉林出版集团有限责任公司,2007 年,第 197 页。

民丛报的影响力,可以肯定《清议报》《新民丛报》有一个广大的读者群体,梁启超学说思想通过《清议报》《新民丛报》的传播确实产生了很大的影响。

如1902梁启超发表著名的新民学说,其《新民说》和《新民议》文章就是通过《新民丛报》传播渠道得以扩散的。李泽厚在评价梁启超历史功绩时将梁启超定义为"启蒙宣传家",他认为:"梁氏所以更加出名,对中国知识分子影响更大,却主要还是就是戊戌政变后的1930年前梁氏日本创办《清议报》和《新民丛报》,撰写了一系列介绍、鼓吹资产阶级社会政治文化道德思想的文章的原故。……他作了当时革命派所忽视的广泛思想启蒙工作,他有意识地广泛介绍了西方资产阶级各种理论学说,作了各种《泰西学案》,同时极力鼓吹了一整套资产阶级的世界观、人生观和社会思想。如果说,严复的《天演论》以进化论的世界观激励起人们救国自强的热情;那末梁启超当年的大量论著则把这一观念更为具体地、生动活泼地贯彻和灌注到各个方面。"①

有关梁启超对功利主义传播,章士钊曾指出,"边沁学说之初见于吾国,实由《新民丛报》"②,肯定了梁启超在"功利主义"传播中的作用。关于梁启超对传播功利主义的具体贡献,通过对相关资料的查证可知,目前学界普遍认为国内首次公开提及"功利主义",是发表于1901年1月《清议报》的《霍布斯学案》③。但深入考证史料后发现,"功利主义"最早出现是在1899年10月25日《清议报》第31册上。文章作者是东京大同高等学校学生郑云汉,文中提及"德国之国家主义,英国之功利主义,法国之自由主义,即太平内之三世也"④。东京高等大同学校是梁启超等人募款创办,由梁启超任校长培养中国留日学生的教育机构。该文是通过《清议报》发表的郑云汉功课作业,文章对功利主义的介绍应该与梁启超有比较密切的关系。而梁启超4个月后于1900

---

① 李泽厚:《中国近代思想史论》,北京:人民出版社,1979年,第423,427页。
② 行严:《法律改造论》,《民立报》1912年7月3日。
③ 冯洁:《论戊戌时期的乐利学说》,华东师范大学博士学位论文,2009年,第28页。
④ 郑云汉:《东京大同高等学校功课》,《清议报》第31册,1899年10月25日,第21页。

年 2 月在《清议报》①以任公署名发表了《汗漫录（接前册）》②，这是梁启超首次公开提及"功利主义"，其用法与郑云汉文章的提法一致。③

经查阅，高山林次郎 1897 年发表的《奠都三十年》一书中对"功利主义"就有类似的表达，"福泽谕吉为代表的英吉利功利主义、中江兆江为代表的法兰西自由主义、加藤弘之为代表的德意志国家主义"④。这与《清议报》上的提法几乎一致。不难判断梁启超等人对"功利主义"的表达并不是他们的原创，很可能源于当时日本社会已有的提法。值得注意的是，1902 年广智书局出版了此书的中文版《日本维新三十年史》⑤，此书多处涉及当时各种"主义""思想"的称谓，如西洋主义、欧化主义、英吉利派之功利主义、法兰西派之自由主义、德意志派之国家主义、实利主义、平民主义等等。可见"功利主义"已经是当时比较流行的新思潮提法。另外，此书译者罗普与梁启超过从甚密，他曾与梁启超共同前往箱根读书，与梁启超共同编有《和文汉读法》一书⑥，并曾任梁启超的口语老师⑦，也与梁启超共同翻译过小说⑧。而《日本维新三十年史》序言的作者赵必振在该书中也提及上述各种"主义""思想"的称谓（译法），同样重复出现"英吉利派之功利主义、法兰西派之自由主

---

① 梁启超：《汗漫录（接前册）》，《清议报》第 36 册，1900 年 2 月 20 日，第 14 页。

② 梁启超在文中对"思潮三派壮"的注释中写道："日本明治间新思潮有三派，一英国之功利主义、二法国之共和主义、三德国之国家主义。"另梁启超创作该诗是于 1899 年 12 月 20 日离开横滨乘船去夏威夷的途中。见石云艳：《梁启超与日本》，天津：天津人民出版社，2005 年，第 538 页。

③ 郑云汉与梁启超用法实际上是源于当时日本学界的用法。梁启超对东京大同高等学校的讲义曾提出了"其利凡四"。1.不出门能知天下事，2.化乡里之愚昧无知，3.用费少、收效大，4.择西洋日本诸学之精华而教之。（彭泽周：《梁启超与东京大同高等学校》，见大陆杂志社编辑委员会：《近代史外国史研究论集》，1975 年 10 月，第 80—94 页。）基于上述理念，东京大同高等学校的讲义多参考的是日本其他学校的讲义。日本学界对西方知识的译词也必然影响了东京大同高等学校的师生们。

④ 高山林次郎：《奠都三十年：明治三十年史 明治卅年间国势一览》，东京：博文馆，1898 年。

⑤ 高山林次郎：《日本维新三十年史》，古同资译，上海：华通书局，1931 年（首版于 1902 年由广智书局发行），第 10 页。译者为罗普（原名文梯，字熙明，号孝高，笔名古同资）。

⑥ 丁文江、赵丰田：《梁启超年谱长编》，上海：上海人民出版社，1983 年，第 175 页。

⑦ 石云艳：《梁启超与日本》，天津：天津人民出版社，2005 年，第 51 页。

⑧ 《十五小豪杰》连载于 1902 年的《新民丛报》第 2—24 号。

义、德意志派之国家主义"的相同用法。赵必振曾任《清议报》《新民丛报》的校对、编辑,作为同事,与梁启超关系也应该比较密切。由此也可推断,"功利主义"一词当时并非仅有梁启超一人接受并使用,受到当时的日本学界的影响,已经被一批旅日青年学者使用。

梁启超曾在《新民丛报》发表《乐利主义泰斗边沁之学说》①一文,完整地阐述了他对 utilitarianism 的理解,对功利主义的传播发挥了作用。除上文提及的《霍布士学案》和《乐利主义泰斗边沁之学说》与功利主义有关外,梁启超还有十几篇文章涉及"功利主义"讨论,约 30 多万字。②

梁启超的人品感性、率真,他的文字笔锋犀利,饱含感情,具有很强的感染力。就这样,梁启超通过他特有的,流畅明白且"笔端常带感情"的文字语言,使他的文章源源不断地从日本传入中国,其中就包含"功利主义"思想概念,并在当时的中国社会产生了很大的影响。根据以上史实可知,梁启超确实在"功利主义"的传播过程中发挥了巨大的作用,无论是从明确介绍源自于英国功利主义的时间上,还是系统介绍功利主义内容上,以及所产生的影响效果上考察,梁启超无疑是中国"功利主义"传播第一人。

需要指出的是,尽管我们将梁启超作为推动功利主义在中国传播的第一人,某种程度上甚至可以理解为功利主义思想在中国传播的"主渠道",但从外来思想传播的角度考察,并非中国知识分子所接受的功利主义思想均源于梁启超的传播"渠道",西方功利主义思想还有其他途径传入中国并影响中国社会。如章士钊曾留学日、英,1908 至 1912 年在英国阿伯丁大学学习法律、政治和逻辑学。据章士钊自

---

① 梁启超:《梁启超全集》,北京:北京出版社,1999 年,第 1045 页。他注释为"西文原意则利益之义也"。

② 如《南海康先生传》(1901)、《论学术之势力左右世界》(1902)、《论中国学术思想变迁之大势》(1902)、《论立法权》(1902)、《政治学学理摭言》(1902)、《新民说》(1902)、《子墨子学说》(1904)、《德育鉴》(1905)、《中国立国大方针》(1912)、《"知不可为"主义与"为而不有"主义》(1921)、《墨子学案》(1921)、《颜李学派与现代教育思潮》(1924)、《要籍解题及其读法》(孟子之内容及其价值整理)(1923)、《王阳明知行合一之教》(1926)等。

述[1]，留英时记录边沁法家之学说梗概的稿件有十几册，遗憾的是后来不幸大半遭焚毁。显然他对边沁功利主义的理解并不来自梁启超的介绍。类似经历的还有杨昌济，他 1903 年起留学日本六年，1909 年起转赴英国留学三年多，在阿伯丁大学攻读哲学、伦理学等；1913 年春回国出任北京大学伦理学教授。杨昌济对边沁及"功利主义"非常熟悉，北京大学曾刊印杨昌济的《西洋伦理学史》与《西洋伦理学述评》作为教材[2]，书中包含介绍边沁及功利主义的内容，此书并非参考梁启超的文章撰写，可见杨昌济对边沁及功利主义的理解同样也不是来自梁启超的传播渠道。此外，穆勒著名的代表作《论自由》（*On Liberty*）早在 1903 年不仅被严复译为《群己权界论》，同年也被马君武译为《自由原理》。尽管译本中未有直接出现"功利主义"一词，但《论自由》中仍然渗透许多穆勒的"功利主义"思想，通过《论自由》的翻译，仍然可以间接传播"功利主义"相关概念。从这个角度讲，所谓"功利主义"概念除了通过梁启超的传播外，也还是有其他途径影响中国社会。以严复为例，虽然他对边沁"功利主义"认识有限，并没有直接宣传"功利主义"，但严复在当时翻译西方思想著作过程中，仍不可避免地借鉴了穆勒的《论自由》和逻辑体系中的功利主义思想，甚至斯密《国富论》中的效用原理。事实上，严复翻译《国富论》的原因之一是他认为这是一本讨论功利的书。他意识到，"除非我们尽一切努力改变回避谈论利的心理习惯，否则……我们的财富仍将不发达……如果利是禁忌，就不可能有经济学"[3]。

3.2.2　日本社会思想环境对梁启超的影响

　　梁启超戊戌变法失败后流亡日本，于是有机会通过日本翻译的西方著作和日本本土书籍，解决了原先没有渠道接触西方思想的问题。

---

① 章士钊：《原用》，《甲寅周刊》1926 年 1 月 30 日。
② 杨昌济：《西洋伦理学述评·西洋伦理学史》，长春：时代文艺出版社，2009 年。
③ 吴汝纶：《吴序》。见斯密：《原富》全 2 册，严复译，北京：北京时代华文书局，2014 年，第 18 页。

关于梁启超在日本学习西方思想的过程,郑匡民曾进行了研究,在他的书中有完整的描述。"当时梁启超与同门罗普在日本箱根读书,经过几个月的研索,创制出一种读日文书的方法,叫'和文汉读法',……梁启超正是利用其'和文汉读法'来广泛阅读日本书及日译西籍,才走上了治东学(即日本思想学术)的道路。而正是'东学'使他通过东籍,假途日本以了解西方,缩短了和西方的距离,拓宽了视野,'脑质为之改易'。在他流亡的十数年间,为了摄取价值观完全不同的西方文化,他几乎涉足了当时日本各个流派的领域,阅读了大量日籍,其中的思想,已深入了他的思想的'知层',经其所办《清议报》《新民丛报》《新小说报》等刊物向国内广泛传播,产生了深远的影响。"①

在到达日本第二年(1899 年),梁启超就已经接触到了穆勒思想,他在《饮冰室自由书—绪言》中写道。"西儒弥勒约翰曰:人群之进化,莫要于思想自由、言论自由、出版自由。"②这似乎表明梁启超已经开始接触穆勒,很大程度上有机会了解到功利主义思想。而当我们考察梁启超接受穆勒、边沁功利主义思想的具体过程时,需注意以下两个方面的问题。

首先,梁启超并不具备阅读英语原文的能力,对边沁、穆勒功利主义的理解主要是通过日语文献获得的。梁启超介绍功利主义的文章《乐利主义泰斗边沁之学说》所附参考文献中罗列了 12 本参考目录。其中只有 *Theory of Legislation* 一本书是边沁原著,其余均为日文书籍,且多为哲学论集,并非研究边沁专著。川尻文彦也指出:"梁启超《乐利主义泰斗边沁之学说》前半部分的'边沁之伦理说',依据陆奥宗光译《利学正宗》、加藤弘之《道德法律进化之理》、沃森《快乐派伦理》。后半部分的'边沁之政论'是对小野梓《国宪泛论》中边沁引文的摘引。"③虽然梁启超照搬日语文献原文的准确性还有待商榷,但是可以

---

① 郑匡民:《梁启超启蒙思想的东学背景》,上海:上海书店出版社,2003 年,第 2 页。
② 夏晓虹:《觉世与传世——梁启超的文学道路》,上海:上海人民出版社,1991 年,第 177 页。
③ 川尻文彦:《"自由"与"功利"——以梁启超的"功利主义"为中心》,《中山大学学报(社会科学版)》,2009 年第 5 期。

确定的是梁启超是通过日语文献理解并接受"功利主义"思想学说的。这样梁启超本人有关"功利主义"思想的形成显然会受到了日本学界的影响,正如郑匡民所指出:"由于梁启超是在日本的土地上通过日本人的译著或著作来了解西方的,所以梁启超所接受的西方思想,是一种被'日本化'了的西方思想,因此也可以这样说,中国近代所受到的西方思想的影响,在某种程度上,是一种受到了'日本化'的西方思想的影响。"①

其次,梁启超是1898年流亡到日本的,此时日本经历了明治初期的文明开化,已经引入了不少西方思想。但随后由于日本国内的政治思想转向,颁布《大日本帝国宪法》,确定了天皇立宪制度。在发生政治思想转向后,特别是已经开始了有关功利主义思想论辩(甚至涉及对功利主义污名化指责),当时的"功利主义"思想观念在日本思想界的地位与明治早期引入的"功利主义"观念相比较,已几经转变而"面目全非"。石川祯浩在"梁启超与文明的视点"一文指出:"梁启超所置身的世纪之交的日本,已不是《劝学篇》福泽的代表著作、《文明论之概略》标榜'文明之精神'的时代,而是早已经过了加藤弘之、陆羯南、德富苏峰等的'社会进化论'、'国民主义'、'国权主义'、'帝国主义论'的时代。……梁启超在日短短数年,就把明治时期日本的思想历程重走了一遍。"②所以当我们分析梁启超的功利主义思想来源,不能简单地将功利主义的思想来源与明治维新早期潮水般引入的西方思想直接挂钩,必须要仔细甄别。在这样的背景下,梁启超所了解到的"功利主义"思想观念很大程度上首先是日本学者所理解的思想概念,同时从时间节点上考察,也应该是日本国内政治思想转向后,已经出现诸如井上哲次郎采用污名化手法对待功利主义思想的现象,梁启超对功利主义思想的理解不可避免会受到这些情况的影响。

有关梁启超受到日本学者在翻译过程中的影响,可以从梁启超的

① 郑匡民:《梁启超启蒙思想的东学背景》,上海:上海书店出版社,2003年第2页。
② 狭间直树:《梁启超·明治日本·西方——日本京都大学人文科学研究所共同研究报告》,北京:社会科学文献出版社,2001年,第105页。

文章中找到不少例证。梁启超在《乐利主义泰斗边沁之学说》中写道："边氏之说博大精深,其著书浩如烟海,著者既未能遍读。"[1]事实上他多处采用了日文参考文献中的描述用法。如:"边沁乃于其《道德及立法之原理》书中,取旧道德之两说而料拣之。其一曰窒欲说,其二曰感情说。"几乎完全相同的表达可见梁启超所列日文参考文献纲岛荣一郎著《主楽派之伦理説》中"边沁认为与功利说相反的原理是禁欲说及感情说(ベンザムは功利説と反する原理を禁欲説及び感情説)"。另外梁启超在该文中曾提及 14 种快乐,其用词几乎和《主楽派之伦理説》中的论述一样。[2]

另外,梁启超在《论政府与人民之权限》一文中对"自由"、"权力"的理解就有中村正直译文的影响。在《乐利主义泰斗边沁之学说》的按语中,梁启超引用了加藤弘之《道德法律进化之理》中对于"爱己心"和"爱他心"的阐述。梁启超将"公德"概念与"功利主义"思想联系在一起,也是受到了当时日本社会的影响。当时的日本社会(包括文部省)普遍认识到日本人的"公德"欠缺阻碍了近代化的进程,"公德"的养成是日本亟待解决的课题。梁启超认为"公德"可以防止利己心问题。为了促进中国社会的进化,梁认为有必要将"利益"这个要素放进社会道德的构建中。[3]

关于将 utilitarianism 译为乐利主义,梁启超写道:"日本或译为快乐派,或译为功利派,或译为利用派。西文原意则利益之义也。吾今隐括本派之梗概定为今名。"[4]其中"快乐派""功利说"以及"利用论"一

---

[1]　梁启超:《梁启超全集》,北京:北京出版社,1999 年,第 1053 页。

[2]　纲岛荣一郎的表达是:"ベンザム快楽の種類を十四となし之れを列挙して日はく感の快楽、富の快楽、技巧の快楽、和好の快楽、令聞の快楽、権勢の快楽、敬虔の快楽、仁恵の快楽、悪意(Malevolence)の快楽、記憶の快楽、想像の快楽、豫想の快楽、聯想の快楽、救拯の快楽と。"梁启超的表达是:"(一)感觉之乐;(二)富财之乐;(三)技巧之乐;(四)友交之乐;(五)令名之乐;(六)权力之乐;(七)信仰之乐;(八)慈惠之乐;(九)恶意之乐(恶意者,英文之 Malevolence 也。);(十)记忆之乐;(十一)想像之乐;(十二)豫期之乐;(十三)联想之乐;(十四)救拯之乐。"

[3]　小林武、佐藤豐:《清末功利思想と日本》东京,研文出版社,2011 年,第 179、184—185 页。

[4]　梁启超:《梁启超全集》,北京:北京出版社,1999 年,第 1045 页。

词均在纲岛荣一郎的《快乐派伦理》《西洋伦理学史》之中有所体现。经查阅，实际上 1898 年—1902 年期间 19 本涉及功利主义思想的书籍中，日本使用最为频繁是"功利说（主义）"，共有 17 本。另外两本中的一本就是梁启超所参考的冈村司的《法学通论》，另一本是睨天逸史的《和漢泰西文学偉人伝》。前一本笔者没有找到原书，另一本书中则是采用"实利主义"。而"实利主义"恰恰没有出现在梁启超《乐利主义泰斗边沁之学说》之中。至于梁启超当时是察觉到了日本具有歧义译词的选取所带来的"污名化"效果。有意识地规避日本误导性的词汇，不采用功利主义，还是有什么其他不明的想法，尚有待进一步考察。尽管梁启超在这篇文章中对采用"乐利主义"作为译词，给出了一些解释，似乎梁启超有试图矫正错误译词的意向，但实际上梁启超在之后的文章中仍继续使用"功利主义"[①]。这表明梁启超并未认真坚持"乐利主义"译词。类似的例子还有"革命"一词，他曾专门撰文《释革》讨论该词，提议用"变革"代替"革命"，但随后继续使用"革命"一词。[②]

夏晓虹曾评价梁启超所受到日本社会的文化影响："伴随着强烈的求知欲的，是同样强烈的现实感，因而梁启超所考察的主要不是某一学理的真伪高低，而是其对中国现实的作用大小与正负。这使得他对东西洋文化的介绍带有很大的直接的功利目的。缺点是难得穷根究底，未免浅尝辄止，不见得十分准确、全面；优点是学以致用，很快能融进自己的思想体系中，并作用于中国现实。"[③]

3.2.3 《乐利主义泰斗边沁之学说》

1902 年 8 月，梁启超在《新民丛报》第 15、16 号的学说专栏上发表

---

① 中国之新民（梁启超）：《新民说二十三》，载《新民丛报》第 46 期，1904 年 2 月 14 日（光绪二十九年十二月二十九日），第 15 页等至少三篇文章。

② 实藤惠秀：《中国人留学日本史》，谭汝谦、林启彦译，北京：北京大学出版社，2012 年，第 294—295 页。

③ 夏晓虹：《觉世与传世——梁启超的文学道路》，上海：上海人民出版社，1991 年，第 190 页。

文章"乐利主义泰斗边沁之学说",该文是国内第一次系统地介绍"功利主义"思想的学术文章。梁启超此前虽然曾在其他文章中提及"功利主义",但并非专门阐述其对"功利主义"思想的理解,而该文章则比较完整地反映了梁启超对"功利主义"思想的理解。鉴于此文在梁启超传播功利主义思想过程中的重要性,有必要对它进行更为详细的解读,从而展开有关梁启超对"功利主义"思想最初认知的分析。

《乐利主义泰斗边沁之学说》文章分为三部分,首先是绪论及小传,主要包括梁启超的按语、边沁的生平介绍以及功利主义思想渊源。其后的二部分是分别从"伦理说"与"政法论"两个方面介绍边沁的思想。

1. 绪论及小传

第一部分绪论里,梁启超首先指出自宋朝以后,学者避讳不谈论快乐与利益,认为快乐与利益是道德的累赘,如果每个人谋求自己的快乐和利益,公共治理将混乱而难以成立。梁启超认为这显然与人的自然本性相背离,"人既生而有求乐求利之性质,则虽极力克之窒之,终不可得避"①。人生来就有求利求乐的本性,它是人之所以为人之基础,即使个体压抑自己的本性,个体的本性仍然存在。他推崇边沁的"苦乐"的理论,提出应该顺着人类的本性而将其导向有利的地方,发现快乐和利益的真相,使世人不拘泥于小的快乐而陷入大的痛苦,不因为小的利益而招致大的祸害。梁启超认为它对世道的进化将发挥很大的作用,并据此说明边沁功利主义作为"快乐和利益"之说为近代欧美国家如何开创了新天地。对 utilitarianism 的译词,梁启超虽然了解当时日本有"快乐派,功利派,利用派"的译法,但他根据"快乐和利益"的两方面意思,直接采用"乐利主义"作为译词,认为该词最能"隐括本派之梗概"②。

值得注意的是梁启超在这篇文章中,除认同边沁"最大多数之最大幸福"理论外,还将其放在与"进化论"相同高度的重要性来理解。

---

① 梁启超:《梁启超全集》,北京:北京出版社,1999 年,第 1045 页。
② 梁启超:《梁启超全集》,北京:北京出版社,1999 年,第 1045 页。

梁启超这种将边沁功利主义与"进化论"相提并论的思路为我们理解他对边沁学说的认识提供了新的角度。

2. 边沁之伦理说

在第二部分"边沁之伦理说"中，梁启超介绍了边沁对苦乐的分类和计量方式以及对善恶的制裁方式等内容。梁启超还特别添加按语，对边沁的一些观点做出自己的评论与解释，同时也比较了边沁的思想与穆勒思想的不同。

梁启超首先描述了边沁的"善恶"标准是"使人增长其幸福者，谓之善；使人减障其幸福者，谓之恶"；并称"此主义放诸四海而皆准，俟诸百世而不惑"。但对边沁学说中这个最重要的基础概念，梁启超随即转换成他新民说中的"公德私德"问题，简单直接地给予了他的定义："快乐和利益关乎社会全体成员的道德，被称为公德。关于成员个人的，被称为私德。"①梁启超进一步说明道，由于人群是无形抽象的一个整体。而它所得以成立的缘由，实际上是源自人群内每个个体结合在一起而构成的。那么所谓人群的利益，舍去人群内个体的利益便无法存在。边沁的"'人群公益'一语，实道德学上最要之义也。边氏乃创为公益私益是一非二之说"。②但梁启超的"公德私德"论实际上与边沁的功利主义的内涵并不相同。

梁启超还介绍了边沁对"窒欲说、感情说"的否定。梁启超同意边沁的观点，认为人求苦避乐就是"窒欲"，是逆反人性的。但他在所谓普通快乐和高尚快乐的区分上显然和边沁有不同看法。边沁只承认所谓快乐的数量，但梁启超认为人类具有高等性（Spiritual Life），与寻常的动物是不同的。所以在普通快乐之外，常有所谓特别高尚的快乐。这两种是不可兼得的。梁启超以中国传统文化的庄子之说为佐证，他理解所谓佛家的苦行、婆罗门教的苦行、耶稣基督的苦行都是为了寻找涅槃的快乐，或是寻求极乐净土，或是天国之乐，尽管人们看到的是他们的苦行，但从他们自身看来却是在追

---

① 梁启超：《梁启超全集》，北京：北京出版社，1999年，第1046页。
② 梁启超：《梁启超全集》，北京：北京出版社，1999年，第1046页。

寻快乐,这就是一种高尚的快乐。人们在面对普通快乐和高尚快乐时,往往会为了追求高尚的快乐而放弃普通的快乐,二者不可兼得。边沁批判"感情说"是以一己之好恶来判断是非。梁启超也认为这些学派立论的根据往往是缺乏科学性,所谓是非善恶是根据自己的判断,不合逻辑。

边沁提出以"苦乐"作为判断标准时,强调负有立法责任者,应该保护人类的"乐利",同时从善恶的标准出发,创建苦乐的计量方法,认为按照苦乐的大小来确定"善"和"恶"。梁启超基本上赞同边沁对于"苦乐"的理解,也赞同根据七个量度对所谓"苦乐"进行具体计算。此外梁启超还根据他自己的理解专门增加了一项标准,即根据苦乐的先后顺序来衡量。他认为先苦后乐,乐就会增加,而先乐后苦,苦就会增加,所以梁启超对此的理解跟边沁有些不同。这也反映了梁启超并不是完全盲从边沁的学说。

边沁对于苦乐种类进行了专门的分类,其中乐有 14 种,苦有 12 种。梁启超详细论述了边沁对于"苦乐"的分类,并指出边沁这种分类的原则并不是从性质上进行分类,而是根据引起"苦乐"的不同原因进行分类,所以边沁确实只重视苦乐量上的不同。梁启超认为边沁的计量法则包括三个方面:第一,比较各种快乐相互之间量的大小;第二,比较种种痛苦相互之间量的大小;第三,比较各种快乐与各种痛苦相互抵消的数量的大小。所有的行为的善恶,就是按照这个原则来判断的。

梁启超准确指出了边沁理论的所谓"硬伤",即常遭人诟病的,有关快乐只区别量,而不区别其质的处理。他对边沁的功利学说的这一部分,存在相当大的抵触。梁启超非常了解后来穆勒对边沁理论的修正。尽管穆勒的修正似乎和梁启超关于快乐量与质的看法一致,但由于穆勒判断快乐高低的标准是取决于舆论(public opinion),故梁启超并不认可,对穆勒的修正不以为然。在他看来,穆勒以肉欲之乐为下等,以智德之乐为高等的界定,若采用舆论作为标准,则高低将会易位。认为穆勒的做法与边沁的学说前后不能相互呼应,属画蛇添足,自相矛盾。在此,梁启超再次从中国传统文化的角度进行了他的解读,他举了佛陀的例子来说明。佛陀知道世间的快乐是无常的,因为无常,所以快乐之后必定继之以痛苦,而痛苦的数量也愈加增加,因此不如将烦恼的根源斩断,忍受小的痛苦而追求长远的快乐。故佛学是最精通算术的,也可以说是最善于应用边沁计量法则的。快乐的最高境界莫非是佛陀演说华严经。

梁启超认为边沁的乐利计算法较为完备,"圆满无憾",但边沁"则虽能知其术,而未能尽其用者也"①。该理论也容易误导民众,究其原因有两个:一个是天下不通晓算数的人太多;另一个是人们本身就有贪婪快乐、喜欢利益的本性,且不知什么是真正的快乐和利益。一旦听说功利主义之说,就立即借用功利主义的学理,来自我装扮,结果会使这些人沉溺于浅薄与昏庸之辈所谓的利益之中,相沿下去其弊无穷。梁启超认为边沁的理论,对这些人而言,几乎就像教猴爬树一样容易掌握,但并不知道怎么运用。所以全民教育尚未普及前,民族素质低下的情况下,该学说千万不能倡导。②

梁启超还介绍了边沁善恶苦乐的四种制裁力量之说。一是天然的制裁;二是政治制裁;三是道德的制裁;四是宗教的制裁。边沁提出四种制裁力,其目的是说明既然以苦乐作为善恶的标准,那么使人为善去恶的途径和力法,就只能根据人的本性加以引导。边沁认为天然的制裁,并不能以人力为转移;而他也不相信宗教的作用。边沁对于如何实行他的功利主义,使整个世界达到最大的幸福,认为要从改良政治、改良道德这两方面开始。改良道德,即建立个人的伦理(private ethics 即属于道德的制裁)。而个人伦理者,应该通过人人自己引导自己的行动,使自己达到幸福的法则。所谓改良政治就是通过政治立法(art of legislation 即属于政治的制裁)。而政府的立法,是使全体社会

---

① 梁启超:《梁启超全集》,北京:北京出版社,1999 年,第 1048 页。
② 梁启超原文为:"天下不明算学之人太多,彼其本有贪乐好利之性质,而又不知真乐利之所存。一闻乐利主义之言,辄借学理以自文,于是竟沉溺于浅夫昏子之所谓利,而流弊遂以无穷。边氏之论,几于教猱升木焉。故教育不普及,则乐利主义,万不可冒言。"见《梁启超全集》,北京:北京出版社,1999 年,第 1048 页。

成员获得最大幸福的方法。

梁启超随后再次提及边沁有关快乐的量与质的问题讨论,为边沁功利主义的缺陷辩护而引用了加藤学说。他把加藤强调的重点"利己"转化成了"利他"。反对功利主义的人会抨击功利主义学说中的公益与私益的关系同最大多数人的最大幸福之间是矛盾的。因为从实际来看,公益与私益不但不相互结合,反而往往相互冲突,这也确实非常普遍。梁启超并不同意穆勒由此对功利主义的修正。在梁启超看来,边沁的功利主义学说是成立的,他说:我虽没有必要竭力为它进行辩护,但如果辩护,也不是没有道理可说。根据加藤弘之《道德法律进化之理》,人类只有爱己心而无爱他心。爱己心包括两种,一种是纯粹的爱己心,一种是变相的爱己心,即爱他心。根据加藤的理论,爱他心是变相的爱己心,爱他人的目的就是爱自己。况且有时候由于爱自己的原因,而不得不爱他人。这种变相的爱己心(即爱他心)又分为两种:一种是天然的爱他心,一种是人为的爱他心。梁启超断定加藤弘之的理论可以成为边沁的重要支撑,甚至认为康有为、谭嗣同的相关观点也与边沁有某种程度的暗合。如果不爱他人,则自己的利益,也不能实现,而最终将招致失败(如经济学家由重商保护政策而转变为自由贸易政策,近世君主贵族让权于平民,都是由理智的爱人之心迫使他们采取这样行动的)。故此,梁启超认为边沁的学说是难以被驳倒的。然而,加藤弘之的《道德法律进化之理》是基于进化论,为日本天皇制国家统治秩序寻求伦理与法律上的根据。加藤也并不是在边沁功利主义所具有的西方普遍主义的个人自由、平等、奉献与积极的语境下的论述。加藤的理解与边沁的观点是不同的。笔者认为梁启超引用加藤观点为边沁理论辩护,实际上是梁试图用边沁的理论为其"新民论"思想进行背书,并从中找出一条公利与私利相协调的理论道路。

第二部分结尾时,梁启超再次强调不能和没有受过教育的人谈论功利主义。他们没有受过教育便不能思考,审查不准确,必将错用边沁的法则,自我毒害又毒害他人。因此,边沁的学说必然不能够适用于当今中国普通学界。① 而他之所以介绍功利主义是因为边沁这样杰出大师的影响已经流行上百年,全世界都因此而改变,那么中国学界的年轻人,需要对其了解并加以研究。这些看法再次表明梁启超对"功利主义"有所保留,并不是全盘接受。

3. 边沁之政法论

在第三部分"边沁之政法论"中,梁启超介绍了边沁的政法学说,包括功利主义原则在主权论、政权部分论、政本之职、议院全权论、废上议院论等十五个方面的运用。根据梁启超对边沁政法学说的介绍可以看出,他对边沁的政治法律思想基本上持积极的接受态度。

第一部分是关于边沁国家政权理论方面,包括第一至第三个方面:1.主权论。边沁认为国家主权应当归属于有选举权的人民。2.政权部分论。尽管美国独立后采用三权分立,且西方多国效仿,边沁却认为三权分立学说缺少了两个部分,一个是"选举议员之政",第二个是"解散议会之政",由行政长官解散国会是错误的。边沁认为这两个部分关系到国家政权之本,因此他主张在三权分立的基础上设立"政本之权"。3.论政本权的职权。边沁认为政本权应该归属于国民。不过梁启超表示由于未能读到边沁原文,对边沁的政本权之说未能肯定,且即便属实,也不认可。

第二部分是关于议会、议员以及选举方面。包括第四至第十个方面:1.边沁主张立法官应该有全权,议员在担任职务过程中不得受他人制约,这样履行职权就不会受干扰。2.主张议院需要一个,不能有两个,要求废除上议院,其理由是上议院以少数限制下议院的多数,边沁认为不合理。但梁启超了解到绝大多数国家都有上议院和下议院,对此也有保留。3.边沁在选举上持有普通选举的立场,认为不能以财产作为限制选举的条件,但女子及未成年男子以及不识字读书人者,皆没有选举权。梁启超认为边沁的选举设想实际上还是有选举限制,

---

① 梁启超原文为:"虽然,无教育之人,不可以语此。以其无教育,则不能思虑,审之不确,必误用其术,以自毒而毒人也。故边氏之学说,必非能适用于今日中国之普通学界者也。"见《梁启超全集》,北京:北京出版社,1999年,第1050页。

只不过限制的条件并不是财产。4. 主张直接选举,即由选民直接投票选举被选者。边沁认为间接选举选举出来的议员对人民的责任意识较轻,且间接选举人数势必较少,容易为私利而形成勾结在一起的集团。5. 主张匿名投票。在选举法中有记名选举、匿名选举之争,边沁主张匿名选举。6. 议员任期论。边沁主张每年选举每年更换,其好处是议员有渎职者可以及早罢黜,可以抑制议员营利的野心,使其有所忌惮不敢害群。7. 议院起案权。边沁认为议院必须拥有起草法案的权利。其理由有三点:一是起草法案的权利如果归属于行政官员,不利于调动议员的积极性,议院势必萎缩;二是起草法案的权利如果归属于行政官员则容易导致弊政;三是议院丧失了起草法案的权利,就必然只能通过反对法案的方法展现实力,很可能就将好的提案一并废弃了。所以只有使政府、议院同有起案权,才可以避免上述弊端。

第三部分是关于行政权方面,包括第十一至第十三方面:1. 行政官专职。主张行政官员应由一人专任。2. 主张设行政首长,而行政首长通过选举在人民中产生。3. 行政官责任。边沁认为法律必须实行,执行法律的行政官必须有责任,而有职有责就必须赏罚分明。对行政官的惩罚除治罪、赎刑、革职外,还要有舆论这种无形法律的制裁。

第四部分是关于司法方面,包括第十四、第十五部分的观点:1. 司法官员的选任。边沁反对由行政官员选任司法官员,他认为行政官员选任司法官员有三点弊端:一是行政官员并不知谁更适合能够担任司法官员;二是行政官员选任司法官员会导致权力集中,危害更大;三是会导致司法权与行政权结合,损害立法权地位。为此他主张设立一定资格,使法官中符合这一资格的一人或数人专任选举,由他们选举司法官。法官若有失职者,则由人民投票弹劾罢免。2. 陪审制度。边沁反对陪审制度,认为陪审弊多利少。陪审制度,至少有四点弊端:一是使法庭有缠扰纷杂之忧;二是法官减轻了对公众的责任;三是空费时日;四是会导致司法进程缓慢。梁启超指出边沁的理论认为所有的事物只要能使过半数的国民受到利益就可以采取,使过半数的国民利益受到损失就可以舍弃。

4. 文章小结

梁启超此文章长达一万两千多字,内容丰富,其中包括边沁个人经历、边沁主要著作、功利主义的历史溯源以及边沁学说的主要内容,甚至包括穆勒对边沁学说的修正以及相关的评议争论。尽管梁启超采用的参考资料是以二手的日文资料为主,但其描述核心内容的要点基本准确。从该文来看,梁启超对"功利主义"总体上是非常接受的,并提高到"进化论"的地位予以认可,重点是将其纳入他的"新民说"框架内,为其建立"民德、民智、民力"的主张提供论据。

需要引起注意的有以下几点。首先,梁启超尽管非常认可边沁的学说,但仍然有自己的独立理解,并没有全盘接受。如梁启超非常直接地指出了边沁理论中的"快乐"只区别量,而不区别其质的问题。同时穆勒的修正结论尽管似乎和梁启超关于快乐量与质的看法一致,但梁启超并不接受穆勒对边沁理论的修正思路,对穆勒认为判断快乐高低的标准取决于舆论的观点并不认同。另外,梁启超从中国当时的实际情况出发,对边沁的学说理论的倡导有所保留,认为在全民教育尚未普及、民族素质低下的情况下,"万不可冒言"。

其次,梁启超作为一名自幼接受严格传统儒家教育的中国知识分子,传统文化已在他的心中根深蒂固,使其对于中国的民族心理以及文化习惯有了深刻的认识,因此当他积极介绍西方的政治理论时,对当时社会的现实情况有所考虑。另一方面,当他理解边沁的思想时,虽然他所具有的人文学科理解能力使得他的看法具有深刻性,但其理解的角度和立场仍摆脱不了固有的中国传统文化影响。如梁启超借用了庄子、传统佛学的一些学说来说明他的见解。借用庄子"民食刍豢,麋鹿食荐,蝍蛆甘带,鸱鸦嗜鼠,四者孰知正味?"[①]来说明有关"痛苦与快乐"的苦乐感受;也用了佛教间的苦乐观来论证边沁理论的合理性,批驳穆勒对功利主义的修正。事实上,边沁的理论是基于经验主义的立场,根本反对宗教立场。但梁启超却用佛陀演说华严经举例为快乐的最高境界。

---

① 　梁启超:《梁启超全集》,北京:北京出版社,1999 年,第 1046 页。

第三,有关梁启超功利主义思想中对核心概念 utilitarianism 的理解,尽管梁启超基本接受边沁的学说,但从文章仍不难看出梁启超将边沁的 utilitarianism 理解为"利益",而这与边沁原先的立意差距甚大。他在提到该词的译名时专门解释道:"西文原意则利益之义。"而此处"利益"实际为满足个人欲望的物质利益(中国传统文化中义利之辨的"利"之意)。此外在文章中,梁启超曾引用严复的一段话:天下有浅薄的人,有昏庸的人,而没有真正的小人。为什么呢? 小人的见解不外乎是利益,但是使他们追求长久而真实的利益,则不和君子采用一样的法则是行不通的。人品极为低下而至于穿墙行窃的,坏到了极点。早晨偷窃金子而晚上便败露,取得之后凡可以得到而应该享受的利益而来交易,这如果算是利益,那么什么才算是祸害呢?① 从该引文中对利益的描述不难发现梁启超所谓"乐利"中的利即为中国传统"义利之辨"中所谓"利"的意思。此外,当梁启超在谈为什么乐利主义(即功利主义)不宜在中国传播时,从所论证过程看,其主要结论还是担心普通民众假借功利主义学理而沉溺于浅薄与昏庸之辈所谓的利益之中。但这里所涉及的关键词还是所谓乐利主义的"利",该"利"仍为利益之意,表明梁启超主要还是从利益的角度理解边沁功利主义的核心概念。结合日本社会明治中期后对功利主义的理解主要是从利益(物质财富)的角度出发并给予"污名化"处理的情况,梁启超非常可能在此方面受到日本当时社会舆论的影响。

3.2.4 "新民论"与"进化论"

尽管冯桂芬、王韬和郑观应等人认为在十九世纪下半叶中国就有了程度不同的"功利"意识,但"功利主义"这个带有西方标签的所谓"新思想"概念直到 1902 年才由梁启超引入中国。从表面上看,似乎是梁启超东渡日本后,受到了日本当时正在流行的功利主义思潮的影

---

① 原文为:"侯官严氏曰:'天下有浅夫,有昏子,而无真小人。何则? 小人之见不出乎利,然使其规长久真实之利,则不与君子同术固不可矣。人品之下至于穿窬,极矣。朝攫金而夕败露,取后此凡可得应享之利而易之,此而为利则何者为害耶?'"见《梁启超全集》,北京:北京出版社,1999 年,第 1048 页。

响,而后将功利主义概念引入中国。实际上很有可能是根据中国社会演变的现实,在社会中滋生蔓延了很久的功利意识与情绪,在梁启超这里以所谓西方"先进"的新思想概念又一次得到背书(严复是用进化论进行背书),并用"功利主义"的标识找到了一种明确的直接表达方式。

1. 梁启超功利学说与"进化论"

考察梁启超对功利主义的理解,需要将视野放大到当时的中国社会环境,包括综合理解当时流行的其他思潮及其与"功利主义"之间的相互作用,特别是当时几乎被认为是公理的"进化论"。当时在西学东渐的大背景下,以严复为首的启蒙思想家们积极译介西方的著作。一批批的留学生东渡,希望通过日本来更多地了解西方,并借鉴日本的成功经验。当梁启超了解到"进化论"后,非常赞同达尔文的进化论思想学说,马上拥抱接受,并运用这个理论来构建自己的学说。梁启超对达尔文的进化思想做了精辟的总结:"达尔文以为生物变迁之原因,皆由生存、竞争、优胜劣败之公例而来,而胜败之机有由于自然者,有由于人为者。由于自然者,谓之自然淘汰,由于人为者,谓之人事淘汰,淘汰不已,而种乃日进焉。"①特别是梁启超在日本期间创办杂志《清议报》和《新民丛报》并担任主笔时,大量使用诸如"进化""生存竞争""优胜劣败""适者生存"等与"进化论"有关的术语,这些术语迅速成为中国知识界非常熟悉的关键词。进化论思想在近代中国的救亡图存的运动中发挥了重要影响,它所倡导的生存竞争、优胜劣汰的原理使得知识分子们认识到国际社会的现实及其残酷,必须通过改革中国落后的社会制度、学习先进的科学技术才能在这个强者当道的世界中求得生存和发展。从某种程度上说,梁启超当时思路背后的理论支撑应该是进化论思想。梁启超在这篇介绍功利主义的著名文章中,完全认同边沁"最大多数之最大幸福"理论,并将其放在与"进化论"同等高度的重要性来理解。梁启超在文章中写道:"*近百年来于社会上有最有力之一语,曰'最大多数之最大幸福'。其影响于一切学理,殆与*

---

① 梁启超:《梁启超全集》,北京:北京出版社,1999年,第1037页。

'物竞天择优胜劣败'之语,同一价值。自此语出,而政治学、生计学、伦理学、群学、法律学,无不生一大变革。"由此可见梁启超不是从简单地介绍一门西方学说来推介边沁功利主义学说的,其对功利主义的认可程度可见一斑。

2. 梁启超功利学说与"新民论"

当时面对着西方列强的"坚船利炮",实现中华民族强盛已经成为具有忧患意识的中国知识分子的共同愿望。"救亡"的时代主题是梁启超伦理思想产生的深层背景。梁启超在经历百日维新的惨痛失败以及亡命日本后对西学的了解,其反思借鉴的结果使他认识到改造中国国民性的重要性。梁启超的新民论思想并不是一个完美的思想体系,但作为以"救亡图存"为出发点的近代伦理思想,在中国历史上仍然具有一定的意义。梁启超在数年思索探求后,指出:"中国之弱,由于民愚也。"①特别是在日本了解到近代西方启蒙思想以及日本明治维新后的变化,他深信只有提高国民素质,方能建立强大的现代中国。梁启超在 1902 年初就发表了《新民说》,开始提倡以"新民说"为基本内容的新民伦理思想,"国也者,积民而成。……欲其国之安富尊荣,则新民之道不可不讲"。②认为培养"新民"是当务之急,其中重中之重当推"民德"的培养。"新民"必须在"民智""民力""民德"上都有所作为,"淬厉其所本有而新之,采补其所本无而新之"。③研究梁启超新民伦理思想主要内容,不难发现新民说中的主要概念,如公德和私德、独立与合群、权利和义务、利己与利群等,实际上都与梁启超在这篇介绍边沁功利主义学说的文章中所提到的观点有直接或间接的关系。如梁启超在文章中专门谈到公德与私德的关系问题,"其乐利关于一群之总员者,谓之公德。关于群内各员之本身者,谓之私德"④。考察梁启超的"功利主义"学说,将其放入梁启超"新民论"的整体框架中看待,结合他在新民论中的观点,可以明显感觉到他对民族国家群体利

---

① 梁启超:《梁启超全集》,北京:北京出版社,1999 年,第 194 页。
② 梁启超:《梁启超全集》,北京:北京出版社,1999 年,第 655 页。
③ 梁启超:《梁启超全集》,北京:北京出版社,1999 年,第 657 页。
④ 梁启超:《梁启超全集》,北京:北京出版社,1999 年,第 1046 页。

益的重视和对"群己和谐"社会的渴望。

梁启超的思想观点,往往都带有国家"救亡图存"的主题,围绕这个主题,任何其他的思想学说,都被他加以利用,服务于时代救亡。梁启超对"功利主义"思想的吸收也不例外。他在文章中表达了这样的观点:利己可以利他、利群,利己是为了国家,利群也是为了国家。所以梁启超是将功利主义纳入新民说的框架内,功利主义被作为新民说的一个环节处理,而新民说则是列在"救亡图存"的主题下,被梁启超置于拯救国家的大目标之中。从这里可以认识到"功利主义"的作用已经从边沁年代作为一个重要社会原则的高度下降为梁启超新民说中的某一个环节的位置。

3.3　严复与"功利主义"

清末民初,中国内外交困,社会处于变革的关键时期。中国知识分子希望找到救国图强之策,挽国家于危难之中。西方思想通过中国知识分子的译介,纷纷传入中国。著名启蒙思想家严复就在此过程中扮演了重要的角色,他系统地介绍西学,被称为中国近代西学传播第一人。他以译介从未有过的新观念开启了中国知识分子乃至普通民众接受现代新思想的过程,特别是严复通过《天演论》所阐发的"物竞天择、适者生存"的进化论思想打开了国人接受西方新思想的大门,为中国近代新观念的更新起到了非常重要的作用。蔡元培认为:"五十年来介绍西洋哲学的,要推侯官严复为第一。"①胡适认同"严复为介绍近世思想之第一人。"②可是当具体讨论的有关功利主义在中国的传播,有部分学者认为严复通过翻译《天演论》成为国内第一个译介"功

---

① 蔡元培:《五十年来中国之哲学》,高平叔编:《蔡元培哲学论著》,石家庄:河北人民出版社,1985年,第274页。

② 胡适:《五十年来中国之文学》,姜义华主编:《胡适学术文集·新文学运动》,北京:中华书局,1993年,第106页。

利主义"的思想家①；最先系统介绍和宣传西方近代功利主义学说首见于严复笔下；②肯定了严复对引进功利主义所作出的贡献，严复被认为是传播英国"功利主义"的第一人。但是，严复真的是将"功利主义"引入中国的第一人吗？"功利主义"思想在中国的传播过程中，严复发挥了什么作用？严复的《天演论》中介绍了边沁、穆勒的"功利主义"思想吗？针对上述问题，笔者通过研究严复相关著作的文本，分析其功利观的核心思想，梳理了严复功利观的思想资源，试图厘清以上问题。

3.3.1　《天演论》及其他文本中的"功利"

本节重点对严复的著作文本中有关"功利"的表达进行梳理考察。《天演论》常被认为与严复引入"功利主义"相关并被引为论据的是严复在《天演论》中使用了"功利"词句的表达。

《天演论》中，只有三处出现含"功利"的词句，常被讨论的是出现在"群治十六"的复案中的二处"功利"，原句为："大抵东西古人之说，皆以功利为与义相反，若薰莸之必不可同器。而今人则谓生学之理，舍自营无以为存。但民智既开之后，则知非明道，则无以计功，非正谊，则无以谋利，功利何足病？"③众所周知，严复在《天演论》中，除译介正文外，往往还通过按语表达了他自己的思想观念。而以上所涉的这部分内容正是严复的按语部分，是严复自己的想法。这里提及的"功利"一词，实为严复针对当时中国社会现状所阐述的他的观点，其目的为纠正当时不问国计，轻视经济的"非功利"思想，并非赫胥黎原文的翻译。此外，严复此处的用词也与董仲舒、颜元用词完全一致，这些用词的表达正是传统中国传统"义利之辨"中经典词句。④　显然，严复是

---

① 冯洁：《论戊戌时期的乐利学说》，华东师范大学博士学位论文，2009 年，第 26 页；欧德良：《从梁启超看晚清功利主义学说》，《五邑大学学报（社会科学版）》2010 年第 4 期；张周志：《论中国近代以来功利主义的致思》，《宝鸡文理学院学报（社会科学版）》2000 年第 4 期。

② 张荣华：《功利主义在中国的历史命运》，《复旦学报（社会科学版）》1978 年第 6 期。

③ 赫胥黎：《天演论》，严复译，北京：商务印书馆，1981 年，第 92 页。

④ 董仲舒的表达为"正其谊不谋其利，明其道不计其功"；颜元的表达为"正其谊（义）以谋其利，明其道而计其功"；严复的表达为"非明道则无以计功，非正谊则无以谋利"。

从中国传统的义利观的角度进行阐述,严复只是在此文中赞同颜元的观点,反对属于传统主流的董仲舒,其学理脉络显然是根据中国传统"义利之辨"的框架所展开,显然与边沁、穆勒的西方功利主义的思想概念并无直接关联。

《天演论》中出现的第三处"功利"是在文章的"自序"中,严复批评当时某些人自满自足地认为了解西方学问,其实他们所追求的仍是在"功利"范围内。① 这里的"功利"应为中国传统文化中的"功名利禄"之意,同样与边沁、穆勒以实现最大多数人的最大幸福作为核心关切的"功利主义"不是同一意思,其表达的核心内容有显著差异。

综上,严复在《天演论》中所提及的"功利"并非边沁、穆勒所代表的英国古典"功利主义"。无论是从"功利"一词的出处还是该词的内涵表达,均未脱离中国传统功利观的框架。因此,本文认为严复通过翻译《天演论》而成为国内第一个译介"功利主义"第一人的观点是不成立的。

为了更全面了解严复"功利观"与西方"功利主义"之间的联系,须对严复的相关文章进行细致的文本求证。其中包括"严译八大名著"、17篇译文及1篇按语。此外,笔者对严复译文以外的其他文章也进行了查阅,通过《严复全集》②完成了对严复已经发表文章中包含核心用词"功利"的核验。根据查阅统计,在严复的译著、书信和文章中,包含"功利"的词句共在25处出现27次,其中包括"功利主义"2次,"功利之说"4次,"功利家"1次,"功利派"1次,其余均为"功利"。

两处"功利主义"分别出现在《群己权界论》和《法意》之中。《群己权界论》中"功利主义"一词相关的译文所对应的英文原文并无utilitarianism,而且英文原意也不含"功利主义"之意。文中严复采用意译手法,用"功利主义"比喻计算利益得失。另一处《法意》中含有"功利主义"的文字与英文原文并不对应。而是严复根据原文而撰写

---

① 严复原文:"彼之所务,不越功利之间,逞臆为谈,不咨其实。"大意为:他们刻意追求的东西,不会超出功业和福利的范围;这些人任凭自己的主观想法,妄发议论,不问实际。

② 汪征鲁、方宝川、马勇主编:《严复全集》,马勇、黄令坦点校,福州:福建教育出版社,2014年。

在表达其观点的"复案"中。结合上下文语境,此处"功利主义"的含义为"追求功用,追求实际用处"。

"功利之说"分别出现在《原富》《群学肄言》《泰晤士今战史——欧战缘起第一》及《政治讲义》中。《原富》中的"功利之说"出现在该书的"译事例言","译事例言"是严复为此书写的前言,并无英文所对应。此处的"功利之说"被严复用来描述有人批评斯密的《国富论》是纯粹追求"功利",仍然表达的是中国传统文化中的思想观念,与边沁、穆勒所提倡的 utilitarianism 并非同一概念。需要补充说明的是,1930 年以后商务印书馆出版的《原富》附有译名表,而译名表中将 utilitarianism 对应于"功利之说",但笔者查阅后发现原富正文中并没有"功利之说"一词,该词仅出现在"译事例言"中。通过该书的"严译名著丛刊例言"发现,编辑注明该译名表"将近日流行之名词,附列于后,使读者易于明了",但这极易误导读者,会认为严复在此书中将原文中的 utilitarianism 翻译为"功利之说"。日本学者佐藤丰①在研究中曾受此误导(其中包括《群己权界论》中"功利主义"用法)。《群学肄言》中的"功利之说"经校核,英文原文中并没有对应词,严复这里仅是借用"功利之说"表达人们过分重视物质富足。《泰晤士今战史——欧战缘起第一》一文中的"功利之说"也是指物质功利之意。

严复的《政治讲义》引用了 utilitarianism,原文为:"而谓国家所为,宜特重保护利益之旨,而轻蔑宗法、宗教者,其人必为守旧之人所痛疾,甚则其身不免刑戮,若秦之商君,其最著者也。中国如此,外国亦然。而群目主此者为 Utilitarianism,译曰功利派。"《政治讲义》问世时间是 1905 年,此时日本已经采用"功利"作为 utilitarianism 关键译词,严复可能是受梁启超将该译词从日本传到国内的影响,将此处译成了"功利派"。但严复似乎并没有理解该词的英文原意。这里使用的 utilitarianism,即功利派,被严复用作将"利益"与宗教对立起来的学说。其中的一个代表人物就是秦代的商鞅。众所周知,商鞅为了利

① 佐藤豊:《嚴復と功利主義》,受知教育大学研究报告(人文・社会科学编)54 期,2001 年 3 月。

益进行变法,遭到封建守旧势力的敌视,失败后遭到杀身之祸。通过严复所举的例子,便能看出此处的用词与边沁、穆勒所提倡的"功利主义"有一定的差异。根据戚学民①研究,《政治讲义》是严复基本依照 John Seeley 著 *An Introduction To Political Science* 一书写成。笔者核对了严复文中该处所对应《政治科学导论》英文②中的原意,确认严复对此进行了错误的解读。

"功利家"出现在 1906 年的《述黑格儿惟心论》中,严复在文中用括号注明了 utilitarian,并将 utilitarian 翻译成"功利家"。文中此处是作为对西方思想流派相应思想论述而出现的,但并没有对"功利家"做任何说明与解释。

其余"功利"的用法中,除上文提及的《天演论》中"功利"外,《群学肄言》中有二处出现"功利",实际含义分别为"好处"及"物质利益"。《群己权界论》中有一处"功利",其意为"自私"。《法意》中有三处使用"功利",均指"利益"。其他相关文章中使用的"功利"也大多为物质利益中"利"的含义。

综上,严复文章中 27 个含"功利"的主要含义,除 2 个词(功利派、功利家)仅用于标注介绍 utilitarian、utilitarianism 外,其余剩下的 25 个含"功利"的词句都表示为中国传统义利观中"利"的概念,似乎与边沁、穆勒的功利主义并无直接关系。

3.3.2 严复所译英文原著中相关英文词

utilitarianism、utilitarian 及 utility 这三个词汇是边沁、穆勒所代表英国功利主义思想的核心词汇。考虑到"严译八大名著"③英文原著中可能会出现上述三个关键词汇的情况,笔者对"严译八大名著"的英文原版进行了校验。即从英文译中文的方向对严复的译著进行了求

---

① 戚学民:《严复政治讲义研究》,北京:人民出版社,2014 年,第 23 页。

② Sir John Seeley: *An Introduction To Political Science*, London: Macmillanand Co., 1896, p.71.

③ 严译八大名著:《天演论》《原富》《群学肄言》《群己权界论》《穆勒名学》《社会通诠》《法意》《名学浅说》。

证。在严复所译的八部西方经典著作中,有四本著作出现了上述英文关键词。依照时间顺序排列,分别为《天演论》《群学肄言》《群己权界论》《法意》。

《天演论》的赫胥黎英文原文中出现一次 utilitarian。原文为 But it is curious reflect that a thoughtful drone (workers and queens would have no leisure for speculation) with a turn for ethical philosophy, must needs profess himself an intuitive moralist of the purest water. He would point out, with perfect justice, that the devotion of the workers to a life of ceaseless toil for a mere subsistence wage, cannot be accounted for either by enlightened selfishness, or by any other sort of utilitarian motives; since these bees begin to work, without experience or reflection, as they emerge from the cell in which they are hatched.[①] 赫胥黎原著中涉及 utilitarian 这段原意是:"工蜂为了仅能够维持生存的报酬而毕生不断地辛苦劳动,对工蜂的这种行为,既不能用开明的利己主义来解释,也不能用功利主义的动机来解释,因为工蜂一从蜂房孵化出来,就开始工作,既没有任何经验也来不及作任何思考。"严复译为:"设是群之中,有劳心者焉,则必其雄而不事之惰蜂,为其眠也。此其神识智计,必天之所纵而皆生而知之,而非由学而来,抑由悟而入也。设其中有劳力者焉,则必其半雌,盼盼然终其身为酿蓄之事,而所禀之食,特偰然仅足以自存。是细腰者,必皆安而行之,而非由墨之道以为人,抑由杨之道以自为也。"[②] 通过上述译文对照不难发现,文中严复采用了意译的手法阐述了对赫胥黎原著的理解。其中用墨子学说(主张兼爱)解说 enlightened selfishness,用杨朱学说(即不肯拔一毛以利天下)解说 utilitarian motives。由此可以看出,严复理解的 utilitarian 是自私利己的含义。

---

① Thomas Henry Huxley, *Evolution And Ethics*, Princeton University Press, 2009, Princeton, New Jersey, p. 25.
② 赫胥黎:《天演论》,严复译,北京:商务印书馆,1981 年,第 27 页。

《群学肄言》的英文原著中出现 2 次 utility、3 次 utilitarian,严复通过意译回避了其中 2 次的 utility 和 2 次的 utilitarian 的词义翻译。只对其中一处的 utilitarian① 用"道德者明体,达用"进行了翻译。严复译文为:"如以上所标之二义,无论古今新旧宗教之所维持,抑言道德者明体,达用,二家之所辨审,要皆与生学之所会通,而著为进化大例者合,其系于一群也斯为最尊之群德。"这段译文与原著的对应关系比较清晰。我们也可以从侧面了解到严复在 1903 年左右对边沁、穆勒所代表的英国功利主义学说的理解。"明体达用"是中国古代实学的一个重要概念,这个概念源自北宋教育家胡瑗,"体"原意为儒家传统道德,"用"原意为治事。"明体达用"即把经义和治事有机结合,其关键词是"经世致用"。综上我们可以看出,严复的理解与边沁、穆勒的"功利主义"核心概念是有本质上的区别。

对《群学肄言》的英文原著中出现其他几处的 utility、utilitarian,严复就直接忽略了。如原文为:Clearly, then, a visionary hope misleads those who think that in an imagined age of reason, which might forthwith replace an age of beliefs but partly rational, conduct would be correctly guided by a code directly based on considerations of utility. A utilitarian system of ethics cannot at present be rightly thought out even by the select few, and is quite beyond the mental reach of the many.②该段英文可翻译为:显然,一种不切实际的希望正在误导那些人,使他们认为一个想象中的理性时代,会即刻取代一个部分理性的信仰时代,基于实用性考虑基础上的一套原则就会正确地引导人们的行为。现在,精选出来的少数人也不可能正确地想出一套功利主义的价值体系,大多数的民众就更加无法掌握它了。严复译

---

① Herbert Spencer, *The Study of Sociology*, London: Henry S. King & Co., 1873, p. 350,英文原文为 Thus, that which sundry precepts of the current religion embody—that which ethical systems, intuitive or utilitarian, equally urge, is also that which Biology, genemlizmg the laws of life at large, dictates。

② Herbert Spencer, *The Study of Sociology*, London: Henry S. King & Co., 1873, p. 306.

文为：由是知近世爱智之家，有为人道新教，以代神道旧教者，其说为虚愿，而不可实见于施行也。夫人道之教出于思，由明而诚者也；神道之教本乎信，由诚而明者也。顾欲祖仁本义，由一切人事之宜，而张为法制，比在上智，犹或难之，况彼中材之众庶？① 严复此段用中国人的宗教观，来解释斯宾塞批判功利的宗教信仰的观点，文中他采用意译的手法并回避了 utilitarian system 的翻译。

《群学肄言》忽略 utilitarian 的另一个例子，英文原著为：All which, and many kindred facts, make it certain that the operativeness of a moral code depends much more on the emotious called forth by its injunctions, than on the consciousness of the utility of obeying such injunctions. The feelings drawn out during early life towards moral principles, by witnessing the social sanction and the religious sanction they possess, influence coduct far more than the perception that conformity to such principles conduces to welfare. And in the absence of the feelings which manifestations of these sanctions arouse, the utilitarian belief is commonly inadequate produce conformity.② 严复译为："彝训虽诚列，章则虽诚施，其所以行于群，本其所震动之情者多，由于所谛验之理者寡。民之生也，内有父母之仪，外有师保之训，而其严恪将顺，期无负于勤劬者，以所受者，为伦党所期，宗教所诫故耳。至于从之者福祥，逆之者祸灭，虽理有固，而本此意以制行者，抑其次矣。故使情有弗存，而理独为用，则其所以率民者，往往不足也。"③ 严复将原文最后一句中的"在缺乏由这些支持而引起的情感时，功利主义的信仰通常是不够产生对道德的顺从的"译为"故使情有弗存，而理独为用，则其所以率民者，往往不足也"。此处，严复仍通过意译的手法模糊了 utilitarian 的含义。

《群己权界论》的英文原著 *On Liberty* 中 7 处出现 utility，其中 4

---

① 斯宾塞：《群学肄言》，严复译，北京：商务印书馆，1981 年，第 234 页。
② Herbert Spencer：*The Study of Sociology*，London：Henry S. King & Co.，1873，p. 308.
③ 斯宾塞：《群学肄言》，严复译，北京：商务印书馆，1981 年，第 236 页。

处被译为"利害",3 处被译为"利"。而原著中穆勒用于说明亚里士多德与该学说关系时所用到的 utilitarianism,在严复的译文中并未呈现相对应的译词。英文为:while we know him as the head and prototype of all subsequent teachers of virtue, the source equally of the lofty inspiration of Plato and the judicious utilitarianism of Aristotle, "i mastri di color che sanno," the two headsprings of ethical as of all other philosophy.[①] 严复译为:"为道大能博,由其源而分为二流:得柏拉图之玄懿精深,上通帝谓矣;而又有亚理斯多德之权衡审当,广被民生。"[②] 此处用于说明亚里士多德发展慎思明辨"功利主义"的表达被"亚理斯多德之权衡审当,广被民生"替代。

严复《法意》的英语原著 *The Spirit of Laws* 中出现了 9 处 utility,都没有被严复翻译成"功利""实利"等词。其中有 3 处可以推断严复关注到了 utility,分别被翻译成了"大利""利实""利用"。此外,严复译本中出现的 3 处"功利"和 1 处"功利主义",在英文原著中均无英文原文与之对应。

严复对 utilitarianism 的忽视及不全面理解,是不是缘于其没有机会阅读边沁、穆勒的原著? 严复曾在英国留学,因为不明原因没能接触到边沁、穆勒英文原著的可能性极低。但考虑到严复从事国外原著翻译工作,一定会用到英文字典,据此考察严复所使用的字典,以求证严复是否接触到 utilitarianism 相关的英文文本。根据有关学者[③]的研究,严复 1903 年 1 月 31 日致熊元锷信里提到《韦氏大字典》(*Webster's International Dictionary of the English Language*)和《英语标准词典》(*A Standard Dictionary of the English Language*)。[④] 该研究除表明严复至少对这两种字典了解外,并通过

---

① John Stuart Mill, *On Liberty*, London: Longmans, green, Reader and Dyer, 1896, fourth edition, p. 46.

② 约翰·密尔:《群己权界论》,严复译,北京:商务印书馆,1981 年,第 26 页。

③ https://docs.qq.com/doc/DTXp4dU9FeVJYUWVJ.

④ 汪征鲁,方宝川,马勇主编:《严复全集》卷八,福州:福建教育出版社,2014 年,第 165 页。

严复在某原文书的手录注解，也证明他当年使用过《英语标准词典》。而当时的这两本字典中均收录了 utilitarianism 并给予了清晰的词义解释。这说明严复在翻译《原富》等原著的过程中，当接触到了代表边沁、穆勒功利主义思想的 utilitarian、utilitarianism 等英文词汇时，他至少是可以借助英文工具书的帮助，更准确地理解"功利主义"思想概念。由此可以推断，严复当时并非客观上没有条件理解边沁、穆勒 utilitarian、utilitarianism 的词汇涵义，只是他并没有对边沁、穆勒的"功利主义"给予必要的重点关注。

根据笔者对《严复全集》中所有文章中涉及"功利主义"的中英文关键词句使用情况进行的检索，结果表明，严复在其文章中几乎没有对边沁、穆勒的"功利主义"进行实质性的讨论。即使提及"功利主义"或与此相关的词语，也仅仅用于说明或论述其他观点，并非介绍"功利主义"学说本身。笔者对此也通过使用"功利主义"的核心概念，即"最大多数人的最大幸福原则"的中英文关键词进行验证，结论依旧。史华兹对此在《寻求富强：严复与西方》一书中也提及：one need not assume that Yen Fu is completely uninterested in the greatest happiness of the greatest number as an ultimate goal。[①] 川尻文彦将其解读为"精通英国思想的严复自身，看不出对英国的'功利主义'有多大兴趣，在他的其他著作中也没有对'功利主义'有更深刻的论述"[②]。

3.3.3 严复功利观与"开明自营"

在讨论严复功利观时，"开明自营"作为严复功利观的重要组成部分不应被忽略。严复关于"开明自营"的讨论，出现在《天演论》论十六群治的复案中。文中写道："问所以致之之道何如耳！故西人谓此为开明自营。开明自营，于道义必不背也。复所以谓理财计学为近世最

---

① Benjamin Schwartz, *In Search of Wealth & Power-Yen Fu and the West*, Cambridge: Massachusetts; London, England: The Belknap Press of Harvard University Press, p. 117.

② 川尻文彦：《"自由"与"功利"——以梁启超的"功利主义"为中心》，《中山大学学报（社会科学版）》2009 年第 5 期。

有功生民之学者,以其明两利为利。独利必不利故耳。"①而此处"开明自营"应该是源于斯密的经济学,即文中所提到的理财计学,是指斯密的经济学。

目前各文献中一般将英文 enlightened self-assertion 与"开明自营"对应。但在严复的译著原文中,并未查见此英文词组,仅能查到 self-assertion。对照译文,确有若干处严复将 self-assertion 译为"自营"。其中《天演论》英文原文有 6 处 self-assertion,而中文译本中有 15 处"自营",这应该是由于严复使用意译的手法,所以部分"自营"没有与原著的英文词完全对应。有学者②专门研究了严复用"自营"翻译 self-assertion 的情况,认为严复并非严格按照英文词原先的词意翻译,而是根据自己的理解将赫胥黎所强调的"各逞其意"转变成了"各逐其利"。另根据黄克武③的研究,"自营"在中国典籍也可理解为含有"私"的意思。

尽管《天演论》中,严复对"开明自营"的词意已经用"理财计学的两利为利,独必不利故耳"作了解释。但根据"原富"中出现的"自营"译词,通过查阅斯密英文原文中最初始的含意表达,以期更准确地帮助我们了解严复对"自营"的理解。

严复在《原富》④(部甲　篇二　论分功交易相因为用)中写道:"恃天下之各恤其私而已矣。人,自营之虫也,与自营之虫谋其所奉我者,是非有以成乎其私,固不可也。市于屠,酤于肆,籴乎高廪者之家,以资吾一飱之奉,非曰屠肆高廪者之仁有足恃也,恃是三者之各恤其私而已。"查阅《原富》中该段译文所对应的英文为:He will be more likely to prevail if he can interest their self-love in his favour, and shew them that it is for their own advantage to do for him what he requires of them. Whoever offers to another a bargain of any kind,

---

①　赫胥黎:《天演论》,严复译,北京:商务印书馆,1981 年,第 92 页。

②　汪毅夫:《〈天演论〉论从赫胥黎、严复到鲁迅》,《鲁迅研究月刊》1990 年第 10 期。

③　黄克武:《从追求正道到认同国族明末至清末中国公私观念的重整》,《国学论衡》第三辑——"甘肃中国传统文化研究会学术论文集",2004 年。

④　斯密:《原富》,严复译,北京:商务印书馆,1981 年,第 114 页。

proposes to do this. Give me that which I want, and you shall have this which you want, is the meaning of every such offer; and it is in this manner that we obtain from one another the far greater part of those good offices which we stand in need of. It is not from the benevolence of the butcher, the brewer, or the baker, that we expect our dinner, but from their regard to their own interest. [①]每当我们谈到经济学著名的"经济人假设"时,常常所引用的说明正是这段源自斯密《国富论》中的一段话:"我们每天所需要的食物和饮料,不是出自屠户、酿酒家和面包师的恩惠,而是出于他们自利的打算。我们不说唤起他们利他心的话,而说对他们有好处。"[②]显然严复这里是根据斯密的经济交换理论而理解所谓的"自营",其概念的内涵源于"经济人假设"。而"开明自营"应该是严复用一个比较正面的词"开明"去修饰一个带有个人私利的活动行为"自营"(即 enlightened + self-assertion)。而 enlightened self-assertion 很有可能是后人在"自营"对应 self-assertion 的基础上,根据严复使用开明一词,参照了 enlightened self-interest 而组合出的英文译词。这启发我们在分析严复"开明自营"的思想脉络时,也许可以理解为严复是通过他认可的中国传统文化"功利之说"中的"经世致用、实事实功"功利观解决了"自营"的合法性,而通过斯密的"经济人假设"接受了"开明"的必然性,这也许可以比较完整地解释严复"开明自营"所对应思想资源的来历。

3.3.4 严复"功利观"与"功利主义"比较

事实上,功利主义作为源于西方的思想概念,其内涵和外延与中国传统的功利观有许多不同。但这并不影响我们将严复的"功利观"与英国功利主义思想进行比较研究。

---

① Adam Smith, *An Inquiry Into the Nature and Causes of the Wealth of Nations*, Edinburgh: Thomas Nelson, 1843, p. 7.
② 斯密:《国富论》,北京:商务印书馆,2015 年,第 12 页。

首先，我们需要澄清严复对中国传统的重义轻利的批判是不是由于英国"功利主义"传播的影响所致。严复抨击"重义轻利"的年代，大体上也正是英国"功利主义"一词在中国开始传播的阶段。曾有部分学者便将严复的功利观与"功利主义"挂钩，认为严复的观点是受到"功利主义"思潮的影响。对此，我们需要将严复义利观中对传统观念进行的批判放在中国社会发展的历史进程中考察，寻求其内在逻辑上的联系。

事实上，早在明清之际就曾发生过"义"与"利"的争论。在中国传统社会向近代社会转型的重要过渡时期，包括李贽、黄宗羲、王夫之、顾炎武等在内的一批思想家，不断反思封建制度的缺陷，在传统"义利之辨"的框架下，抨击程朱理学空谈义理对社会和民族所带来的灾难性后果。正是在这一背景下，明末清初的进步思想家已经由崇德性开始向重学问转变，逐渐由空谈心性开始向经世致用转化。清末思想家面对当时严酷社会现实和历史教训，特别是面对西方列强入侵，认识到必须在注重传统修身养性的"内圣"之外探寻更为直接有效的理论以唤醒和引导人们用现实行动来争取强国富民。由此，这些思想家们开始从不同角度提出救亡图存的主张并开始实施，如"师夷长技以制夷"以及"中体西用"等都是基于此背景下提出的。严复也是在此背景下，积极参与激烈抨击传统观念的讨论，并在亚当·斯密经济学思想的影响下，提倡合理利己的"开明自营"。严复对传统"重义轻利"观念的批判，原则上仍然是在"义利之辨"的框架下展开，遵循的仍然是"义利之辨"的逻辑（包括使用的典型语句）。最重要的是严复此时所使用的思想资源仍是中国传统文化，并非英国"功利主义"。严复的重要主张"开明自营"虽然借鉴了斯密的"经济人假设"，并论证了其主张在社会生活发生的必然性，尽管该主张也确有现代性的因素，但严复仍不是从"功利主义"思想获得的资源，因此并不能判定严复此时对中国传统观念的批判是受"功利主义"思想的影响。

对比严复"功利观"与"功利主义"相对应的伦理价值观，不难发现在人性论的认识上,严复功利观的伦理基础和边沁功利主义是基本一致的。严复推崇自然人性论,认为善恶的道德观念都是由后天社会实践活动所决定,并提出以"人道以苦乐为究竟"[1]作为判断善恶的标准。严复认为人的本性就是去苦就乐,而人欲本身并无善恶而言,善恶的标准其实是能否符合人们"去苦求乐"的要求。边沁同样认为,人的本性是趋乐避苦,人类把实用效益和快乐作为天然诉求,不断追求幸福的目标、途径和成效。如边沁所指出:唯一能使人们清楚地看到自己所追求的行为的性质的方法,就是向他们指出这些行为的功利或祸害。[2] 功利主义学说根据对人是快乐还是痛苦的效用来判断道德上的善恶,即能给人带来利益和幸福的行为就是善,反之为恶。尽管严复"功利观"与"功利主义"思想在伦理观念的出发点上有着一致性,但这并不意味着严复的观念就是受到功利主义的影响而形成。

将严复的功利观与"功利主义"思想进一步比较,会发现严复"功利观"与以个人主义为价值取向的"功利主义"思想仍然有显著的区别。虽然严复的功利观在伦理价值观的人性论基础上与"功利主义"有相通之处,但在涉及个人与群体(社会)的关系上,其根本出发点却完全不同。

严复提出了"两相为利""义利合"的思想,所倡导的"开明自营"也为新的义利观在实践行动中指引了新的方向。在中国传统功利观中,不论是儒家思想体系内的功利论,还是墨家、法家的功利思想,在强调功利目的时普遍重视公利、民利,它们主张以利人、利天下为价值导向和评价善恶行为的价值尺度,大多反对以个人私利、唯私唯己作为功利行为的价值取向;在追求功利行为时普遍受道德规范的节制,它们主张"以义求利",求利"不可以无义",认为义既是求利的手段,又是求利的规则。始终强调公共利益,把社会利益或群体利益作为问题的出发点和落脚点,即使强调重利轻义,最后的利也是群体或整个社会的利益,并不支持将个人利益作为追求的目标。在中国传统思想文化

---

① 林肯黎:《天演论》,严复译,北京:商务印书馆,1981年,第46页。

② 边沁:《政府片论》,沈叔平译,北京:商务印书馆,2001年,第115—116页。

中，人被理解为整个社会的一员，个人的利益和命运依附于群体社会，个人的价值只有得到社会的认同才能实现。从这个角度来看严复功利论的立场，严复实际上并没有超越这个范畴。他并没有放弃诉诸整体性，弱化对国家民族整体利益的强烈关注，这决定了严复（甚至包括康有为、梁启超等近代学者的功利观思想）的立论根基和理论视野都不可能超出整体社会的概念。严复功利观尽管提出了对利的追求，但所含的个人利益并没有得到应有的重视，这与"功利主义"思想概念有本质的差异。

西方思想文化首先是将人作为个体的存在，每个人对自己负责，人被看成具有自由意志的个体，个人价值是通过自身的奋斗而取得的。在市场经济的基础上产生和发展起来的功利主义思想，体现了资产阶级自身利益。资本主义本身的发展过程正是贯彻个人原则，追求个人主体并寻求经济发展的过程。这种社会现实折射在伦理上，正是西方功利主义思想的意涵表达。在群体本位与个体本位问题上，严复的"功利观"与西方功利主义表现了不同价值取向，反映了不同的社会观念和民族精神。

值得注意的是，严复一方面对"功利主义"思想并不重视，另一方面却借助"理财计学"等经济思想来升级其功利观，这类经济思想逻辑最终被理解为经济学意义上的手段选择和必需的思想更新。想要探究其原因，就需要考虑当时的中国社会现状。

回顾当时中国的社会状况，随着 1840 年鸦片战争的爆发，国门被西方列强打开。中华民族面临着横遭外族入侵而力图"自强保种"的客观现实，如何在困境中寻求一条国家富强的道路，是当年中国知识分子迫切需要解决的问题。具有强烈士大夫社会责任感的严复，将译介西学与社会时局紧密结合，希望为社会变革提供强有力的理论支撑。面对中国经济落后的破败局面，严复首先批判了传统的义利相背论，通过对"利"的正确认识，强调推动社会经济的必要发展，增强国家经济的物质实力，当时不仅是严复，也是一批有识之士共同认可解决中国社会问题的重要良方。严复当时的思维逻辑是"依据西学，批判中学"。除译著外,他当时所发表的若干篇时论文章,也都明快有力,有着很强的针对性和说服力,产生了较大的社会影响。在这种实用性的思想指导下,严复对西方思想实际上是采用为我所用的有选择吸收,这一点从《天演论》中他对西方社会进化论思想的处理可见一斑。严复选择忽略具有现代性元素的"功利主义"思想原则,从他的"功利观"出发,优先考虑从经济上促进"国之富强"。从社会存在决定社会意识的视角出发,将严复的功利观放在上述历史背景下考察,不难理解严复选择所具有的进步意义以及其合理性。

最后需要说明的是,尽管严复没有对边沁、穆勒"功利主义"表现出兴趣,他自然也不是中国"功利主义"传播第一人。但如果将思考的范围扩大,考虑到严复分别曾经将穆勒的名著《论自由》翻译为《群己权界论》,穆勒的《逻辑学体系》翻译为《穆勒名学》并出版发行,从思想传播的角度考察,穆勒的这两本著作中所含有的"功利主义"思想无论是严复自己吸收在他的文章里,还是间接通过这两本著作的影响扩散,严复还是对"功利主义"在中国的传播作出了贡献的。至于有些人将严复当作中国"功利主义"传播第一人,最直接的依据是严复在《天演论》中自己写的按语(其实并不是原文的翻译)。通过前述的详尽分析可知,严复的该段按语虽然与"功利主义"无关,但却与"义利之辨"有关。这里严复和梁启超在吸收西方思想的目的上是相同的,都是试图借用外来的思想资源来帮助纠正中国传统思想中过分"重义轻利"的倾向,从而都以不同的表达方式参与了这场从晚清开始并一直延续的"义利之辨"讨论,所不同的只是严复借助了西方的"进化论"作为思想资源,梁启超借助边沁"功利主义"作为思想资源而已,他们两人借用西方思想资源用于"义利之辨"的学理逻辑其实是相同的。这也从一个侧面反映了严复、梁启超对西方思想的认知并不是由于一种个人的偶然性所导致,而是表明了中国知识分子在当时历史条件下接受西方思想的带有规律性的一种必然取向。

3.4 "功利主义"译词与概念传播

在中国社会接受边沁穆勒古典功利主义思想的过程中，有关 utilitarianism 的翻译，曾经出现过若干不同的译词。张法指出："差异甚大的不同文化间的核心价值概念如何对译，关系到不同文化在宇宙模式、信仰结构、神灵性质等诸核心问题上的对话。"[①] 从"西学东渐"过程中无法回避的西方概念译词问题出发，考察 utilitarianism 的汉语译词选择，可以了解外来思想概念在接受过程中的嬗变，本文为此考察了 utilitarianism 相关的汉语译词情况。

3.4.1 "功利主义"的译词

1. utilitarianism 最早的中文译词

有关 utilitarianism 与中国的渊源，可以追溯到十九世纪的"西学东渐"，通常我们所理解的"西学东渐"是指近代西方学术思想向中国传播的历史过程。本节这里讨论的时间周期，按照冯天瑜对"西学东渐"的阶段划分，是从十九世纪初叶至十九世纪九十年代中期的第二阶段。[②]

根据历史资料，utilitarianism 与中文的接触始于十九世纪中西文化交流中的英汉字典编纂，该词的首次中文译词出现在 1869 年 2 月出版的《英华字典》第四卷[③]，这本字典由德国传教士罗存德（Wilhelm Lobscheid）编写。而此前，在十九世纪上半叶中国出版的几本影响较

---

① 张法：《中国现代哲学语汇从古代汉语型到现代汉语型的演化》，《中国政法大学学报》2009 年第 1 期。

② 冯天瑜：《新语探源——中西日文化互动与近代汉字术语形成》，北京：中华书局，2004 年，第 18 页。

③ William Lobscheid, *English and Chinese Dictionary*, Hong Kong：Daily Press，1866—1869，p. 1903. 相关词条还收录了 utilitarian（a. 利用的，裨益的；n. 以人为意者，从利用物之道者）和 utility（n. 益，裨益，利益，俾益，加益，致益，有益）。

大的英华字典均未收录 utilitarianism，如马礼逊的《英华字典》（1822）、麦都思的《华英字典》（1842—1843）、卫三畏的《英华韵府历阶字典》（1844）等。罗存德并没有像马礼逊、卫三畏、麦都思那样选择《康熙字典》作为选词的词源参考，而是采用了当时西方比较权威的美国《韦氏大辞典》作为编辑《英华字典》的蓝本①。由此，utilitarianism 进入中国文化圈。

《英华字典》中 utilitarianism 的中文译词为"利人之道、以利人为意之道、利用物之道、益人之道、益人为意"。显然这样的短语对 utilitarianism 的理解并没有完成对该词的"词化"过程，即使用单一词汇来表达一个在语义上较为复杂的概念，从语言学的角度也可理解为这种译词的处理尚未实现该词的"概念化"过程。需要指出的是，由于该译词所表达的意思显然与边沁的原意有错位，当年的中国读者通过该译词很难得到对边沁原意的完整理解。实际上这并不是缺乏接触原文而理解有误所致，《英华字典》的编纂者即使未读边沁原著，也可以很容易从该字典的蓝本（《韦氏大辞典》）上的英文注释②中清晰地了解到边沁所提出的"最大多数人的最大幸福""是所有社会和政治制度的终极目标"以及"效用是道德行为的唯一标准，并且强调排斥上帝（神）的介入……"等核心信息。而这些含有抛弃传统观念、建立社会新规范的思想要点并没有被《英华字典》的中文译词所表达，该译词模糊了 utilitarianism 的原意。

根据沈国威的研究，中国在二十世纪之前的很长一段时间内"译词创造的工作是由来华西方传教士唱主角的，但由于传教士的汉语能力不足于造词，大多数情况下采用的是西士口述、中士笔录的方式，西士口述的说明性短语凝缩为词，汉译西书里的译词大都是这样形成的"③。出现了所谓"以西屈中"的情况，是由于"翻译方式上，在传教士

---

① 熊英：《罗存德及其〈英华字典〉研究》，北京外国语大学博士学位论文，2014 年，第 56 页。
② Webster Noah, *An American Dictionary of the English Language*, New York：Harper & Brothers, 1848, p.1100.
③ 沈国威：《词源探求与近代关键词研究》，《东亚观念史集刊》2012 年第 2 期，第 263—282 页。

的翻译过程中,有中国士人的参与,中国士人都占了比较重要的地位,加之翻译是在中国文化环境中进行,中国的社会、文化、思想构成了翻译的大环境。西方思想只有适应这一主体文化环境(大一统的农业社会,中央集权的文官体系,以儒家为主体的思想体系,灿烂而精致的文学艺术)才能被中国人士所理解"①。回到 utilitarianism 的中文译词"利人之道、以利人为意之道、利用物之道、益人之道、益人为意",如此具有中国传统文化痕迹的译词,有理由认为可能是译词选择具体操作层面上受到了当时参与翻译的中国士大夫的影响,这也许为认识当年的中国士大夫对 utilitarianism 的原初理解提供了一个新的角度。《英华字典》这种译法,其本质上是将边沁的思想原则放置于中国传统文化的话语框架中来理解(实际上边沁的思想属于另一个完全不同的思想框架),采用了类似于传统文化的"修身之道"的比附来进行匹配选词。针对中西交流中的类似现象,朱自清先生曾指出:"两种文化接触之初,这种曲为比附的地方大概是免不了的;人文科学更其如此,往往必须经过一个比附的时期,新的正确的系统才能成立。"②

在《英华字典》之后,一些比较有影响的英汉字典,如《卢公明英华萃林韵府》(1872)、《江德英华字典》(1882)、《麦嘉湖英厦辞典》(1883)仍未收录 utilitarianism 一词。冯镜如的《新增华英字典》(1897)虽然收录了该词,但基本上是对罗存德《英华字典》注释的摘抄。约四十年后,颜惠庆的《英华大辞典》(1908)才出现 utilitarianism 的中文翻译词条。根据相关史料,自《英华字典》的首次中文译词出现到 1900 年左右,目前尚未发现国内有涉及该思想传播方面的历史文献,表明这段时间内 utilitarianism 并未得到有效的传播并产生影响。

2. "功利主义"译词在中国的厘定

任何新词得到社会的广泛接受往往涉及一些关键节点,因此需要

---

① 张法:《中国现代哲学语汇从古代汉语型到现代汉语型的演化》,《中国政法大学学报》2009 年第 1 期。
② 朱自清:《朱自清全集》第三卷,长春:时代文艺出版社,2000 年,第 839 页。

对涉及"功利主义"在中国厘定的关键节点进行了梳理。

1903 年的《新尔雅》是清末民初由留日中国学生编写的新语词典，主要收录了西方的人文、自然科学方面的新概念术语，这些新词汇大多数来自当时的日语新词，该书对规范清末民初的译词发挥了作用。utilitarianism 在《新尔雅》书中被定义为："以功利为人类行为之标准者，谓之功利主义。"①

清政府针对当时词语混乱现象，也做过术语的厘定工作。1903 年同文馆改称"译学馆"，译学馆内设有文典处，负责术语选定的工作。1905 年清政府成立学部，1909 年学部下设"编定名词馆"，聘严复任总纂。1911 年发布的《伦理学中英名词对照表》收录 utilitarianism，译为"功利论派"。②

随着西学书籍的大量翻译，清末民初的传教士也意识到了译名需要统一的问题。1913 年，英国传教士李提摩太与季理斐编著的《哲学术语词汇》出版，这是当时传教士为统一术语所做的工作，其影响也很大。在《哲学术语词汇》中，utilitarianism 被译为"功利说（实利论）"③。

1915 年 10 月商务印书馆推出中国第一本近代国语辞典《辞源》。辞源编纂的主要动机是要解决清末民初出现的新词问题。《辞源》在现代汉语词汇体系形成过程中起到举足轻重的作用，一方面上溯古语，另一方面下接新词，扮演了承前启后的重要角色。在《辞源》中，utilitarianism 被译为"功利派"。④

张法对哲学辞典与中国现代哲学语汇的定型进行了研究，他认为："中国现代哲学语汇（1840—1930 年）是西化阶段，西方哲学语汇全面进入中国，并形成自己的基本定型，……清末制度改革中严复译语的出现和日语新词的流行，在严译语汇与日本新词的对决中，日本新词取得了决定性的胜利，形成了中国现代哲学语汇的基本面貌……日

---

① 汪荣宝、叶澜：《新尔雅》，上海：上海明权社，1903 年，第 69 页。
② 学部编订名词馆编撰：《伦理学中英名词对照表》，1911 年，第 3 页。
③ 李提摩太、季理斐编：《哲学术语词汇》（*A Dictionary of Philosophical Terms*），上海：上海广学会，1913 年，第 69 页。
④ 方毅等：《辞源》，上海：商务印书馆，1915 年，第 342 页。

本新词取得全面胜利之后,中国哲学语汇建立在西方哲学之上的哲学体系以辞典的形式进行了一次全面总结,其标志性成果是樊炳清1926年的《哲学辞典》。"[1]樊炳清的辞典是根据日文和英文资料编写的,对西方哲学文献的搜集和整理比较全面,蔡元培在为之撰写的序言中给予了高度评价。《哲学辞典》收录了 utilitarianism,将其译为"功利说、合理功利说"[2],并用了两千余字作了详细的解释。

《新尔雅》规范了来自日语的新词;《伦理学中英名词对照表》是官方编订的名词表;《哲学术语词汇》是西方来华传教士统一哲学术语的最终成果;《辞源》是第一本近代大型辞典;樊炳清的《哲学辞典》是哲学类专业辞典。这几本工具书当时都具有一定权威性,它们的收录对"功利"作为核心译词被社会接受发挥了重要的影响,也正是这些工具书的厘定对"功利主义"作为核心译词的确认并被社会接受起到了重要的作用。

3.4.2 "功利主义"概念传播

1. 研究方法的思考

当我们进行中国传统义利观问题讨论时,时间跨度可以很长,通常梳理的线索主要是一些可查阅的历史文献,往往是历代重要思想家的文本著作,通过其表达的观点来反映当时历史条件下所涉及的义利观的变化。但是在实际的历史情况下,义利观的考察会涉及一个"思想上的拒斥"与"行为上的接受"的问题。即在真实的社会现实中,往往当在思想层面讨论义利观相关问题时,公开场合很少有人会接受(赞同)偏向"利"的观念,但在处理实际情况时,其行动的真实意愿却往往与此相反,大多数社会民众还是偏向按照"利"的原则行事。这个实际现象提示我们,尽管在中国历史上,儒家重义轻利的思想观念一直作为主流意识占据着道德的制高点,但民众的日常生活中,"利"(利

---

① 张法:《中国现代哲学语汇从古代汉语型到现代汉语型的演化》,《中国政法大学学报》2009 年第 1 期

② 樊炳清:《哲学辞典》,上海:商务印书馆,1926 年,第 86 页。

益)的观念其实一直并没有被摒弃。似乎思想观念的社会与社会的思想观念并不一致。该现象与葛兆光在《中国思想史导论》中讨论中国思想史提到的问题比较类似。"人们一般会认定,真实的思想史历程就是由这些精英与经典构成的,他们的思想,是思想世界的精华,思想的精华进入了社会,不仅支配着政治,而且实实在在地支配着生活,它们的信奉者不仅是上层知识阶层,而且包括各种贵族、平民阶层,于是,描述那个世界上存在的精英与经典就描述了思想的世界。……思想与学术,有时候只是一种少数精英知识分子操练的场地,它常常是悬浮在社会与生活的上面的。真正的思想,也许要说是真正在生活与社会中支配人们对世界进行解释和理解的那些常识,它并不全在精英和经典中。"①显然,如果按照传统思想史的方法来回顾讨论中国传统社会义利观发展历程,尽管这对我们理解义利观发展历程是有帮助的,但也很有可能还是存在很大的片面性,至少不能展示出当时社会有关"义利"问题所涉及的更多面向的内容。为此,有必要对研究方法进行新的尝试。在此笔者试图依据当年社会层面的文献资料来了解中国近代社会的思想观念变化,这样可以不完全依靠对精英知识分子著作的分析。报刊资料数据库技术的进步,为民国期间浩如烟海的报刊书籍文本资料考察提供了技术上的可能性。通过数据化技术处理民国期间报刊书籍所获取的信息,便可以开展对"功利主义"进入中国后的传播过程中其观念变化的研究,以从更多的面向来反映当时社会对"功利主义"的接受理解情况。

十九世纪六十年代以后,中国人开始创建报刊,截至十九世纪九十年代中期已经创办了上百种报刊。此后,报刊这种传播形式开始在中国社会流行。到 1915 年《青年杂志》创刊时,全国已经有了 1000 种以上的报刊。在此之前,人们一般是通过著书立说和师友之间的函牍往来传播他们的思想,而报刊的出现彻底改变了这种状况,报刊可以吸引更多的读者,反过来这促进了报刊发行量的扩大,加强了信息的

---

① 葛兆光:《中国思想史导论 思想史的写法》,上海:复旦大学出版社,2013 年,第 9—10 页。

传播。尽管开始的读者受众主要是"士大夫读书之人",但由于报刊业发展本身的通俗化趋势,它们注意迎合民众的口味。如《申报》自创刊起就立足于一般市民,"记述当今时事,文则质而不俚,事则简而能详"①。许多报刊从创办开始就刊载一些文人投寄的各种文章,文章形式有杂谈、随笔、寓言、诗词、游记、短篇小说等等。严复在创办《国闻报》时就注意到内容的通俗性,根据报纸的性质具体分析读者的阅读需求,《国闻报》以连接市民社会为目的,将农工商的阅读需求放在非常重要的位置。② 随着民国期间报刊逐步被民众接受,其社会层面上越来越具有代表性,满足了我们试图通过民国报刊开展研究的基本要求,给考察当时社会思想传播的变化提供了新的途径,而当时比较有效传播西方新思想的媒介与方式也主要是报刊,19 世纪末到 20 世纪初,全国报纸种类增加了三倍以上。章清指出:"报章作用于社会的方式逐步深化,其直接的后果即是催生了'思想界'……,作为汉语新词,'思想界'及其他'界别'十九世纪末二十世纪初才出现,不仅与中国社会的转型密切相关,也构成'亚文化圈世界'逐步形成的重要标识。……在这样一个舞台,不仅读书人参与其中,呈现'你方唱罢我登台'的情形,而且,'公众'也加入进来。相应的,'思想界'也构成复杂的'场域':从写作到出版,从印刷到流通,从销售到阅读,即涉及由作者、出版者、读者所构成的'网络'。"③

总之,通过近代报刊考察有关"功利主义"的传播情况,正是为弥补仅仅通过社会精英文本著作的途径所存在的认知不足,避免只依靠社会精英著作所带来的片面性。

2. 梁启超"功利主义"用词考察

梁启超作为"西学东渐"的关键人物,是中国最早引进西方功利主

---

① 申报馆:《本馆告白》,1872 年 4 月 30 日,《申报》第一号。
② 有关近代报刊通俗化、大众化的讨论,参考了蒋建国:《办报与读报:晚清报刊大众化的探索与困惑》,载《新闻大学》2016 年第 2 期;李斌:《晚清报刊与文化大众化》,载《贵州社会科学》1996 年第 2 期。
③ 章清:《近代新型传播媒介所催生的"思想界"》,《中国社会科学报》2014 年 12 月 17 日,第 681 期。

义思想的学者,他在国内功利主义思想传播方面发挥了重要的作用。梁启超对"功利主义"概念的用词具有一定的典型意义,从"功利主义"用词出现的频次及含义进行考察,可以从一个角度观察到当年"功利主义"传播情况,并可以从另一个不同的角度同时考察梁启超对"功利主义"的理解。

如前文所述,梁启超对 utilitarianism 曾使用过"乐利主义""功利主义"等译词。此外,考虑到日本学界对梁启超选择译词的影响,将"实利主义"也列入考察的关键词。这里所考察的范围为《梁启超全集》(北京出版社 1999 年版,约 1066 万字)。涉及的关键词包括"功利主义""乐利主义""实利主义"以及"功利""乐利""实利"的使用情况。此外,为了进一步解析梁启超对"功利主义"思想的理解,也对功利主义思想的核心短语"最大多数之最大幸福"进行了考察。

前文已指出,"功利主义"一词在梁启超作品中,最早是出现于1899 年 10 月 25 日《清议报》中。梁启超文章中,相比较"乐利主义""实利主义"二词,"功利主义"一词使用的次数最多。梁启超全部著作(即北京出版社 1999 年版《梁启超全集》)中"功利主义"共出现 38 次。在含义上,依据该词所使用语境中的不同价值指向,可将其分为三类:

第一类,将"功利主义"视作急功近利、只求功名利禄,而不顾仁义礼智等道德要求的行为与倾向,价值上为贬义含义。如 1902 年发表的《新民说》第十八节论私德里面写道:"夫功利主义,在今且蔚成人国,昌之为一学说,学者非惟不羞称,且以为名高矣。阳明之学,在当时犹曰赘疣柄凿,其在今日,闻之而不却走不唾弃者几何? 虽然,吾今标一帜于此。同一事也,有所为而为之,与无所为而为之,其外形虽同,而其性质及其结果乃大异。试以爱国一义论之。爱国者,绝对者也,纯洁者也,若称名借号于爱国,以济其私时满其欲,则诚不如不知爱国不谈爱国者之为犹愈矣。"①

此类中还包括这样一些文献,尽管梁启超在文中明确表明所使用的"功利主义"一词是指源自西方,但是在具体内涵的解释上,依然从

---

① 梁启超:《梁启超全集》,北京:北京出版社,1999 年,第 722 页。

中国传统急功近利、物质主义的贬义角度解释。如 1901 年《南海康先生传》中的"墨子之非乐,此墨子所以不成为教主也。若非使人去苦而得乐,则宗教可无设也。而先生之言乐,与近世西儒所倡功利主义,谓人人各求其私利者有异。先生之论,凡常人乐凡俗之乐,而大人不可不乐高尚之乐"①。

第二类与第三类分别是使用"功利主义"表达西方功利主义以及中国传统功利思想。

第一类用法的含义占所有"功利主义"使用量的 60%,第二类用法24%,第三类 16%。

除了"功利主义",梁启超在其著作中也有使用过"乐利主义"与"实利主义"来表达"功利主义"思想。

梁启超在《乐利主义泰斗边沁之学说》中认为 utilitarianism 应译为"乐利主义",并给出了相应的理由。他甚至表示出应该矫正错误译词的意向。而"乐利主义"在梁启超文章中只出现过 17 次,其中绝大多数(13 次)出现在 1902 年《乐利主义泰斗边沁之学说》文章中。其他文章中只是偶尔使用,如 1919 年梁启超访问欧洲,对战后欧洲社会的凋敝非常关注,认为人们注重物质、利益与竞争而忽略了精神生活,于是在《欧游心影录》中指责欧洲"什么乐利主义、强权主义越发得势"②,这里的"乐利主义"应该是代表 utilitarianism。另外梁启超 1921 年在《墨子学案》一文使用了 2 次"乐利主义"。其中一次用来表示边沁的功利主义,另一次却是用来表示墨子的思想"既主张乐利主义,又要非乐;既提倡宗教思想,却不言他界来生。这都是矛盾地方,充以此为墨术不传之原因,确为正论"。③ 尽管梁启超最初在介绍"功利主义"思想时主张使用"乐利主义",但是在他此后的文章中,梁启超并没有坚持"乐利主义"这一用法,对"乐利主义"的用法略显随意。

另一个曾经被梁启超用来指称"功利主义"思想概念的语词为"实

① 梁启超:《梁启超全集》,北京:北京出版社,1999 年,第 489 页。
② 梁启超:《梁启超全集》,北京:北京出版社,1999 年,第 2972 页。
③ 梁启超:《梁启超全集》,北京:北京出版社,1999 年,第 3298 页。

利主义"。1902 年梁启超在《东籍月旦》中写道:"河津氏之书,乃奉文部省命所译,倍因氏主张实利主义者也。其书上篇论道德之意义性质,下篇详论希腊以来诸大家之说。珂氏则主张直觉说,而抑实利说,两书对照,颇有可观。斯宾塞之名,久为我国人所知,其论伦理道德,主张幸福主义,而归本于进化,但译本颇不能达其意。"①"实利主义"在梁启超文章中被使用了 22 次,其中 19 处"实利主义"用于指代墨子思想,主要出现于《子墨子学说》与《墨子学案》中。对于将墨子思想称为"实利主义",梁启超写道:"墨子之所以自律及教其徒者,皆以是也。虽然,墨子之所以新断言利者,其目的固在利人;而所以达此目的之手段,则又因人之利己心而导之。故墨学者,实圆满之实利主义也。"②

另有 2 处"实利主义",被用于表示急功近利、追名逐利。梁启超在 1920 年《清代学术概论》的序言中写道:"今时局机运稍稍变矣,天下方竞言文化事业,而社会之风尚,犹有足以为学术之大障者。则受外界经济之影响,实利主义兴,多金为上,位尊次之,而对于学者之态度,则含有迂远不适用之意味,而一方则谈玄之风犹未变,民治也,社会也,与变法维新立宪革命等是一名词耳,有以异乎? 无以异乎? 此则愿当世君子有以力矫之矣。"③由此可知,梁启超的"实利主义"主要是用于指称墨子的思想概念,但偶尔也被用于指"功利主义"或"功利"。

与"功利主义""乐利主义""实利主义"直接相关的三个语词为"功利""乐利""实利",有必要就梁启超对这三个词语的用法与含义进行了分析。

古汉语词典解释"功利"有两种含义:第一种含义是功名利益,如《荀子·富国》中的"事业所恶也,功利所好也"。第二种含义为功效收益,如《汉书·沟洫志》中的"是时方事匈奴,兴功利,言便宜者甚众"。④

在梁启超全集中,"功利"共出现了 46 次,用法主要集中在第一种

---

① 梁启超:《梁启超全集》,北京:北京出版社,1999 年,第 328 页。
② 梁启超:《梁启超全集》,北京:北京出版社,1999 年,第 3167 页。
③ 梁启超:《梁启超全集》,北京:北京出版社,1999 年,第 3066 页。
④ 《古代汉语词典》编写组编:《古代汉语词典》,北京:商务印书馆,2003 年,第 471 页。

含义,有 30 次为此种用法。如梁启超在《德育鉴》中写道的:"功利之习,沦肌浃髓,苟非鞭辟近里之学。常见无动之过,则一时感发之明,不足以胜隐微深痼之蔽。故虽高明,率喜顿悟而厌积渐,任超脱而畏检束,谈元妙而鄙浅近,肆然无忌,而犹以为无可无不可;任情恣意,遂以去病为第二义。不知自家身心,尚荡然无所归也。"[1]这里的"功利",指的即为只求自己功名利益,而不顾仁义道德的行为或者做法。与"功利主义"的第一个用法相同,也与晚清以来其他文献对"功利"一词的主要用法相同。如同治十年出版的《拙修集》:"然不知止于至善而溺其私心于卑琐,是以失之权谋智术而无有乎仁爱恻怛之诚,则五伯功利之徒是矣。是皆不知止于至善之过也,故止至善之于明德亲民也,犹之规矩之于方圆也,尺度之于长短也,权衡之于轻重也,故方圆而不止于规矩,爽其则矣。长短而不止于尺度,乖其剂矣。"[2]

古汉语词典上的第二种含义为"功效收益",从例句来看,强调的是事物的客观效果、客观结果,即"事功"。这种用法同样出现在了梁启超的著作中。1908 年,他在《王荆公》中写道:"公初执政,即分遣诸路常平官使专领农田水利,吏民能知土地种植之法,陂塘圩埠堤堰沟洫利害者皆得自言,行之有效,随功利大小酬赏。其后在位之日,始终汲汲尽瘁于此业。史称自熙宁三年至九年,府界及诸路所兴修水利田凡一万七百九十三处,为田三十六万一千一亩七十八顷云。"[3]但总体而言,这种用法数量非常少,仅出现过 3 次。

另有 11 处"功利"为客观介绍,指称西方功利主义学派,或中国传统功利主义学派思想。如《东籍月旦》中的"《伦理学说批判》,网罗诸派之学说,而加以论断。全书分四篇,第一篇为序论,以下三篇则取自利、直觉、功利、三大派,各为一篇而论之,一一述其立论之根柢,而下以公平之评论。苟能卒业一过,则于斯学之原流派别,大纲细目,长短得失,皆了然矣"[4]。此处的"功利"指的即为西方功利主义学派。

---

① 梁启超:《梁启超全集》,北京:北京出版社,1999 年,第 1530 页。
② 吴廷栋:《拙修集卷五》,六安求我斋刻本,1871 年,第 45 页。
③ 梁启超:《梁启超全集》,北京:北京出版社,1999 年,第 1784 页。
④ 梁启超:《梁启超全集》,北京:北京出版社,1999 年,第 329 页。

根据汉语词典，"乐利"原意为快乐与利益，犹幸福。《礼记·大学》："小人乐其乐而利其利。"汉郑玄注："圣人既有亲贤之德，其政又有乐利于民。"梁启超采纳该词应该是从快乐与利益这两个角度（结合日本当时"快乐派"，"功利派"两种译法）而确定。并用隐括一词表示他对该译词的查核、审度、规范、矫正之意。梁启超对"乐利"的理解是："故道德云者，专以产出乐利，预防苦害为目的。其乐利关于一群之总员者，谓之公德；关于一群内各员之本身者，谓之私德。"[①]其他表达如《中国古币材考》中的"今者交通盛开，生计无国界，欲为国民谋乐利，终不容逆时以取败亡"[②]。梁启超基本上是从乐利的表面字意上去理解边沁的所谓功利概念，并放置于他的公德私德结构中确认。而边沁的理论是一种与古典社会契约论相对立的思想学说，是为国家制度和社会政策的合法性提供基础性的保证，以增进全社会利益，推动社会进步。梁启超未能从这种旨在增进公共利益的学说的角度来解读，而是停留在了"形似"的层面上。

乐利、实利这两个词在梁启超文章中分别出了49次与25次。在用法上，这两个词汇与"功利"的用法有着本质的不同。这两个词除了极少数为功利的第一种含义（共计3处），与客观指代或介绍西方或中国功利学派思想（共计5处）外，大多为功效收益，即"事功"的中性含义。但是在具体用法上，乐利与实利也呈现出了不同的特点。

"乐利"更多指的是个人层面的，对个人或群体的、合理的利益、好处、名利的追求，更多聚焦于"人"上。

而"实利"中指的"事功"更为客观，主要指较为客观、宽泛、广义层面的利益，如财产利益，或广义层面，没有具体群体指向的国家利益等。如1902年《新大陆游记》节选中的"抑所谓爱国云者，在实事不在虚文。吾国上大夫之病，惟争体面，日日盘旋于外形，其国家之实利实权，则尽以予人而不惜，惟于毫无关轻重之形式与记号，则出死力以争

---

① 梁启超：《梁启超全集》，北京：北京出版社，1999年，第1046页。

② 梁启超：《梁启超全集》，北京：北京出版社，1999年，第1738页。

之,是焉得为爱国矣乎? 吾则反是"①,即广义层面上的利益。1904 年《外资输入问题》中的"阿根廷当四十年前,图治太锐,大借金于英国,以奖励产业。其始骤得巨额之资本,举国欣欣向荣,俨然呈大进步之幻象。乃实利未收,而偿还本息之期已至,于是全网骚然,百业中止,而国势从此不可复振"②,即为财产利益。

除以上讨论的"功利主义""乐利主义""实利主义"外,鉴于"最大多数之最大幸福"作为"功利主义"核心概念的重要性,还可以通过对该短语在梁启超著作中的使用情况进行考察,解析梁启超对"功利主义"思想的理解。此外,梁启超对边沁的评价可以另一个侧面体现其对边沁"功利主义"思想的态度。通过以"边沁"为关键词检索梁启超在相关著作中的表达,可以更全面地了解梁启超对"功利主义"的理解。

根据《梁启超全集》,除去《乐利主义泰斗边沁之学说》这篇文章外,"最大多数之最大幸福"这一关键词一共出现过 9 次(即在 9 篇文章中出现过)。其中 1902 年出现过 5 次,1903、1904、1906、1921 年各出现过 1 次。

从含义上面来看,第一次出现是在新民丛报介绍边沁立法思想的《论立法权》一文中。1902 年的《论政府与人民之权限》中,对"最大多数之最大幸福"并没有过多的解释。1902 年的另外三篇文章,均是从进化论的角度,认为"最大多数之最大幸福"的思想是非常好的政治理想,而当时的中国社会还没有进化到可以实现这种理想的程度,并不适合当时的中国国情。这种观点在 1904 年的《外资输入问题》中也得到了相应的表达,梁启超在这篇文章中认为,当时的社会分配思想,是与最大多数之最大幸福的政治理想相悖的。另外《进化论革命者颉德之学说》中,梁启超描述了颉德对最大幸福的理解。但是从梁启超的思想可以看出,他并非完全同意。

1903 年的《答某君问法国禁止民权自由之说》中认为,边沁的最大多数之最大幸福是一种民主自由的思想。而中国还未能达到此种程

---

① 梁启超:《梁启超全集》,北京:北京出版社,1999 年,第 1218 页。
② 梁启超:《梁启超全集》,北京:北京出版社,1999 年,第 1328 页。

度。1906 年的《答某报四号对于〈新民丛报〉之驳论》中只是举例提到边沁是主张限制政府的西方思想家之一。1921 年的《墨子学案》中的"最大多数之最大幸福",与 1903 年《子墨子学说》里的观点一脉相承,认为边沁的最大多数之最大幸福与墨子的实利主义异曲同工。

以"边沁"为关键词,除去《乐利主义泰斗边沁之学说》,再除去与"最大多数之最大幸福"同时出现的出处外,在全集中一共出现了 14 处,其中 1902 年出现了 8 处,1904 年 2 处,1905 年 1 处,1910 年 2 处,1919 年 1 处。

1902 年的《论中国学术思想变迁之大势》,认为边沁思想与杨朱只求自己利益的思想截然不同。1902 年的《新明说》(第十三节)、《论专制政体有百害于君主而无一利》《中国未来记》这三篇都提到了当时人们对边沁的误解,即认为边沁的功利主义就是不顾道德等而满足自己的利益。梁启超认为,边沁提倡的是一种"公益"的思想,而并非教导人们只求一己的私利。1905 年的《德育鉴》中提及"边沁以苦乐为善恶之标准"时,也表达了类似的思想。

在 1902 年的《进化论革命者颉德之学说》中,梁启超描述了颉德对边沁功利主义的理解,是"一切道德皆以此为根源,能自进己之利益者谓之善行,反是谓之恶行,为利益而牺牲义务可也,为义务而牺牲利益不可也"。但是梁启超在后面标注道"按颉氏所论边氏不无太过,观边氏学说一篇自明"。表明梁启超是不认可颉德的这种观点的。同样,1904 年《子墨子学说》中提到加藤弘之"推演达尔文边沁之绪论,大提倡利己主义,谓人类只有爱己心,无爱他心,爱他心者,不过'知略的爱己心'耳。凡言以利他为利己之一手段也",认为这种说法也是失之偏颇的。

1902 年的《新民说》第十四节提及边沁有关政府的思想。边沁认为"设立政府是为了以小害制大害"。这与前文所提及的 1906 年的《答某报四号对于〈新民丛报〉之驳论》相呼应。此外,1910 年的《宪政浅说》中也提到了边沁的国家思想,认为边沁、斯宾塞代表着"国家的最大目的,在于使人民得其所欲"一派的思想。但梁启超认为:"此说也,固含有一面真理,其所举者,原不失为国家目的之一种,然谓国家舍此别无目的,或谓此为国家诸目的中之最大者,则皆误也。"

1904 年的《子墨子学说》将墨子与边沁做了比较,认为墨子的"凡事利余于害者谓之利,害余于利者谓之不利"与"凡事利于最大多数者谓之利,利于少数者谓之不利"[①]的思想有相似之处。

1919 年的《欧游心影录》中虽然提到了边沁,但是并没有详细论述边沁思想。文中认为边沁的功利主义和幸福主义、个人主义结合,导致了西方崇拜实力、崇拜黄金、军国主义的趋势。

"最大多数之最大幸福""边沁"这两个关键词,除去《乐利主义泰斗边沁之学说》,一共出现过 23 处。而 1902 年就出现了 13 处。1903—1905 年一共出现了 5 处。之后的所有年份中一共出现了 5 处,其中 3 处讲的还是有关国家、政府、政法的思想。由此可以推断,梁启超在 1902 年,对边沁的"最大多数之最大幸福"的功利主义思想有非常多的关注,认为边沁的"最大多数之最大幸福"是一种非常好的政治理想,但此后梁启超对边沁思想的关注逐渐减弱,在后来的著作及思想中并没有什么体现。1906 年后,梁启超对"边沁"这位学者和"最大多数之最大幸福"思想的直接关注就非常少了。

由前文所述,梁启超曾在 utilitarianism 的中文用词表达上先后使用过"功利主义""乐利主义"以及"实利主义"。在这三种用法中,最普遍的用法是"功利主义"。虽然梁启超也曾试着纠正改用"乐利主义",但并未坚持到底。因此,"乐利主义"除《乐利主义泰斗边沁之学说》之外,几乎很少再被使用。"实利主义"受到日本影响除偶尔用于指代英国功利主义思想外,主要指代的是墨家思想。

值得注意的是,当考察中英文之间的实际所指含义时,梁启超的"功利主义"表达并不能与边沁、穆勒的"功利主义"思想完全符合。如梁启超使用的"功利主义",不是仅用于表达英国功利主义思想,更多的情况下所表达是中国的传统"义利"观念中的行为与倾向,即其价值观念上为贬义含义,如急功近利、只求功名利禄,不顾仁义礼智等等,其实际含义与中国传统上"功利"一词的含义基本一致。甚至有时梁

---

① 梁启超:《梁启超全集》,北京:北京出版社,1999 年,第 3172 页。

启超已经指明表征对象为英国"功利主义"概念,但该词在文章中所代表的含义却是中国传统文化"义利之辨"语境下的所代表"利"的意思。有些情况下,梁启超几乎将"功利"与"功利主义"通用,文章中两词所指内容相当一致。如《德育鉴》"知本第三"中写道:"今如子王子言,欲使天下之人皆自致其良知,去其自私自利,以跻于大同。其意固甚美,然我如是而人未必如是,我退而人进,恐其遂为人弱也。是所谓消极的道德,而非积极的道德也。应之曰:不然,无论功利主义,不足为道德之极则也。即以功利主义论,而其所谓利者,必利于大我而后为真利。苟知有小我而不知有大我,则所谓利者,非利而恒为害也。"①同篇的"省克第五"中写道:"功利之习,沦肌浃髓,苟非鞭辟近里之学。常见无动之过,则一时感发之明,不足以胜隐微深痼之蔽。故虽高明,率喜顿悟而厌积渐,任超脱而畏检束,谈元妙而鄙浅近,肆然无忌,而犹以为无可无不可;任情恣意,遂以去病为第二义。不知自家身心,尚荡然无所归也。"②从这两段可以看出,其中的"功利"与"功利主义"表达的均为追求个人利害得失、功名利禄的行为,并无不同。尽管梁启超可以根据国外的文本清晰地描述出边沁的经历,包括 utilitarianism 的来历和作用,并在总体上表示基本接受,但事实上,梁启超却经常混淆英国"功利主义"概念和中国传统义利观的区别。这主要是由于梁启超选择性接受"功利主义"部分思想概念而导致的。

我们知道梁启超是从一个比较大的意识追求,即救国自强所需要的"新民说"框架出发,利用边沁、穆勒的功利主义思想概念作为支持他"新民说"的思想资源和佐证。在这个过程中,梁启超对"功利主义"概念的接受并不是完整的,特别是对"功利主义"一些必要的前提并不真正理解,从而导致梁启超常常通过中国传统文化的功利概念来片面地阐述 utilitarianism 的内涵。梁启超在使用"功利主义"来指代边沁思想的同时,他也常常用"功利主义"去表达中国传统的"功利"含义,如急功近利、物质主义、只求功名利益这一贬义的表达。即他在使用

---

① 梁启超:《梁启超全集》,北京:北京出版社,1999 年,第 1508 页。
② 梁启超:《梁启超全集》,北京:北京出版社,1999 年,第 1530 页。

过程中,将原指向西方思想的"功利主义"称呼与中国传统的"功利"称呼不加区分地一起混同。"功利主义"一词原本应该是指向源自英国功利思想的内涵,但后来边沁思想概念原有的含意被逐渐模糊,导致最终几乎被中国传统文化中的"功利"概念所覆盖。特别是对社会民众而言,很容易被误导为所谓"功利主义"仅仅是"急功近利、功名利益"。由于梁启超的社会影响力,他的这种"误操作"对"功利主义"一词含意的模糊甚至误解所埋下的伏笔,对此后将"功利主义"概念与中国传统的功利思想与行为的直接挂钩产生较大的影响。

作为英国"功利主义"当初的主要介绍者,梁启超在引入功利主义思想时,不自觉地将其与中国传统思想中的功利相混同,并且之后也并未能做到完全消化理解外来的"功利主义"思想。可见所谓中西文化汇通并不是非常简单的过程。

3. 近代报刊中"功利主义"用词考察

上一节考察了具有代表性的梁启超关于"功利主义"用词,本节在此基础上,将考察范围扩大到近代部分报刊。对 300 余种约 60000 余期的报刊(有关近代报刊数据库具体范围,参阅本书第 16 页),以全文搜索的方式,找出了 600 余篇带有"功利主义"关键词的文章进行研究分析。

这些文章在 1915 年前出现数量很少,每年不到 5 篇。1920 年后开始大量出现,1921—1949 年包含"功利主义"的文章在报刊中数量为平均每年 20 篇,具体而言,此类文章集中出现于 1923 年前后与 1936 年前后。

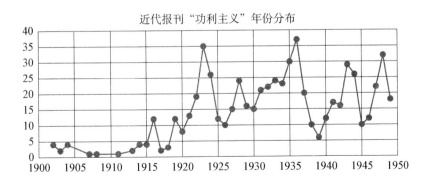

近代报刊"功利主义"年份分布

除了年份上"功利主义"的分布外,需要重点考察了这些文章里的"功利主义"一词在文章中所表达的含义。

根据该词的实际用法所涉及的范围,可将"功利主义"用法分为四类:

1. 急功近利,即只求个人功名利禄,而忽视道德的行为,与字典中贬义用法相同;

2. 事功、功效,即讲求事物的实际效果,与字典中中性用法相同;

3. 西方思想,即表征英国功利主义思想,用于介绍西方学者的思想,包括对英国功利主义思想进行详细解读的文章书籍,也包括使用"功利主义"一词指代西方思想来说明自己观点,但忽略其具体内涵;

4. 中国传统文化的功利观,包括从先秦到晚清的各种传统功利派思想。

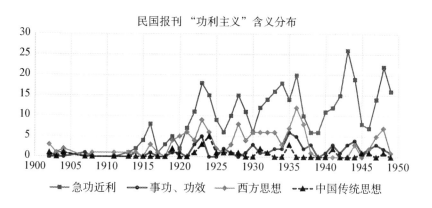

民国报刊 "功利主义"含义分布

从统计的结果可知:

第一类"功利主义"的贬义用法"急功近利"所占比例最高,超过了总数的 60%。从时间上看,1920 年"功利主义"一词开始被较为广泛使用,贬义用法即占了主导地位,比较典型的如申报 1924 年 5 月 13 日发表《敬告反对泰戈尔者》中写道:"再以中国现势,观已物质文明虽去西方尚远,然近年以来自武人政客以至一般青年为功利主义所驱使,以夺取饭碗为目的,不安于现在之生活,而各欲满足。其无穷之欲望者,所在皆是。政治之混乱,社会之堕落,半亦由于骛物质之生活,而无高尚之精神。"①

第二类用法的比例大约 15%，较为典型的如 1936 年 10 月刊登在《良友》杂志第 121 期中的《月杂话 无聊之谈》一文中写道："业余的有益身心的玩艺，欧美一般人都很为重视：德国人喜欢爬山，法国人好读古书，英国人喜欢野外散步。美国是功利主义的国家，许多人就喜欢在业余时研究有用的工业与小物品，有些还藉此致富。至于国际人物中如美国总统罗斯福的喜欢收集邮票，慕沙里尼与爱因斯坦的喜欢在业余弹奏小提琴，都是世人其知的实事。"②

第三类用法，即表征了英国"功利主义"思想。此类用法约占总数的 20%。但在大多数报刊文章中，对边沁等西方学者的思想内涵并没有详细的解释，如 1923 年第 53 期《努力周报》的《人生观的科学或科学的人生观》："张君解说人生观的时候，先立了一个为中心的'我'，随后引证人生的特点，就有孔子的行健，老子的无为，孟子的性善，荀子的性恶……康德的义务观念，边沁的功利主义，达尔文的生存竞争论，哥罗巴金的互助主义，……叔本华哈德门的悲观主义，兰勃尼慈黑智儿的乐观主义，孔子的修身齐家主义，释迦的出世主义……等等。"③

第四类用法的代表有 1926 年 4 月刊登在《学衡》第 52 期的《中国文化史》："孟子时功利主义极盛，如商君曰苟可以强国，不法其故，苟可以利民，不循于礼。以社会进化历史变迁之理观之，固亦可成一说。然专以强利为目的，其流极必至于不顾人道群德。"④第四种类用法比例不到 5%，虽使用"功利主义"一词，但显然是指中国传统功利观的思想。

除了近代报刊外，笔者也对近代出版的书籍中"功利主义"一词的使用情况进行了考察，从另一个侧面了解功利主义传播和接受的变化

① 耿光：《杂录 敬告反对泰戈尔者》，《申报》1924 年 5 月 13 日，第 17 版。
② 马国亮：《月杂话 无聊之谈》，《良友》1936 年 10 月 15 日第 121 期，第 20 版。
③ 叔永：《人生观的科学或科学的人生观》，《努力周报》1923 年第 53 期。
④ 柳诒征：《中国文化史（续第五十一期）》，《学衡》1926 年 4 月第 52 期，第 9 页。

趋势。书籍考察选取《瀚文民国书库》①作为考察对象。通过全文搜索，在瀚文书库中发现内容含有"功利主义"一词的书籍共2384本，其中带有年份信息的书籍为2030本。

由于瀚文书库中不同年份图书数量的总数有所不同，笔者通过使用含"功利主义"关键词书籍的比例来比较。笔者整理了所有1901—1927年间包含"功利主义"的书籍。1928年以后的文献，由于数量较大，故依照数据库默认排序方式，每年按1/5的比例进行抽样整理。合计整理了近600本书籍，并对这些书籍中"功利主义"一词所表达的含义进行了归类。对于数据库中重复的书籍（包括不同出版社、不同年份出版的，相同作者、相同内容的书籍），为了尽可能反映不同学者对"功利主义"的理解，没有将这些重复内容列入统计范围。另外，由于上文已对梁启超、严复的著作与思想进行了专门的讨论，因此，在"功利主义"一词的归类统计中，排除了梁启超、严复的作品。

综合来看，近代出版的书籍中"功利主义"传播趋势为：1901—1920年可以理解为"功利主义"一词的导入时期，此时尽管已经有部分学者开始使用"功利主义"，但是总体比例并不高。1910年开始呈增长趋势，到1932年开始略有下降，此后处于一个比较平稳的水平。1920年后，"功利主义"一词逐渐被传播开来，直到1935年以后趋于稳定。这一趋势与报刊上呈现出的特点大体相同。

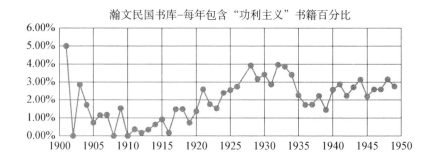

瀚文民国书库-每年包含"功利主义"书籍百分比

---

① 该书库收录了1900—1949年间出版的书籍8万余种，计12万余册。

　　近代书籍中,第一类即"功利主义"的贬义用法仍占主导地位,超过了总数的 45%。如 1925 年商务印书馆出版、孙逸园编辑的《社会教育实施法》中写道:"公职人员,原为一般民众的先导,担负着指导民众、兴革公家事业的重任,当然要公而忘私,尽瘁社会,庶不失为尽职的先觉。但现在一般公职人员中,克尽厥职的固不乏人,而专做过去事业,不图前进,抱定功利主义、刹那主义,转为俸给而任职的不胜枚举。"[①]这里的"功利主义"贬义用法,与近代报刊上的用法相同,同样是用"功利主义"表达急功近利、只求个人利益的含义。

　　第二种中性用法与第四种用法"中国传统功利主义"分别约占 15% 和 5%。其中,中性用法略多于"中国传统功利主义"这一用法。第二种中性用法主要在辞典、文学类作品中出现,如《欧洲近代戏剧》中写道:"近代易卜生剧的影响风靡了欧罗巴的大陆剧坛,渡海而发现于英吉利岛国了。表演易卜生的翻译本,以及新剧场运动,次第把大陆的新气运动搬到英国的文坛剧坛来,而实现了莎士比亚以后的新剧。然而功利主义的英国人,把这种运动不看作第一义的纯艺术问题,欲看作第二义的社会教化方面。"[②]

　　第三类用法,将"功利主义"用作表征英国功利主义思想,如用于介绍西方思想性书籍,主要集中在思想史、伦理学、哲学等学科的在学术性与专业性著作中,其比例超过了总数的 35%。如张东荪在 1931 年出版的《道德哲学》中从伊比鸠鲁出发,详细介绍了源自西方的功利主义学派思想,包括边沁、穆勒、西季威克等。在第二章(快乐论与功利论)第五节"边沁"中,作者写道:"是以人之利己分为二,曰兼利的利己;曰独利的利己。初独利的利己应愈减愈少外,而于兼利的利己不妨愈使其发挥扩大。诚以一人而能增加其兼利的利己之量度,则同时全社会必即因此而增长其幸福也。功利主义之精髓大抵在此。"[③]此处"功利主义"即指边沁思想;且由此可知张东荪也是通过使用中国传统

---

①　孙逸园:《社会教育设施法》,上海:商务印书馆,1925 年,第 23 页。
②　余心:《欧洲近代戏剧》,上海:商务印书馆,1933 年,第 45 页。
③　张东荪:《道德哲学》,上海:中华书局,1931 年,第 90 页。

义利观的思想资源来解读边沁思想的。

第四类"中国传统功利主义"的用法,主要出现于介绍中国传统哲学的书籍中,如张纯一《墨子闲诂笺》中写道:"愚案:人子爱亲,莫如以孝善利之。然'虞舜孝己,孝而亲不爱。'墨子言中校,一以大利于君亲为归宿;是其功利主义之特色。"①

总体来看,近代书籍中"功利主义"的用法,第一种含义(急功近利)和第三种含义(表征西方思想)的比例比较高。从时间分布来看,在 1940 年前这两种用法数量分布基本相同。1940 年后,"急功近利"用法开始略多于"西方思想"。到了 1945 年后,书籍中的"功利主义"的用法就以"急功近利"为主了。

从"功利主义"的含义及其分布来看,报刊与书籍呈现出的特点略显不同。这与报刊和书籍本身的特点有关。首先在时效性方面,报刊讲求及时性,追求的是在第一时间传递最新的信息。而书籍对这方面并没有要求,作为著作往往在内容上没有及时性要求,对及时性并不敏感。其次,就受众来说,报刊,特别是民国时期典型的大报,如《申报》《大公报》等,追求传播的广泛性,故而面向普通民众,意在起到"广而告之"的作用。相反,书籍的读者群更为明确,如教材面向的即为中小学生,学术类的专著主要面向专业的学者等。

由于时效性要求与受众的不同,报刊与书籍在内容上呈现出了不同的特点。报刊上的文章以新闻、时评、社论、政论性的文章为主,同时包含了文学类作品,如连载小说等。但是,学术性较强,深度较深的文章,涉及某一思想的详细介绍与分析,很少会在报刊中出现(梁启超主办的《清议报》除外)。此外,由于对及时性与新颖性的追求,报刊上很少出现重复的文章。而书籍则相反,对于经典内容的书籍,出版社可以再版,意在使其获得更为广泛的传播。而对于较为经典的文章,不同作者也会在不同的书籍中进行引用。

由于报纸与书籍的不同特点,导致了"功利主义"含义在两者中的呈现也有所不同。在报刊中,功利主义含义以第一种用法(急功近利)

---

① 张纯一:《墨子闲诂笺》,上海:商务印书馆,1921 年,第 109 页。

为主。但是在书籍中,第一种用法与第三种用法即用以表征(西方思想)大体相当。这是由于书籍中包含了不少专业性较强的,介绍西方哲学与伦理思想的专著与译著。也正因如此,不少书籍中对英国"功利主义"思想作了比较详细的介绍与评价,尽管此种内容在报刊中出现很少。但值得注意的是,专业性越强的书籍,注定传播面就越窄。如果抛开专业性的书籍,如将教科书中"功利主义"用法与报刊比较,可以看出大致相同的用法。这样基本可以认为,"功利主义"一词在进入中国得到较为广泛传播后,其用法是以第一个含义即"急功近利"为主。即这个典型的西方外来词在多数情况下实际上表达了一个典型中国传统文化概念的含义。

4. 民国期间学者关于"功利主义"的理解(与普通大众理解功利主义的区别)

上节讨论了民国期间报刊上"功利"的含义延续以及"功利主义"被"功利"一词同化覆盖的现象。本节将聚焦到当时在中国社会有影响力的一些精英知识分子学者,他们对"功利主义"理解应该是从一个不同的角度反映了当时中国社会有代表性的立场,笔者试图借此通过他们在论述中对"功利主义"的表达,来考察"功利主义"思想概念的流变过程。

根据当时报纸、杂志上有关功利主义的文章统计,自 1902 年梁启超《乐利主义泰斗边沁之学说》一文比较完整地介绍功利主义思想概念后,部分学者关注到西方的"功利主义"思想。在"功利主义"传播早期,刘师培、蔡元培、王国维等学者在自己的文章著作中均有涉及"功利主义"概念的表达。

1905 年刘师培发表文章《哲理学史序》中对源自西方的"功利主义"学派及边沁思想进行了介绍。文中写道:"西儒乐利学派以求乐避苦为宗,希腊人伊比鸠鲁之言曰:'利者何?快乐是也。恶者何?痛苦是也。'与宗教家去乐就苦之说大相背驰。及英人边沁之说,与以为人世之善恶悉由苦乐而临分,凡世之所为善不善者仅以利不利分之而已,名曰乐利派。……边沁以个人之幸福为小,以一群之幸福为大。

故由个人之进而谋一群之幸福,不以个人之苦乐为苦乐,而以一群之苦乐为苦乐,以为利物即利己也。若杨朱之言,只知利个人为乐利,不知以利一群为乐利。知利己之所以利己,而不知利物之亦为利己。故主善而不主兼爱,与边氏不同。"①从文中可以看出刘师培对边沁功利思想持赞成态度,认为边沁的最大多数人的最大幸福思想,以群体的幸福为判断标准,有着一定的合理性。且认为边沁功利主义思想与杨朱利己的伦理观不同。

1905 年《大陆月刊》上连续三期发表了题为《读弥尔氏之功利主义》的文章,对穆勒《功利主义》一书进行了介绍与评述。《大陆月刊》是数位日本留学生于 1902 年 12 月创办的刊物,该文章并没有作者署名,但主持《大陆月刊》的戢翼翚以及主笔秦力山、杨荫抗、杨廷栋、雷奋、陈冷等人均为当年日本留学生。这篇长达近 9000 字文章很大程度上反映了早期留日的年轻知识分子对功利主义的一种理解。作者从道德伦理的角度将穆勒《功利主义》一书的全部 5 章逐一进行了解读,基本上是属于理论学说的讨论范围,文章并没有像梁启超一样与当下中国社会状况有紧密的联系,只是宏观地从新旧道德的角度谈到功利主义意义。作者在文章中肯定了功利主义的思想,认为凡研究伦理学者不可不一读也:"盖功利主义,脱古来道德宗教之威权,别于自己人生观之上,而建设新道德者,意谓与其守护道德。毋宁改革之为愈也。以其锐利之词锋,而侵入神圣道德之宫殿,发其矛盾,明其意义,由崇高之神坛而下之,以置诸吾人践履之实地,则发挥其价值之功,真千载不可减哉。然其企图,恰如政治上之改革运动,欲唤起舆论,以新社会之运命,而未免失诸青年叫嚣之气。且其议论,往往放荡,有缺精准,殊失中正和平之旨。唯其喝破一方真理,以警醒学界之功,则决不可忘者也。"②但仍然认为"夫功利主义固不可认为完全之伦理说",并未全盘认同接受,仍有所保留。

1907 年蔡元培在其编著的《中学修身教科书》中这样提及功利主

---

①　刘师培:《哲理学史序》,《国粹学报》1905 年第 3 期,第 4—9 页。

②　未署名:《读弥尔氏之功利主义》,《大陆月刊》1905 年第 21 期,第 14—15 页。

义:"人我同乐之说,亦谓之功利主义。以最多数之人,得最大之快乐,为其鹄者也。……故人不可不以最多数人得最大快乐为理想。……"我之所乐,人或否之。人之所乐,亦未必为我所赞成。所谓最多数人之最大快乐者,何由我而定之欤。持功利主义者,至此而穷矣。"[1]由此可见,蔡元培并不否认"功利主义"所含有的积极含义,即追求最大多数人的最大幸福。但是对于将这一新思想引入中国社会的伦理框架中,他又是非常谨慎的。1907 至 1911 年间,蔡元培在德国留学时,撰写《中国伦理学史》一书,在该书中,蔡元培将墨子的思想也定义为功利主义:"墨子则以利为道德之本质,于是其兼爱主义,同时为功利主义。"[2]蔡元培将"功利主义"与中国传统开始关联。

王国维在其 1907 年发表的《霍恩氏之美育说》中讨论到"功利主义":"又如斯宾之《教育论》,其被影响于教育界也,殆五十年之久,而彼于审美的兴味,等闲视之,一若以文学技术为无益之举。其言曰:'文学技术占生涯之余暇之部分,故当属教育以外之事耳。'方功利主义风靡一时之秋,则美育之为其人所忽视,又奚足怪哉!"[3]与蔡元培《中学修身教科书》不同,此处"功利主义"在含义上与边沁功利主义无关,而与中国传统"功利"的贬义用法相似,所指为当时社会中急功近利、只求实用的风气,导致了看似"无用"的美育被人们所忽视。从此处可以看出,"功利主义"一词在早期传播时,已经出现了与传统"功利"概念混同的倾向。

李大钊 1917 年以守常为名,在《甲寅》杂志上发表《政论家与政治家》一文,其中写道:"英之国民,虽以保守着闻,而有时亦生路特儿、克林威儿,虽沉溺于功利主义,而优美之精神,一旦如逢春之花灿烂以其华丽,则如沙士比亚、米帕、俄士佛斯、考德、拜伦、加罗尔、马克雷等,且辈出矣。当拿翁浑其拔山盖世之手腕以蹦欧陆时,风驰电掣,以窥英伦,则盎格鲁撒逊民族之血,亦为之满动,而生惠灵吞,鼐利逊

---

[1] 蔡元培:《中学修身教科书》,第五册,上海:商务印书馆,1907 年,第 27—28 页。

[2] 蔡元培:《蔡元培全集》第二卷,高平叔编,北京:中华书局,1984 年,第 39 页。

[3] 姚淦铭、王燕编:《王国维文集》第三卷,北京:中国文史出版社,1997 年,第 461 页。

矣。"①此处"功利主义",虽然用来形容英国国民的特性,显然并非正面肯定之意。

上文提及,钱智修曾于 1918 年 6 月 15 日在东方杂志上发表《功利主义与学术》一文展开对"功利主义"的批判,这与王阳明《拔本塞源论》中对"功利"的批判异曲同工,即批判只求个人私利,而不顾共同体利益的行为。而最后对学术的批判也与传统中对"功利"的批判一脉相承,将"功利主义"概念与中国传统功利思想混同对待。

对于"功利主义"被等同于传统"功利"的现象,陈独秀在 1919 年于《新青年》发表的《质问东方杂志记者》中对其进行了强烈的批判:"自广义言之,人世间去功利主义无善行。释迦之自觉觉他孔子之言礼立教,耶稣之杀身救世,与夫主张民权自由立宪共和诸说,以去封建神权之革命家,以及东方记者痛斥功利主义之有害学术,非皆以有功于国有利于群为目的乎? 今固彻头彻尾颂扬功利主义者也。功之反为罪,利之反为害,东方记者倘反对功利主义,岂赞成罪害主义者乎? 敢问。……东方记者误以贪鄙主义,为功利主义,故以权利竞争为政治上之功利主义,以崇拜强权为伦理上之功利主义,以营求高官厚禄为学术上之功利主义,功利主义果如是乎? 敢问。"②并且在《再质问〈东方〉杂志记者》中,陈独秀试图纠正当时部分学者对"功利主义"含义的负面理解。在他看来,"功利主义"在本质上并无广狭之分,这一词在社会中可以起到积极的作用,与通常说的"急功近利""追名逐利"并不是一回事:"余固彻头彻尾颂扬功利主义者,原无广狭之见有。盖自最狭以至最广,其间所涵之事相虽殊,而所谓功利主义则一也。……盖以功利主义与图利贪功,本非一物;若以恶意言之,(即以其人谋利贪功而反对之,必其为不应谋而谋,不应贪而贪之恶方面也。)且与功利主义为相反之负面。审是,则图利与谋害,贪功与犯罪,同属恶的方面,而无正负之分,固不能谓反对其一者必赞成其一。"③

---

① 李守常:《政论家与政治家》,《甲寅》1917 年 2 月 25 日。
② 陈独秀:《质问东方杂志记者》,《新青年》第五卷第三号,1918 年 9 月 15 日,206 页。
③ 陈独秀:《再质问东方杂志记者》,《新青年》第六卷第二号,1919 年 2 月 15 日,第 148 页。

　　但是，陈独秀等少数学者对"功利主义"这一语词的正面含义的强调，并没能改变"功利主义"与中国传统"功利"一词趋同合流的趋势。

　　1920年代，胡先骕1922年在《学衡》发表文章《说今日教育之危机》，批判了当时教育的"功利主义"化倾向："曾文正之送学生出洋，立同文馆制造厂译书局，其宗旨即在求此物质科学也。然以当时不知欧西舍物质科学外，亦自有文化，遂于不知不觉中生西学即物质科学之谬解，寖而使国人群趋于功利主义之一途。……盖功利主义中人已深矣。至美国退还庚子赔款，以为选送学生赴美留学之资，国人亲承西学之机日众。民国以还留学考试既废，已不须国学，为猎取仕进之敲门砖，功利主义之成效亦以银行交通制造各事业之日增而益著。其不为功利主义所动者，又以纯粹科学为其最高洁之目的。盖不待新文化之狂潮，旧日之人文学问已寖趋于澌灭矣。……其次者则纯为功利主义之奴隶，其目的惟在致富，苟能达此目的，不惜牺牲一切，以赴之对于家庭社会事业之责任咸视为不足重轻。"[1]从中可以看出，其对"功利主义"的理解，与钱智修在《功利主义与学术》中相似，批判功利主义只求个人利益的心态与行为。但是与钱智修不同的是，胡先骕此文中的"功利主义"，已经完全脱离了英国功利主义本身涵义。

　　在同一时期，李大钊也注意到了这一语词。他站在革命话语的角度，认为边沁思想没有被实现是资本主义社会的缺陷所造成。他在1924年发表的《社会主义与社会运动》中写道："Bentham之功利主义，Owen极受其影响。其人生观以为人之生活在幸福，且必须在社会上大多数人得到幸福。其改造社会之思想，主张强迫劳动，劳动价值于现在社会主义上有极大之影响。其失败之原因，在资本主义时代之环境，各人之个人资本主义之观念太深，故其实行不易成功，而归于失败。"[2]

---

① 胡先骕：《说今日教育之危机》，《学衡》1922年第4期，第15—24页。

② 李大钊：《社会主义与社会运动》，《李大钊全集》第四卷，北京：人民出版社，2006年，第193页。

1928 年董秋芳写给鲁迅公开信中的"功利主义",同样承袭了传统"功利"的贬义含义:"我们平常讥刺一个人,还须察到他的深处,否则便见得浮薄可鄙。至于拿了自己的似是而非的标准,既没有看到他的深处,又抛弃了衡量艺术价值的尺度,便无的放矢地攻刺一个忠于艺术的人,真的糊涂呢还是别有用意! 这不过使我们觉到此刻现在的中国文艺界真不值一谈,因为以批评成名而又是创造自许的所谓文艺家者,还是这样地崇奉功利主义呵!"①

从二十世纪二十年代可以明显看到这种趋势,尽管在功利主义传播初期,不同学者对"功利主义"表达了不同的理解与态度,但是在日后功利主义传播过程中,类似钱智修对功利主义的批判性理解似乎逐渐成为主流。

在功利主义一词的使用上,二十世纪三十年代的学者承袭了这一语词的发展趋势。如胡适在《我的信仰》中写道:"杜威给了我们一种思想的哲学,以思想为一种艺术,为一种技术。……这个技术主体上是具有大胆提出假设,加上诚恳留意于制裁与证实。这个实验的思想技术,堪当创造的智力(creative intelligence)这个名称,因其在运用想像机智以寻求证据,做成实验上,和在自思想有成就的结实所发出满意的结果上,实实在在是有创造性的。……奇怪之极,这种功利主义的逻辑竟使我变了一个做历史探讨工作的人。我曾用进化的方法去思想,而这种有进化性的思想习惯,就做了我此后在思想史及文学工作上的成功之钥。"②

同一时期,瞿秋白在其发表的《文艺理论家的普列哈诺夫》中写道:"最近发现的普列哈诺夫的演讲大纲《唯物史观的艺术论》,却给了我们很好的材料:普列哈诺夫在这篇大纲里又从另一方面来说明他那种反功利主义的意见。他先说到旅行家常常看见渔猎民族会画禽和鱼,而且用这图书互相通知自己的意思。然后,他接着说:'图书在

---

① 张明高、范桥选编:《鲁迅散文》(第四集),北京:中国广播电视出版社,1992 年,第 62 页。此信写于 1928 年 4 月 4 日,载于 16 日《语丝》周刊第 4 卷第 16 期,收录于鲁迅《文艺与革命》一文。

② 胡适:《胡适自传》,北京:华文出版社,2013 年,第 17 页。

这里还不是艺;它是有实用的目的。这是生存竞争的工具,是生的手段。……既然"需要"使得野蛮人学习图画,既然发展了他的这种艺术能力,他就发生练习这种能力的欲望。从这里,就有了没有私心的创作——艺术行为。'这样,我就知道普列哈诺夫的观念是:第一,艺术是完全非功利主义的,脱离实用的目的的凡是艺术行为都是'没有私心的',所谓'无所为而为'的创作。……"①

胡适、瞿秋白作品所使用的"功利主义"完全没有了英国"功利主义"思想的内核。在词义理解上,这两位学者与冯友兰相似,均将"有所为而为"这一现象称为"功利主义",即为了达到某种与物质生活相关的目的,而实施某种行为。而"功利主义"的反面即为"无所为而为",为了追求精神生活、信仰而展开的行动。并且他们一致认为,"无所为而为"是更值得在社会中提倡与弘扬的。这就回到了中国传统的观点。"功利主义"也因此与传统"功利"一词合流,在不同的语境下呈现出中性或者负面的含义。

二十世纪三十年代是"功利主义"一词传播的高峰期,有学者继续引入、介绍英国功利主义思想,如严恩椿翻译介绍苏格兰哲学家戴维森(William Leslie Davidson)的著作《功利主义派之政治思想》(*Political Thought in England*:*the Utilitarians from Bentham to J. S. Mill*)一书。但是正如上文所言,当时国内已经出现了将"功利主义"的西方思想内核弱化,将其等同于传统"功利"含义的趋势。严恩椿的译文在开篇中即提及了有关 utilitarianism 一词错误理解的问题:"不幸者,'功利'(utility)与'功利主义'(utilitarianism)一个名词非特为纯粹哲学家所蔑视,而其本字亦含有普通人日用之种种附带意义而因之产生误会。此二名词用以指人类之志趣及经营时,颇易影射及于自私自利于贸利的概念。此二名词所指之事物在普通之眼光中不免视为卑鄙。功利含有作用,有利者往往带有极卑鄙之作用,此等

① 瞿秋白:《文艺理论家的普列哈诺夫》,《瞿秋白文集·文学卷》第 4 卷,北京:人民文学出版社,1986 年,第 67 页。最初发表于《海上述林》上卷,诸夏怀霜社校印,1936 年版,第 24 页。

作为虽未我人安乐上所不可避免而仍易致人轻蔑。……一般人沿用功利主义之名称时,亦不免将其意义减为卑下。时流所指者,盖已将原义缩小而专指人类之欲望于活动中之较低的部分,而更加上若干使原义之价值减轻的他种意义。是以时流之演说者,若充量的惩詈现时代,则詈之为'功利主义的世界'。有时更转注之为'物质主义的时代'。功利主义遂视为与物质主义所含有的最下的伦理上解释同义,换言之,即视为求获财富与时荣的无节制与不合李贽的捷径。"①但书中表达出来的观点,并未对"功利主义"继续与"功利"混同理解发挥什么影响。

另外,二十世纪三十年代已经有学者使用革命用语来描述、传播"功利主义"思想,并通过革命话语对"功利主义"进行批判。如1936年发表于《申报》的《哲学讲座》栏目中的"功利主义"一文中写道:"至于功利主义呢? 它的基本观点是和上述的观念论相反的,它主张着人类的现实生活上的快乐之满足,它是快乐主义的哲学思想。在这一点上,它是不和现实的自然与社会相隔绝的,是要追求物质生活的改进的。功利主义者因承认现实的物质生活之满足和改进的必要,故在某种限度内,它也与观念论的绝对真理观的主张不同。……从这样看来,功利主义的哲学是比较接近于唯物论的,所以许多观念论哲学家常骂唯物论为功利主义者,这不是没有原因。……在十九世纪,正是世界的资本主义发展的黄金时代,物质生产的猛进,科学万能,人类的生活之空前的提高,这些都充分地说明人类的现实生活之快乐与满足的追求是完全可能的。所以如边沁,弥尔一派的功利主义学说便显明地成为独立的具体的学派了。不过这时的资产阶级所认识的最大多数并不是人类的全体,在最大多数中明明有他们所认可的少数的牺牲者,这就是在时代落伍了的贵族和新生长起来但还未具有充分的力量的无产者,因此这种功利主义是主张的当时资产阶级的最大多数人的利益的学说。"②此文中对"功利主义"的描述中,引入了"资产阶级""无

---

① 戴维森:《功利主义派之政治思想》,严恩椿译,上海:商务印书馆,1934年,第4—6页。
② 敬和:《功利主义》,《申报》1936年2月9日,第18版。

产者"等革命话语。因此,尽管此处明确了其中表达的"功利主义"源自西方思想,也并没有如许多文章中一样,将"功利主义"看成是与传统贬义的"功利"含义相同的语词。但是在结论上,依然对功利主义这一理论持有批判与否定的态度。文章的作者认为,"功利主义"只是"资产阶级"满足自身利益的工具,而并非边沁所说的全社会的"最大多数最大幸福"。

在革命与战争的年代背景下,1940年代中,"功利主义"自然被融入革命话语中。毛泽东在1942年《在延安文艺座谈会上的讲话》中写道:"但是我们应该告诉他们说,一切革命的文学家艺术家只有联系群众,表现群众,把自己当作群众的忠实的代言人,他们的工作才有意义。……我们的这种态度是不是功利主义的?唯物主义者并不一般地反对功利主义,但是反对封建阶级的、资产阶级的、小资产阶级的功利主义,反对那种口头上反对功利主义、实际上抱着最自私最短视的功利主义的伪善者。世界上没有什么超功利主义,在阶级社会里,不是这一阶级的功利主义,就是那一阶级的功利主义。我们是无产阶级的革命的功利主义者,我们是以占全人口百分之九十以上的最广大群众的目前利益和将来利益的统一为出发点的,所以我们是以最广和最远为目标的革命的功利主义者,而不是只看到局部和目前的狭隘的功利主义者。例如,某种作品,只为少数人所偏爱,而为多数人所不需要,甚至对多数人有害,硬要拿来上市,拿来向群众宣传,以求其个人的或狭隘集团的功利,还要责备群众的功利主义,这就不但侮辱群众,也太无自知之明了。"[①]可以看出,此段中的"功利主义"同时包含着贬义与中性两种含义。文中所批判的"功利主义",即为传统"功利"的贬义含义。此段中提倡的"功利主义"是集体主义的,认为个人不能以实现自己的个人的最大利益、最大幸福为出发点,应该以实现广大群众这一大群体的利益为出发点。

除革命话语外,二十世纪四十年代以后,"功利主义"一词逐渐变成了一个日常语词被学者们使用。在含义上,"功利主义"一词基本脱

---

① 解放日报社编:《整风文献》,华北人民革命大学教务处印,1942年,第306—307页。

离了边沁"功利主义"思想的意涵,而与传统"功利"含义合流。如朱光潜所著的《谈修养》中写道:"举得一点知识技能,就混得一种资格,可以谋一个职业,解决饭碗问题,这是功利主义的'用'字的狭义。但是学问的功用并不仅如此,我们甚至可以说,学问的最大功用并不在此。……现在所谓'知识分子'的毛病在只看到学的狭义的'用',尤其是功利主义的'用'。学问只是一种干禄的工具。"①朱光潜这里的"功利主义"很明显沿用了传统"功利"的含义来理解,作者用该词批判知识分子读书、做学问只为谋求自己物质利益。与二十世纪二十至三十年代的学者们对"功利主义"展示出的既赞同又反对的态度不同,此段中"功利主义"直接体现出了负面含义。《中央周刊》从 1940 年到 1942 年间陆续发表了此书的内容,重庆中周出版社 1943 年以《谈修养》为名出版了此书。此书在 1943—1947 年间至少重印了 5 次,该书对"功利主义"的理解具有一定的代表性。

根据以上对清末民初期间报刊书籍的考察,发现大多数当时在中国社会有影响力的一些精英知识分子学者的主流理解是将"功利"与"功利主义"自觉或不自觉地混淆使用,但仍然有部分学者坚持将"功利主义"概念理解为来自英国的外来思想概念,甚至对"功利主义"思想概念进行了比较认真的学理讨论。

如章士钊 1915 年在《甲寅》杂志上《功利(致甲寅杂志记者)》(答朱存粹)一文中区分了中国传统伦理中的贬义含义的"功利"与"功利主义"思想的不同,并肯定了西方功利主义的合理性:"在欧土曰功用主义(Utilitarianism)此义自伊比鸠鲁以来,即成宗室风。至边沁毕生倡之学乃大备。穆勒为讲其义曰:'功用主义者,最大幸福主义也。凡行为之足以增进幸福者举曰善。与此背驰者举曰恶。幸福者乐之体也,苦之反也。不幸福为苦之体,而乐之反。'鄙意此主义者,最为平易近人。大师以此立说,学者绝无戕性作伪之优。"章士钊进而认为,当时中国"民德日薄,吏治日窳"并不在人们功利心太多,而在于"乏功利心所致……国家不立淬励人才之法制,人生正当之功利信无所寄托,

---

① 朱光潜:《谈修养》,重庆:中周出版社,1943 年,第 112—113 页。

遂迸出于贪诈倾巧盗贼奸宄之徒也"①,并未将"功利"与"功利主义"混淆使用。

杨昌济在译著《西洋伦理学史》中写道:"边沁乃最能代表英国之学者之一人也,富于常识。有同情心。且有明敏之洞察力。彼弃从来说学之糟粕。脱除偏见。实为独创之思想家。彼之深究真理也,决不让他之学者。然彼之所以为彼在改良社会之一方面。彼有尤适当改良社会之罪恶之精神。不欲专耽抽象之穷究。而欲为实际之经世家。此乃彼之特色也。彼就于道德上及政治上之议论屡发表其意见。"②杨昌济应该是基本认可边沁思想的先进性,但仍有所保留。他提出的问题,如:"凡求社会一般之幸福之功利主义与由自己之快乐苦痛而决定行为之快乐主义,与理论上果可得而调和耶?"

高一涵1918年在《近代三大政治思想之变迁》中阐述了边沁功利主义思想。他将边沁功利主义思想与当时传入中国的民主、选举思想结合,认为最大多数最大幸福是要在不牺牲他人幸福的情况下,让每个人实现自己的幸福:"自边沁倡最大幸福之说,政治思潮倏焉丕变,顾尔时之解乐利主义者犹重其数量而略其性质。多数之幸福犹为少数代表所代谋夫幸福之所以可贵者,在引人民于政治范围以内,俾藉群策群力,以谋公共福祉之谓也。设以他人代谋为原则使多数人民立于被动地位颓废其独立自营之本能所谓幸福直欺人语耳……所谓乐利主义,乐利云云,必以个人为单位,无论牺牲万姓以奉一人者为非,即牺牲一人以奉万姓者亦非,此方所增之幸福绝不自他方痛苦中夺来,亦非自他方幸福中减出。……近世学说多由主张小区选举制度变为主张大区选举制度由主张多数选举变为主张比例选举此制如行则旧日多数专擅自营其私之弊端可日益廓清且可更进而行直接民政公意全发动于人民之自身矣。"③

此后,高一涵在1926年出版的《欧洲政治思想小史》的第六章"乐

---

① 章士钊:《功利》,《甲寅》1915第1卷第5期,第8页。
② 杨昌济:《西洋伦理学史》,北京:北京大学出版社,1917年,第246—247页。
③ 高一涵:《近世三大政治思想之变迁》,《新青年》1918年第四卷第一号:第2—3页.

利主义派"中,对边沁和穆勒的思想再次进行了详细的描述。他注意到了此学派的伦理与背后的立法本质,认为以边沁、穆勒为代表的英国乐利主义派"即在谋'最大多数的最大幸福'。想拿最有效用的具体方法来改良人类生活的情形,想借国家立法的功效,使一般生活向上"①。并且他提到了功利主义学派中有关选举的政治主张:"乐利主义也就是个人主义,把人类看作个个平等,每一个人算一个单位,相信只有个人知道自己的利害痛苦……他们在这些主张下,提出普通选举,直接选举,修正选举法种种问题。"②高一涵基本上做到了对"功利主义"和"功利"的区分。

1918 年朱元善以"天心"为笔名在《教育杂志》中对边沁功利主义思想进行了系统的阐释。他认为,边沁功利主义思想对英国的法律改革有着重要的意义。但对边沁在伦理方面暗含着利己与利人的矛盾进行明确的阐释:"吾人无不欲自得快乐者,何以必牺牲自身之快乐以徼最大多数之最大幸福乎? 此利己欲利他二主义,故有不能相容者,然边沁于此未尝予以明答。"③此外,朱元善对于英国功利主义学派进行了评价。他认为此学派有三个缺点:第一,认为快乐可以计算。而实际上,"快乐云者伴精神生活而变动,随其随减,必无可计算之理"。第二,功利说建构在个人主义之上,"而未知有社会",仅仅将社会看成是个人之和。第三,功利主义认为快乐没有性质上的区别。"穆勒心知其然也,乃承认快乐有性质上之别而功利说之根本覆焉。"④

缪凤林 1924 年在其《评快乐论》中,将边沁的快乐归类为"伦理的快乐"。他将边沁思想理解为:"主快乐论者,又曰吾所言人应求最大量之乐者,非谓人应唯一己之乐之是求也。乐之大小,视其所被范围之广狭度量。乐之价值,他人之乐当与一己之乐等量齐观。苦人以乐己者,固属不德。己乐其乐而人不之乐者,犹之不合于义也。故人所应求者,非一己快乐之最大量,乃人类全体或一切有情之乐之最大量

---

①　高一涵:《欧洲政治思想小史》,上海:中华书局,1926 年,第 93 页。

②　高一涵:《欧洲政治思想小史》,上海:中华书局,1926 年,第 93—95 页。

③　天心:《英国功利主义之梗概》,《教育杂志》1918 年第十卷第十号,第 72 页。

④　天心:《英国功利主义之梗概(续)》,《教育杂志》1918 年第十卷第十一号,第 84—85 页。

也。快乐论者至此遂舍伦理快乐论之唯我宗，而主伦理快乐论之唯人宗代表之者为边沁，穆勒约翰及薛知微三氏。"①他肯定边沁思想合理性时并指出边沁思想忽视了人们自利以外的动机，边沁思想中包含着个人幸福与群体幸福的矛盾："边氏固否认自利利他二动机之区分，而谓人除自利之外无其他的动机矣。盖边氏之唯人论建基于心理快乐论之上，一方谓人常唯乐是求，他方又谓人群之乐为道德之正鹄，二者之间有不可逾越之鸿沟。边氏求其会通而不可得，图以同情之苦乐解释。"②

赵兰坪 1929 年在《近代欧洲经济学说》中，从经济思想史的角度，阐述了边沁与穆勒的功利主义学说。并对边沁思想的影响有非常高的评价："边沁以前，虽有陆克休姆等，从人类之苦痛快乐，论及吾人之经济生活，然未有如边沁之周到也。边沁将经济与哲学中之功利主义，并为一谈。故在当时，有功利主义即经济学，经济学之功利主义之概念。两者虽非尽同，而相同之点实甚多。……今之以最后效用为中心，而论经济者，如贲巴威尔（Bohn-Bewerk）、塞克斯（Sax）等，所论与边沁所谓'个人之利害，本人实为其最良之判断者'同。此说虽非直接得自边沁，而自边沁以来，自在酝酿中，遂有今日之果。边沁之功，不可没矣。"③

1943 年谢幼伟撰文批评功利主义学理上的错误及实践上的流弊。④"中西交通后，西洋的功利主义牢笼一切，儒家的反功利度已不复为人所知，稍有功利色彩的墨子为近人所乐道。"作者在文中将功利主义的重要主张逐一批评，计八点。1. 快乐为人生目的，但快乐不可追求并快乐不可实现；2. 除快乐外一切皆为手段；3. 功利主义非求全体或大多数人快乐，亦仅求个人快乐；4. 快乐总量之说，亦不可通；5. 不认可穆勒对功利主义的修正；6. 认为苦乐计算标准为功利主义流弊之大者；7. 快乐为一切欲求之对象并非事实；8. 穆勒以已欲

---

① 缪凤林：《评快乐论（下）》，《学衡》1924 年第 35 期，第 9 页。
② 缪凤林：《评快乐论（下）》，《学衡》1924 年第 35 期，第 10 页。
③ 赵兰坪：《近代欧洲经济学说》，上海：商务印书馆，1929 年，第 140 页。
④ 谢幼伟：《快乐与人生——功利主义述评》，《思想与时代》1943 年第 20 期。

(Desired)证明可欲(Desirable),此种论证,至为谬误。

贺麟和谢幼伟1940年代都对"功利主义"进行了比较中立的学理分析,并没有将"功利主义"与"功利"混淆。贺麟1944年在《功利主义的新评价》一文中将中国人理解的"功利主义"与英国"功利主义"描述为"旧式功利主义"与"新式功利主义"。旧式功利主义只顾追求个人的物质利益,而无内在的目的,并且习惯于计算个人的得失。而近代新式功利主义是一种社会理想,着眼点是社会整体的幸福。其特点是:"第一,近代功利主义者,把上面所列举的四种功利归纳成为一种功利,即快乐或幸福。……第二,这种主义所求者是最大多数人的最大快乐。……第三,分配快乐的原则,是一个人只算一分,没有人可算两分。简言之,这是为全体为社会设法谋幸福,为平民求利益的道德理想。"他认为这样的功利主义有三个优点,首先,打破了亲疏贵贱之分。第二,功利主义原则同时确立了法律面前人人平等的立法原则。第三,注重扫除道德障碍,建立良好的道德环境,设法使民众富有。而之所以西方功利主义在中国被误解被排斥,是因为"(一)人们误将近代的重社会理想的功利主义与旧式的个人的功利主义相混,误以功利主义为自私自利之人张目。(二)由于不知近代功利主义,乃系自重个人修养的内心道德进展而来。(三)由于不知功利主义须有亦应有超功利的宗教精神以作基础,因此近代功利主义之在中国,不惟未发挥其应有的良好效用,反而产生了不少的流弊"[1]。为中国社会将"功利"与"功利主义"混淆的现象作了非常准确的分析。

二十世纪初到二十世纪四十年代期间,中国学者对"功利主义"的使用情况大致如下。在"功利主义"被引入中国的初期,并没有引起大范围的学术关注。值得注意的是,"功利主义"中译版本中的理解,已经出现了学者用中国传统义利观解读西方"功利主义"思想的倾向。即"功利主义"与中国传统义利观思想合流已有抬头势态。二十年代中期,"功利主义"开始得到广泛传播。二十年代中后期,出现有学者将"功利主义"直接等同于"功利"的情况。同时也有学者试图纠正人

---

[1] 贺麟:《功利主义的新评价》,《思想与时代》1944年11月第37期。

们对"功利主义"的认识上的谬误,肯定这一词汇的积极含义。从历史的结果来看,最终"功利主义"与中国传统义利观思想合流的态势并未被成功阻止,相反在传播过程中,"功利主义"与中国传统"功利"含义日渐趋同,最终被转化为"急功近利""追名逐利"的代名词。四十年代之后,"功利主义"的涵义趋于稳定。原西方"功利主义"的内核已经基本被忽略,更多被认为与"功利"等同。即"功利主义"与中国传统义利观思想合流已经完成。

综上所述,"功利主义"在中国传播早期,部分学者们肯定了"功利主义"中含有的积极意义,但同时也对"功利主义"可能带来的潜在社会问题表示了谨慎的态度。虽然曾经有部分学者试图纠正人们对"功利主义"一词的误解,阐述"功利"和"功利主义"的区别。但是这种努力并未能改变"功利主义"一词与传统"功利"含义合流的发展趋势。

从传播过程呈现的现象上观察,由于清末民初期间的大多数学者将西方外来的"功利主义"概念用词进行了转化,直接借用了中国传统文化中"功利"一词来表达,继承传统概念中"功利"一词"急功近利、自私自利"的含义,"功利主义"这一词汇逐渐与中国传统思想结合并被吸收,脱离了"功利主义"思想原先内核,其含义基本被传统"功利"含义覆盖。不可否认的是,这主要是中西文化差异与国家发展阶段的差别等诸多原因,使得中国学者无法完全理解"功利主义"内在意涵。

3.5　"功利主义"与中国社会的互动

"功利主义"作为一种源于西方的思想,在被梁启超等人引入中国后,究竟在社会层面产生了什么样的影响,发挥了一些什么样作用,笔者试图对此进行分析。

3.5.1　早期教科书的影响

思想概念发挥影响的主要途径之一是教育领域,而教科书通常是最重要的载体。李帆指出:民国期间教科书"是知识生产、知识传播的特殊载体,也是学校历史教育的专门工具,承担着传播正统历史观、价值观以引导民众的功能,故而其内容表达了编写者的立场……,教科书编写过程往往是学术界与国家政权共同制造知识的过程,而且基于教科书的特殊身份,学术界与政权实际上是以它为载体在生产一种具有'合法性'和'权威性'的知识,并使之成为'常识'"。①

若从民众接受教育的角度来探讨功利主义的影响,民国期间教科书作为非常特别的一类书籍与民众教育关联度很大,承载着教育下一代的功能。当学生们在学校学习时,实际上是通过教科书上的知识完成了初步认知世界的过程,即教科书往往是学生认知世界的启蒙书;特别是教科书还具有社会价值观念的传播功能,即学生不仅仅从教科书中获得科学知识,更重要的是教科书可以帮助受教育者获得人生观和世界观,包括价值观的教育。社会转型一定会导致政治文化、道德伦理及有关思想领域发生变化,而这种社会思想文化的变化必然会在当时的教科书中得到某种程度的反映,并且随后通过教育渠道在若干代人的思想认知上体现出来。

"功利主义"传入中国的时期,中国教育体制已经发生变化。中国人自编的教科书在十九世纪末已经问世。蒙学教科书 1903 年由文明书局出版,1905 年左右商务印书馆也开始出版教科书,1906 年学部第一次审订了初等小学教科书目,标志着中国近代教科书的诞生。总体而言,此后二十世纪前十年,近代教科书处于发展的初期,参与的出版社和出版的教材种类还比较少。二十世纪二十年代与三十年代前半期,是近代教材发展的黄金时期。1922 年,壬戌学制确立。1923 年后,商务印书馆出版了多套教材,以适应新学制的需要。为了适应新的行政制度与意识形态的需要,多家出版机构于 1928、1929 年推出了新版教科书。1932 年,教育部颁布了小学课程标准。1933、1934 年由

---

① 李帆:《概念史与历史教科书史的研究》,《河北学刊》2019 年第 1 期。

于国内政治相对稳定,加上"新生活运动"的展开,教科书出版迎来了高峰。二十世纪三十年代后半期开始,由于战争影响,教科书出版呈现出了下降趋势。

上述这些教科书是否包含"功利主义"内容? 如果有,又是如何表述的? 其内容又对民众的思想产生了何种影响? 笔者尝试对教科书中所含的"功利主义"概念进行研究,希望借此了解教科书如何影响民众的"功利主义"概念形成。

通过查找民国的早期教科书中"课程与教材""汉语教学""社会教育""人生哲学""初等教育"等关键词,共发现包含"功利主义"用词的教科书约 200 种。从时间来看,这些教材主要出现于 1925 年以后,在 1933 年达到顶峰。这与清末民国时期教科书的发展状况相吻合。

统计这些教科书的用词,笔者发现早期教科书中的"功利主义"的含义仍是以第一类"急功近利"用法为主,约占总数的 50%。第三类"西方思想"、第四类"中国传统"两种含义的用法数量相当,各占 20% 左右。第二类"事功、效用"出现数量最少,约为 10%。并且教材中"功利主义"含义的趋势,与报刊相同,即在"功利主义"一词较大规模出现后,功利主义的第一种用法,即"急功近利"占据了主导地位。

教科书中将"功利主义"用作"急功近利"含义时,通常有着比较明显的价值倾向。如 1934 年出版的《国文读本》"老庄思想与小农社会"中写道:"先秦诸子中,只有代表贵族思想的儒家不屑计算利害,其余各家大概都有功利主义的色彩……老庄所代表的是小农,更是所谓'粗鄙近利'的'小人',他们是极会打小算盘的。"[①]这里作者将"功利主义"与"粗鄙小人"相连,体现出了一种明显的贬义。

当含义为第三类即指向"西方思想"时,该词通常用作于对英国功利主义思想的介绍,如 1932 年出版的《新中华国文(第一册至第三册)》,"菲斯的人生天职论述评论之一节——对于社会的天职"中写

---

① "老庄思想与小农社会":《国文读本》(上),上海:中华书局,1934 年。

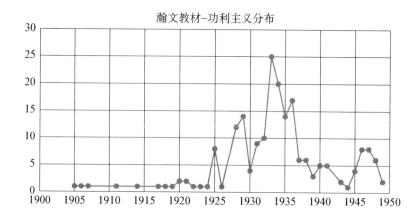

道:"乐利主义 utilitarianism,亦译为功利主义,导源于希腊之亚里氏贴苦 Aristippus、伊壁鸠鲁 Epicurus,至边沁 Bentham 始集其大成。其学说无人我差,但以增进一般幸福为善,即以'最大多数之最大幸福'为道德之目的者也。"①

将"功利主义"指向中国传统思想的用法,如 1931 年《中国史(上册)》,"第七章周末学术的隆盛"中写道:"法家以管子为宗,管子名夷吾,齐人。今存管子书七十六篇。管子主功利主义,任政强齐。"②

与报刊、其他书籍的情况相似,教材中的中性用法尽管不是很多,但是仍然存在:"我们研究行动应守的标准,知道只有两个:理想主义与功利主义。由功利主义言之,一切行动须有益于他人,有利于社会,故必先计其利害,衡量其结果,才可以去做。……但遇到特别紧要的关头或计算不清的时候,则功利主义往往无力,而且发生大弊。……故我们的结论是,平常的行动讲功利主义,尽可无伤于道德;但非常重大的时期,则非用理想主义不可。……知其不可而为之者,只有理想主义的人们,若依功利主义的立场,则已知不可,又何必去做呢?"③中性用法在瀚文书库教材中,最晚出现于 1948 年的《开明新编国文读

① 沈颐编著:《新中华国文》(第一册至第三册),喻璞等注,上海:中华书局,1932 年,第157 页。

② 孟世杰编:《中国史》(上册),天津:百城书局,1931 年,第75 页。

③ 罗鸿诏编著:《复兴高级中学公民课本》(第四册),上海:商务印书馆,1936 年,第69 页。

本》中。可见尽管此种用法总量不大,但是依然被知识分子所保留。

考察过程中发现教科书中一些包含"功利主义"的典型文章,现分析如下:

一、来源于报刊,在教科书中反复出现的文章。

报刊特点决定了很少有内容重复的文章出现。但是,报刊中的经典内容,往往会被引用、收录到书籍甚至是教材中。这些文章经过反复引用,不仅在最初发表之时具有社会影响,而且在以后不同的年代中,得到了更为广泛的传播。其中较为典型的有《何谓科学家》与《功利主义与学术》等文章。

任鸿隽的《何谓科学家》一文最初发表于 1919 年 3 月 15 日的《东方杂志》上,此后被引用到各类教材中,在瀚文民国书库教材中出现超过 20 次,时间跨度为 1920 年至 1947 年,其中出现频率较高的为 1929 与 1934,均出现了 4 次,即这两个年份中共有 8 本教材包含《何谓科学家》一文。

任鸿隽通过这篇文章,给当时的民众科普何为"科学"与"科学家"。"功利主义"出现于其中谈论当时人们对科学的错误认识的段落:"第三种是说科学这个东西,就是物质主义,就是功利主义。所以要讲究兴实业的,不可不讲求科学;你看现在的大实业,如轮船,铁路,电车,电灯,电报,电话,机械制造,化学工业,那一样不靠科学呢? 要讲究强兵的,也不可不讲求科学;你看军事上用的大炮,毒气,潜水艇,飞行机,那一样不是科学发明? 但是这物质主义,功利主义太发达了也,有点不好。如像我们乘用的代步,到了磨托车,可比人力车快上十倍,好上十倍了。但是'这磨托车不过供给那些总长督军们出来,在大街上耀武扬威,横冲直撞罢了。真正能够享受他们的好处的,有几个呢? 所以这物质的进步,到了现在,简直要停止一停止才是'。再说'那科学的发达,和那武器的完备,如现在的德国,可谓登峰造极了;但是终不免于一败。所以那功利主义,也不可过于发达;现在德国的失败,就是科学要倒霉的朕兆'。照这种人的意思,科学即是物质功利主义,那科学家也不过是一种贪财好利,争权徇名的人物。这种见解的错处,是由于但看见科学的末流,不曾看见科学的根源,但看见科学的应用,不曾看见科学的本体。他们看见的科学即错了,自然他们意想的科学家,也是没有不错的。"[1]此段中写到了当时民众对科学的一种错误理解,即将"科学"等同于"功利主义"。从前半部分来看,"功利主义"更接近于传统"功利"意义上的"事功"。但是后半部分的"功利主义"转向了传统贬义的"功利"含义,甚至将功利主义和物质主义等同起来,如其中写道的"这磨托车不过供给那些总长督军们出来,在大街上耀武扬威,横冲直撞罢了""科学即是物质功利主义,那科学家也不过是一种贪财好利,争权徇名的人物"。这里"功利主义"用法明显为贬义。

钱智修 1918 年在《东方杂志》上发表的《功利主义与学术》中写道:"吾国自与西洋文明相接触,其最占势力者,厥惟功利主义Utilitarianism。功利主义之评判美恶以适于实用与否为标准,故国人于一切有形无形之事物,亦以适于实用与否为弃取。"[2]然而,"功利主义"在中国被演变成为:"除功利主义无政治,其所谓政治,则一权利竞争之修罗场也;除功利主义无伦理,其所谓伦理,则一崇拜强权之势利语也;除功利主义无学术,其所谓学术,则一高资厚禄之敲门砖也。盖此时之社会,于一切文化制度,已看穿后壁,只赤条条地剩一个穿衣吃饭之目的而已。夫以功利主义之流弊,而至举国之人群以穿衣吃饭为唯一目的,殆亦非边沁 Bentham 穆勒·约翰 John Mill 辈主唱此主义时所及料者钦。"[3]从钱智修的描述中可以看出,他清楚表明了"功利主义"一词来源于英国"功利主义"学派思想,并且对其中的"最大多数最大幸福"的内涵也有所了解。但是在使用的过程中,钱智修仍用"功利主义"表达中国传统"功利"一词"急功近利"负面含义。从他对学术功利主义倾向的三点批判可以看出,这些批判中使用的"功利主义"的含义,均为"急功近利"相关,也都是贬义含义。

---

① 钱基博编著:《语体文范》,无锡县公署三科,1920 年 7 月,第 8 页。
② 钱智修:《功利主义与学术》,《东方杂志》第 15 卷第 6 号,1918 年 6 月 15 日,第 1 页。
③ 钱智修:《功利主义与学术》,《东方杂志》第 15 卷第 6 号,1918 年 6 月 15 日,第 2 页。

钱智修这篇《功利主义与学术》文章首次发表于 1918 年 6 月 15 日的《东方杂志》，此后在不同版本的《独秀文存》《近世文选》《东西文化批评》中共出现过 11 次，时间跨度为 1923 年至 1939 年。其中《近世文选》为教科书类别读物，在 1925、1929、1933 三个年份中共印过 3 版，可见影响之大。

二、其他教科书中反复出现的文章

有些文章虽然并未在报刊上发表，但是被广泛收录在不同的书籍，特别是教科书中。此类文章有夏丏尊的《艺术与现实》，与梁启超的《"知不可而为"主义与"为而不有"主义》等等。

《艺术与现实》在瀚文书库教材中出现了 13 次，时间跨度为 1928 年至 1937 年，最早出现于 1928 年世界书局出版的《文艺论 ABC》中。与上文提到的《何为科学家》《功利主义与学术》不同，"功利主义"一词在《艺术与现实》中并没有出现在正文中，而是出现在了对"功利的"一词的注解中。其中写道："功利的：谓其态度偏于崇尚急功近利的功利主义也。"[1]而反观文章功利的出处："木匠所注意的大概是这树有几丈板可锯或是可以利用了作甚器具等类的事项，博物学者所注意的大概是叶纹，叶形与花果年轮等类的事项，书画家则与他们不同，所注意的只是全树的色彩、萎态、调子、光线等类的事项，在这时候，我们可以对于这梧桐树，木匠所取的是功利的态度，博物学者所取的是分别的态度，画家所采取的是艺术的态度。"[2]从作者的解释可以看出，"功利的"一词使用了传统"功利"的贬义用法。夏丏尊用"功利主义"来解释"功利"，并且明确提到了"崇尚急功近利的功利主义"。因而很清楚，此处"功利主义"即为"急功近利"的含义。并且从这一解释中可以看出，夏丏尊将"功利主义"与"功利"等同。

《"知不可而为"主义与"为而不有"主义》是梁启超 1921 年所作的一篇演讲，在瀚文书库教材中共出现了 7 次，时间跨度为 1921 年至 1946 年。有关功利主义的内容，文章中写道："'知不可而为'主义'为

---

① 王伯祥：《开明国文读本参考书》（第二册），上海：开明书店，1933 年，第 178 页。

② 王伯祥：《开明国文读本参考书》（第二册），上海：开明书店，1933 年，第 175 页。

而不有'主义和近世欧美通行的功利主义根本反对。功利主义对于每做一件事之先必要问：'为什么？'胡适《哲学史大纲》上讲墨子的哲学就是要问为什么。'为而不有'主义便爽快地答道：'不为什么。'功利主义对于每做一件事之后必要问：'有什么效果？''知不可而为'主义便答道：'不管他有没有效果。……今天讲的并不是诋毁功利主义。其实凡一种主义皆有他的特点，不能以此非彼。从一方面来看，'知不可而为'主义，容易奖励无意识之冲动；'为而不有'主义，容易把精力消费于不经济的地方。这两种主义或者是中国物质文明进步之障碍，也未可知。但在人类精神生活上却有绝大的价值，我们应该发明他享用他。"①在此文中，梁启超首先表明了"功利主义"一词来源于西方，他这里说的功利主义，是"近世欧美通行的功利主义"。而他对功利主义的解读，即为每件事之前都要问为什么，每件事之后都要问什么效果。这与中国传统儒家所说的"正其谊不谋其利，明其道不及其功"相反，而与功利主义的"事功"有所接近。但是联系后文"并不是诋毁功利主义"，可以发现，此处"功利主义"在当时读者看来，依然含有贬义的含义。并可以了解到在当时情况下，将功利主义与功利混同的影响还是很大。

教科书承担着教育青年、传播知识的作用，在研究"功利主义"流变过程时，教科书的作用不容忽视。"功利主义"一词广泛出现于各类教科书，特别是国文、修身、社会等学科中。在分布上，不仅出现在各个年份中，并且在新国民图书社的"新中华教科书"、商务印书馆的"复兴教科书"、开明书店的"开明教科书"、中华书局的"中华教科书"、世界书局的系列教科书等主流版本教科书中均有出现。而绝大多数情况下，这样对"功利主义"概念的普及教育所得到的只能是贬义层面的理解。这样的宣传，随着教科书的普及而获得了广泛传播，对国人的影响应该是比较大的。青少年学生通过近代教科书，对此用法进行了学习与接纳。使用这些教科书的学生成长后，他们同样会将此种含义用在自己的文章中，发表在各个媒体渠道上，令其获得进一步传播。

---

① 朱文叔编，陈棠校：《新中华教科书国语与国文》（第六册），上海：新国民图书社，1928年，第142—143页。

由此,"功利主义"在教科书中所呈现的主流用法"急功近利、物质主义"得到进一步传播。

3.5.2 学术界对"功利主义"的看法

除了教科书之外,功利主义在社会层面上的影响也体现在学术界对功利主义的理解。鉴于学术界对功利主义的理解直接关系到功利主义在中国社会所发挥的作用,梳理学术界对功利主义的"主流"看法,为进一步深入理解功利主义在中国社会所发挥的影响,将非常有帮助。

根据有关史料,将"功利主义"与"功利"的混用从某种程度上可以讲是更多地得到了学术界的认可,甚至有学者更进一步认为从古代起中国传统文化本身就存在"功利主义"。张耀南[1]指出,梁启超为中国学者以"西式功利主义"(Utilitarianism)解读中国哲学之始,其后冯友兰、韦政通、朱伯崑、田浩(Hoyt Cleverland Tillman)诸大家,认为中国哲学中有一种"功利主义"的传统。他们以"功利主义"解读中国哲学。有学者将墨子、李觏等列为功利主义者,亦认为"中华传统文化富有功利主义传统",陈亮、叶适、颜元、李塨、戴震等即其代表人物。认为儒家思想中存在一个"功利主义"的派别。比较典型的代表如墨子属于功利主义(Utilitarianism)的说法一直以来占据中国哲学界主导地位。[2]

查阅已有的资料,在近代,最早将"功利主义"一词用来描述中国传统思想的是梁启超发表于 1902 年的《论中国学术思想变迁之大势》。文中写道:"申不害,韩产也,商鞅,魏产也。三晋地势,与秦相近,法家言勃兴于此间。而商鞅首实行之,以致秦强。逮于韩非,以山东功利主义,与荆楚道术主义,合为一流;李斯复以儒术缘蚗之;而李

---

① 张耀南:《中国哲学没有"功利主义"——兼论"大利主义"不是"功利主义"》,《北京行政学院学报》2008 年第 2 期。
② 叶勇:《墨子是功利主义者吗?——试论墨子和功利主义在"功利"观上的差异》,《西部学刊》2016 年第 3 期。

克、李悝等,亦兼儒、法以为治者也。"①他将先秦韩非的思想称为"功利主义"。反映了梁启超在引入"功利主义"思想之初,即不自觉地将此概念与中国传统"功利"思想相混同,并由此而在"功利主义"进入中国之初,开了将"功利主义"与传统"功利"混同的先河。梁启超1904年在《子墨子学说》中,在涉及有关中国传统哲学思想时仍继续使用"功利主义"。"公孟子即公明高,亦即公羊高,为儒学大师。其所持以与墨子辨难者,皆儒学最精要之微言大义。'有义不义,无祥不祥'二语即儒学之立脚点也。盖孔子之教,纯持责任道德之说,与功利主义立于极端反对之地位,故曰:'正其谊,不谋其利,明其道,不甘其功。'"②在这里梁启超将"功利主义"看成是与儒家责任道德学说相对立的伦理思想,由此可见梁启超仍然认为中国传统文化思想里存在"功利主义",只是和儒家学说对立而已。

二十世纪早期,除了梁启超外,麦孟华1903年在《新民丛报》上发表的《商君传》中写道:"然而商君任政之初,即自叹难以比德于殷周。盖其治专重功利主义,而偏缺道德教育。彼固预见他日之必有流弊,而歉然不能自满矣。知有流弊而不先匡正,则或亦当日国家之形势,国民之程度,有所捍隔而不能骤达者欤。"③这里的"功利主义"用法与梁启超《子墨子学说》中的用法相同,并且,显然麦孟华对"功利主义"持有否定的态度,此处为急功近利的含义。

吴虞1910年在《辨孟子辟杨、墨之非》同样也用了"功利主义"。他写道:"墨子之以利为善之实质,即达克之功利主义也……而孟子未窥杨、墨之学说,仅攻其为我、兼爱二主义,至墨子之尊天、明鬼,陷于宗教之迷信,则不敢攻也;(儒家依然,固孟子不敢。)杨子之利己主义,逊于功利主义,则不能辨也,(梁惠王问利国,即功利主义,孟子不知,误以为利己主义)可谓疏矣。"④吴虞认为,中国传统中存在功利主义,

---

① 梁启超:《梁启超全集》,北京:北京出版社,1999年,第573页。
② 梁启超:《梁启超全集》,北京:北京出版社,1999年,第3171页。
③ 蜕庵:《商君传》,《新民丛报》第30号,1903年4月12日。
④ 张枬、王忍之编:《辛亥革命前十年间时论选集》第三卷,北京:生活·读书·新知三联书店,1977年,第739页。

并且认为墨子学说即为功利主义。

1915 年谢无量在《阳明学派》中写道："义利之辨，夙为儒者所重视。南轩象山，所论尤严。阳明言学，尤以己身之去人欲存天理为主。又倡致良知之说，宜其极斥功利主义，以力护孔孟以来相传之大法也。……阳明既始终非功利主义，故见他人之一言一动，出于希求功利之心者，必深恶痛绝之。"[1]在王阳明的著作中，使用的始终是"功利"，而谢无量这里将王阳明的"功利"等同于"功利主义"进行了阐释与评论。

1920 年代以后，梁启超此类用法明显增多，在描述墨子思想时，继续使用"功利主义"一词。如他在 1920 年代发表的《墨经校释》中写道："言忠孝皆以利为标准，是墨家功利主义根本精神。《大取》篇云：'知亲之一利，未为孝也'。能善利亲，必尽知所以利者而权其轻重也。"[2]不过他对墨子的描述，主要用的依然是"实利主义"（如《墨子学案》）。梁启超同样将"功利主义"一词用在其他中国传统功利学派的介绍中。如他在 1923 年发表的《颜李学派与现代教育思潮》中写道："颜李也可说是功利主义者。"[3]同年发表的《国学入门书要目及其读法》序中写道："南宋时与朱学对峙者尚有吕东莱之文献学一派，陈龙川、叶水心之功利主义一派，及陆象山之心学一派。欲知其详，宜读各人专集。若观大略，可求诸《宋元学案》中。"[4]此外，与谢无量相同，梁启超在介绍、评论王阳明知行合一思想时，也自然地将王阳明所批判的"功利"与"功利主义"相等同："阳明继承象山学脉，所以陆王之学，彻头彻尾只是立志辨义利。阳明以为，良知唯一的仇敌是功利主义，不把这个病根拔去，一切学问无从做起。他所著有名的拔本塞源论，关于此警告说得最沉痛……阳明所以极力反对功利主义，所以极力提倡致良知，他那一片婆心，和盘托出给我们看了。我们若还相信这些话有相当价值，总可以感觉到，这种专以自己为本位的人，学问少点，

---

① 谢无量：《阳明学派》，上海：中华书局，1915 年，第 124—125 页。
② 梁启超：《梁启超全集》，北京：北京出版社，1999 年，第 3217 页。
③ 梁启超：《梁启超全集》，北京：北京出版社，1999 年，第 4227 页。
④ 梁启超：《梁启超全集》，北京：北京出版社，1999 年，第 4234 页。

才具短点,作恶的程度也可以减轻点。"①

　　除梁启超外,在 1920 年代,不少学者同样非常自然地用"功利主义"来表达中国传统功利学派思想,并写入诸如"中国伦理学史""中国哲学史"一类的重要学术著作。

　　如 1922 年胡适在其博士论文《先秦名学史》中写道:"因此,他建立了一个新学派,这是中国古代唯一的以创始人命名的学派,即'墨家'……作为一个思想体系,墨家于功利主义和实用主义又有很多共同之处。"②

　　作为民国时期极具影响力的学者,冯友兰在其 1925 年出版的教科书《人生哲学》中沿用了中国传统伦理思想解释功利主义:"依此所说,则欲'无所为而为',正不必专依情感或直觉,而抛弃理智……功利主义故太重理智,然以排斥功利主义之故,而必排斥理智,则未见其对。功利主义必有所为而为,其弊在完全以'为'为得'所为'之手段;今此所说,谓当以'所为'为'为'之意义。……所以依功利主义,人之生活多干燥——庄子所谓'其道太觳'——而重心偏倚在外;依此所说,则人之生活丰富有味,其重心稳定在内。"③冯友兰同时还将墨子与边沁功利主义思想做类比,认为"在西洋哲学史中,与墨家哲学最相近者,为边沁(Jeremy Bentham)及霍布士(Thomas Hobbes)。今本章中随时比较论之"④。冯友兰并直接用"功利主义"来表述中国传统功利学派思想,"墨家之哲学,即为极端的功利主义。他以功利主义为根据,对于社会、国家、道德、宗教皆有具体的计划。功利主义之长处,他既发挥甚多;功利主义之短处,他亦暴露无余。所以本书以墨家之哲学,为功利主义之代表"⑤。对于"功利主义"一词本身的使用,冯友兰与胡先骕相同,也是脱离了"功利主义"的西方思想的内涵,回到了中国传统文化的角度,将其看成是与传统"功利"相似的语词:"吾人若不

---

①　梁启超:《梁启超全集》,北京:北京出版社,1999 年,第 4192—4193 页。
②　欧阳哲生编:《胡适文集 6》,北京:北京大学出版社,1998 年,第 50 页。
③　冯友兰:《人生哲学》,上海:商务印书馆,1925 年,第 334 页。
④　冯友兰:《人生哲学》,上海:商务印书馆,1925 年,第 129 页。
⑤　冯友兰:《新学制高级中学教科书人生哲学》,上海:商务印书馆,1925 年,第 129 页。

抱一功利主义之见解,活动而'不谋其利,不计其功',则吾人将常不失败;盖吾人将失败成功,一例视之,纵失败亦能不感失望而受失败之痛苦也。"[1]在此段中,"功利主义"的用法也脱离了边沁"功利主义"概念的含义,而回到了一种传统"功利"的理解用法。

同样,蔡元培《中国伦理学史》中关于墨子写道:"爱者,道德之精神也,行为之动机也。而吾人之行为,不可不预期其效果。墨子则以利为道德之本质,于是其兼爱主义,同时为功利主义。……其意以为道德者,必以利达其爱。若厚爱而薄利,则于薄于爱无异焉。此墨子之功利论也。"[2]

除墨子思想外,"功利主义"还被用来指代其他中国传统功利思想。如谢无量在其《中国哲学史》中写道:"霸者之政策,即功利主义是也。……霸者与民以利。因自得其利,以此为操纵之术,视为为政之宝焉。管子治齐国四十余年,威令加于天下,功利主义之效也。后之霸者,晋文楚庄,皆用此道。"[3]

杜亚泉也在《人生哲学》中写道:"我国儒墨两家,皆具功利主义的色彩。但儒家并不以功利为道德,而置功利于道德的次位。故谓'太上立德其次立功'。盖儒者所谓道德,乃衡情酌理而出。吾人只依据道德而行,则不言功利而功利自在,所以道德可以包括功利。若专务主张功利,则或因急功近利而有背理拂情德举动,所以如管仲商鞅等偏急得功利主义亦谓儒者所排斥。"[4]

由此可见,从二十世纪二十年代开始,将中国传统功利思想称为"功利主义"已然成了一种学界公认的理解。"功利主义"不仅被学者们用来指代墨子思想,也被用来指代管商、陈亮、叶适等。此后,学者们延续并发展了这种用法。如冯友兰在其《中国哲学史》中,将墨子思想称为"功利主义":"孟子所说王政,亦注重人民生活之经济方面,故儒家非不言利。不知儒家不言利,乃谓各事只问其苦,不必问其结果,

① 冯友兰:《人生哲学》,上海:商务印书馆,1925 年,第 215 页。
② 蔡元培:《中国伦理学史》,上海:商务印书馆,1926 年,第 66 页。
③ 谢无量:《中国哲学史 第一编一》,上海:中华书局,1926 年,第 60—61 页。
④ 杜亚泉:《人生哲学》,上海:商务印书馆,1929 年,第 225—226 页。

非不言有利于民生日用之事。此乃儒家之非功利主义，与墨家之功利主义相反对。"①

1941 年出版的范寿康《中国哲学史通论》中，更是直接将墨子与 utilitarianism 联系起来："墨子立论是最注重于社会的安宁与人民的幸福的。他是一个彻底的功利主义者（utilitarianism）。"②

1948 年贺麟等思想家合著的《儒家思想新论》中，对"功利主义"进行了反思："程朱之学，凡事必推究至天人心性，而求其究竟至极之理。其理论基础身后，犹源远根深，而其影响之远大，犹如流之长，枝叶之茂。彼重功利之实用主义，根基浅薄，眼光近小，理论基础不固，不能予人亦精神上最高满足。故流不倡，枝叶不茂，而影响反不甚大。由此足见，凡说功利主义切实用，凡说程朱之学虚玄空疏不切实用者，皆只是表面上的看法。"③

新中国成立后出版的著作中，张岱年在其《中国哲学大纲》中尽管没有直接采用"功利主义"一词，但是他将南宋、叶适的思想归类为"功利学说"："当时在朱、陆之外，尚有一派思想，即是陈亮（字同甫）、叶适（号水心）等的功利学说。他们好讲经济，谈事功，而反对关于宇宙的玄想。他们没有哲学系统，但不失为一派特色的思想家。"④

侯外庐在《中国思想通史》中写道："荀子的性恶论和积习说，已与功利主义相接近，他评论各学派之所蔽皆从政治的利害观点出发，韩非子的狭隘的功利思想正是荀子传统的发展"；"关于法家的批判，见非韩案书对作等篇。非韩篇大旨，在于批判法家任法而不尚贤之失，以为'治国之道，所养有二：一曰养德，二曰养力'，二者不可偏废；法家之术，任力而不养德，'必有无德之患'。王充强调礼义而非薄耕战，主德治而非法治，排斥法家的狭隘的功利主义思想。我们认为：王充的这一批判，是通过自然无为的道家思想，批判了汉室的严刑峻法的

---

① 冯友兰：《中国哲学史》，上海：商务印书馆，1934 年，第 104 页。
② 范寿康：《中国哲学史通论》，上海：开明书店，1941 年，第 104 页。
③ 贺麟等：《儒家思想新论》，南京：正中书局，1948 年，第 118 页。
④ 张岱年：《中国哲学大纲》，南京：江苏教育出版社，2005 年，第 21—22 页。

统制与干涉,未必是以古代法家为批判的真实对象。"①

而从二十世纪六十年代开始,革命话语影响到了中国社会的各个领域,各个领域中都充斥着革命话语。这同样也影响到了哲学、伦理学领域。学者们在革命话语的影响下,继续着对"功利主义"的描述与表达。如侯外庐完成于 1959 年、出版于 1961 年的《中国思想史》第四卷中写道:"朱熹当然也不能不是功利主义的,问题只在他那一套仁义道德究竟是那一个阶级的功利主义? 朱熹天理人欲的僧侣主义说教是为了维护封建的等级秩序,朱熹不过是口头上伪善地反对功利主义罢了。陈亮在这一点是天真的,他的功利主义是旧唯物主义者一般所用的武器,当运用它到政治生活中,他以改造现实和抗敌中兴为目的的功利主义,是符合当时国家社会的进步要求的功利主义,所以他就敢于正面地举起功利主义的旗帜来"②。

由任继愈主编,出版于 1963 年的《中国哲学史》同样是这一时期思想史的代表作。其中写道:"墨子重视功利,是小生产者狭隘的功利主义。譬如他非乐,认为乐器不如舟车对于人们有实用的利益。……墨子非乐的主张,所以说他是狭隘的功利主义,还因为他不了解音乐对于劳动人民所起的积极作用。"③

1974 年上海人民出版社出版的《哲学小词典 儒法斗争史部分》对叶适的描述中写道:"南宋地主阶级中的进步思想家、唯物主义者……他处于金朝入侵南宋的时代,坚决主张抗击金朝,亲自参加过抗金战争。他在哲学上反对陆九渊、朱熹等人的唯心主义'理学',公开提倡地主阶级的功利主义。"④

八十年代以后,革命话语逐渐淡去,对"功利主义"描述,恢复到了革命话语前的用法。如劳思光八十年代初发表的《新编中国哲学史》中,对墨子思想描述为:"墨子思想之中心,在于'兴天下之利'。'利'

① 侯外庐:《中国思想通史》第二卷,北京:中国电影出版社,2005 年,第 165 页.
② 侯外庐:《中国思想通史》第四卷下,北京:中国电影出版社,2005 年,第 72 页.
③ 任继愈主编:《中国哲学史》一,北京:人民出版社,2008 年,第 120 页.
④ 上海《哲学小辞典》编写组:《哲学小辞典 儒法斗争史部分》,上海:上海人民出版社,1974 年,第 164 页.

指社会利益而言,故其基源问题乃为'如何改善社会生活?'此'改善'纯就世纪生活情况着眼,与儒学之重文化德性有别。故墨子学说第一主脉为功利主义。……由功利主义之观念,乃出生非乐,非攻之说;由权威主义之观念,乃生出天志、尚同之说;然而此两条主脉皆汇于兼爱说重。故一下论墨子之学,即自兼爱着手,再逐步展示其权威主义与功利主义之理论。"①

而李泽厚在1984年发表的《孙老韩合说》中认为,韩非的思想亦为功利主义:"而在文化–心理上,《老子》的'贵柔守雌'、韩非的利己主义和极端功利主义则忠于被舍弃,温情脉脉的人道、仁义和以群体为重的道德伦理终于占了上风。"②

朱伯昆发表于1994年的《重新评估儒家的功利主义》总结了中国传统中功利主义的发展:"中华传统文化富有功利主义传统,这往往被人们所忽视。……从汉唐以来,哪些为民争利并主张改革的政治家和思想家,则不以董说未然,至宋、元、明、清,在儒学内部形成了大辩论。陈亮、叶适颜元、李塨、戴震等即其代表人物。此派儒学,上继先秦儒家倡导的富民利民的传统,下开近代功利主义思潮的先河,成为哲学史上的一大流派"③

到了二十一世纪,学者们依然保留了这种用法。如郑杭生2010年出版的《中国思想史新编》中,对陈亮、叶适的描述中写道:"在分析乱世根源时,叶适认为,认为原因是当时南宋王朝出现社会动乱的根本原因。因此,他非常注重分析南宋社会所面临的各种复杂的社会、政治、经济问题,力主通过直接注重效果的功利主义式改革来治理乱世,走向盛世。"④"陈亮的理想社会思想是传统的儒家大同思想与小康社会构想的混合体,其中既体现了他的功利主义思想,也体现了他作

---

① 劳思光:《新编中国哲学史1》,桂林:广西师范大学出版社,2005年,第217页。

② 李泽厚:《中国古代思想史论》,北京:生活·读书·新知三联书店,2008年,第105页。

③ 国际儒学联合会学术委员会编:《儒学与道德建设》,北京:首都师范大学出版社,1999年,第81—82页。

④ 郑杭生、江立华编:《中国社会思想史新编》,北京:中国人民大学出版社,2010年,第248页。

为封建知识分子维护封建统治长治久安的信心和决心。"①

高瑞泉描述了当代中国对传统功利主义思想的传承:"古代传统并不那么容易被摆脱,在新的形势下出现的并不都是新的价值内涵。特别是在'文化大革命'期间,'大公无私'越来越多地被解释为反功利主义或者禁欲主义。"②。

从以上文献中可以看出,对于"功利主义"思想,从二十世纪初梁启超、谢无量等人对中国传统思想的专门研究开始,到了二十世纪二十年代,相应的用法已经出现在当时学者所编写的类似哲学史一类的学术书籍中。这一现象表明了当时的学者对于中国古代传统文化就有"功利主义"的理解。这种理解一直延续到了今天(其间尽管在1960—1970年代,革命话语代替了学术性话语,但是这样的理解也并没有什么改变)。当下学者的研究观点也常常表明中国传统思想中存在"功利主义"。"功利主义"与"功利"的这种混淆实际上是和学术界的认可(如哲学史一类的著作"背书")是分不开的。

3.5.3 社会层面的影响

从功利主义进入中国后与中国社会实践层面的互动来看,功利主义主要是在教育方面产生了一些影响,而根据对早期教科书的梳理,"功利主义"大多数情况下被赋予传统的"功利"概念理解,而这种理解实际上定位于"急功近利"的负面解释,其价值倾向非常明显。当然,也有介绍"功利主义"一词来源于西方思想,但其介绍的内容并不够深入。根据早期教科书与功利主义的相关内容的介绍情况,可以推测在教育的效果上,年轻人很难从学校获取对功利主义比较全面的理解,特别是从最大多数人最大幸福的角度去认识理解功利主义,而主要从传统"功利"的急功近利解释来理解功利主义,实际上是将功利主义与

---

① 郑杭生、江立华编:《中国社会思想史新编》,北京:中国人民大学出版社,2010年,第280页。

② 高瑞泉:《中国现代精神传统——中国的现代性观念谱系(增补本)》,上海:上海古籍出版社,2005年,第42页。

功利混淆在一起,仍然沿着中国社会历来的"义利之辨"的逻辑对待处理。

另一个方面,学界在如何理解功利主义概念方面扮演了舆论导向的作用,对功利主义和功利的混用理解起了推波助澜的作用,甚至有学者论证了从古代起中国传统文化本身就存在"功利主义",认为儒家传统思想中原本就存在"功利主义"的派别,强化了一种不正确的理解。

功利主义自进入中国后,始终未能成为社会主流思潮,尽管功利的概念自古以来,从人性的角度看是一直存在中国人潜意识中,但在传统意识形态中,"利"始终处在被批判的地位。功利主义进入中国的现实思想很快被功利概念覆盖,很难发挥出大的影响。功利主义引入中国的主要推手梁启超将功利主义定位于服从他的国民性改造目的,导致功利主义思想的效应很难短期落地,从而与操作层面脱钩,造成功利主义在社会实践层面上所产生的实际效果缺乏。同时由于功利主义被传统文化的功利概念同化覆盖,尽管梁启超也曾提及边沁初衷,但在强大的本土文化的影响下,边沁功利主义的内在精神标志几乎完全丧失。

梁启超本人对功利主义的理解,在受到日本明治期间社会接受的影响后,基本上认同了日本社会对功利主义理解的内涵,认其为追求利益(财富)的一种行为理论,而这种追求财富行为的出发点不是主张追求个人利益而是国家富强。从功利主义在国内的传播情况来看,梁启超的理解并没有在中国社会得到认可,功利主义概念与功利混合为一体,只是使功利又多了一种表达方式,特别是附加了"主义"一词,仅仅是表达上更加新潮而已,其本质上与功利概念并无不同。

从当时的中国社会现实所反映的情况看,功利主义尽管在舆论上有所影响,但在社会实践层面上对经济发展的促进作用依然有限。由于功利主义承认追求经济利益的正当性,通常对经济发展有正面影响,社会实践效果会直接体现为经济增长。根据麦迪逊经济发展统计数据①,1870 年—1900 年,日本 GDP 年增长率 2.4%,人均 GDP 年增长率 1.6%;1900 年—1936 年,中国 GDP 年增长率 0.9%,人均 GDP 增长率 0.25%,分别仅为日本明治维新时期的 37.5% 和 15.6%。尽管影响经济增长的因素很多,但功利主义传播的清末民初并没有取得类似日本明治时期经济快速增长的结果,这是值得认真思考的现象。一个可能的解释是即便功利主义进入中国后,成功地帮助中国社会改变了财富观,中国的经济发展当时还是受到多重约束,特别是中国当时处在内乱状态,尚未具备实现国家整体发展的机制。反观明治时期的日本,由于迅速建立了统一的中央集权,使功利主义无论在政府经济发展政策制定方面还是激励国民求取个人财富方面都有机会充分发挥其作用。

当然,从社会历史进步观出发,中国传统文化中的"进步"意识,即弘扬以利为主的意识早已萌芽,并将逐步扩大影响。但在梁启超时代,这样的意识尚未成气候,功利主义的引入并未在道德伦理上对当时的中国社会传统观念和社会舆论产生重大影响,更无法在社会实践中发挥重大影响。功利主义的社会效果不仅是观念问题,更是实践问题,有待必要的社会环境支持。一个例证是 1980 年开始的中国经济得到高速发展,某种程度上可以理解为追求个人利益的功利主义思想得到了相应外部社会环境的支持,从而产生出显而易见的社会效果。

---

① 安格斯·麦迪逊:《中国经济的长期表现——公元 960—2030 年》,伍晓鹰、马德斌译,上海:上海人民出版社,2008 年,第 168 页;安格斯·麦迪逊:《世界经济千年统计》,伍晓鹰、施启发译,北京:北京大学出版社,2009 年,第 168、178 页。

第四章 近代中国传统功利观与"功利主义"

从上述的讨论可知，英国的古典功利主义（特别是以穆勒思想为主的功利主义）在经过日本明治时期的中介后，虽然由梁启超引入了国内，但遭遇到了从国内传统文化视野出发的本地化理解，"功利主义"基本上被中国原有的"功利"概念同化、覆盖，以至于直到今天，在中国社会语境下，功利主义早已不具有"主义"所包含的公理、真理属性，而被人们视为一种基于个人感性经验、追求个人利益、以短期行为为主的思想方法和行为方式，让人联想到利己、个人利益的算计、自私自利的品行等等，其含义为追求"功名利禄"或"急功近利"，对它的理解往往呈现为一种非科学的世俗形态。

在现实生活中，功利主义对于许多现代人来说，并不陌生，即使不太关心政治、哲学的普通民众，也都在他们的商业活动、社交来往以及日常生活行为中或多或少地与这种"功利主义"发生着关联，人们常常自觉或不自觉地践行着中国式的"功利主义"，有意识或无意识地以此指导自己的行为。甚至在学术界，现实的情况也是不少人将西方功利主义与中国式"功利主义"混淆，把这些混淆延伸，并在此基础上展开对功利主义的所谓批判。

从西方功利主义在中国的早期传播和接受过程直至当下对功利主义的理解，不难发现中国传统文化在这个过程中扮演了非常重要的角色，发挥了很大影响。但对于中国传统文化与功利主义的关系，不少问题至今仍不清晰，如相关讨论中冠以"功利主义"名称的若干概念未有严格定义,大多含义模糊;中国传统思想中是否包含功利主义;是否可以将中国古代一些思想家如墨子的思想认定为功利主义;中国传统的"义利之辨"与功利主义是什么关系,这是更根本的问题。

4.1 传统话语中的"功利"

我们在第三章中讨论了"功利主义"在近代报刊和书籍中的用法,认识到尽管"功利主义"是西方思想概念"中国 utilitarianism"的汉语译词,是标准的舶来品,但引入中国后,很多场合下却被从急功近利的贬义角度去理解,而这与中国传统文化中"功利"一词的理解非常接近。考虑到"功利主义"与"功利"在文字上的相似性,本节专门就"功利"一词在同时期报刊、书籍中的用法进行考察,在此基础上,选择一些当时在中国学界有影响力的学者作为考察对象,通过对他们使用"功利主义"是否与"功利"一词的理解相混淆的实际情况比较去考察"功利主义"思想概念的接受流变过程。

以下笔者将考察①咸丰元年到宣统二年,即 1851 年至 1910 年部分历史文献中"功利"的用法。通过比较有关文献中"功利"用法所表达的含义,发现有高达近 85% 的用法和第三章讨论的"功利主义"第一类用法的贬义性含义相同,即"功利"被用以形容急功近利、自私自利,只求自己的个人利益而不顾道义、仁义的现象。比较典型的如 1861 年(咸丰十一年)出版的《耐庵诗存卷三》中写道:"诋王学者多矣,独睢州汤文正公谓先生当明中叶人心陷溺之时,士大夫没于功利,一切词章才气只以便其私,而益之毒四维不张世变日……以天不以人,战国竞功利,几希无复存,赖有子舆氏,首揭孩提真,平旦验好恶,先生有拔本塞源论,反复功利之害,缠缠万余言。"②1871 年(同治十年)出版的

---

① 本文使用了爱如生历代别集数据库清后期编(2017 年版)。其中收录咸丰到宣统年间数目共计 1200 余本,包括骚赋集、诗文集、词曲集及其选本、注本和评本等。这里通过全文搜索的方式,发现共有 198 本书,397 个段落中包含"功利"。

② 贺长龄:《耐庵诗存卷三》,清咸丰十一年刻本,1861 年,第 17 页。

《拙修集》中写道："然不知止于至善,而骛其私心于过高,是以失之虚罔空寂而无有乎? 家国天下之施则二氏之流是矣,固有欲亲其民者矣。然不知止于至善而溺其私心于卑琐,是以失之权谋智术而无有乎仁爱恻怛之诚,则五伯功利之徒是矣。"[①]1880年至1886年(光绪六年至十二年)出版的《柏堂集》中多处提到了"功利"。其中有写道:"此本钞录精工,而批评点勘子细参详,真信古力学之君子也。惟朱子小学所引多阙不载,则知其已非全书矣。自功利之习日炽,学者务逐时趋平日读书特取为干禄之具而已,其有补于身心家国而非科举业之用者……"[②]从中可以看出,"功利"一词承袭了明末清初"义利之辨"中"利"的含义。相比早前"功利"的用法,在清末,"功利"中"私"的内涵得到进一步强化,如上述三段都不约而同地提到了"私心"。其余15%用法以中性表达为主,即上文"功利主义"第二类的含义"功效、收益"。如《胡文忠公遗集》卷七十七中写道:"君命以谋夺楚兵者矣,临事机贵于冷淡,不计功利不患得失,或犹阴阳怕蒙懂之意乎?"[③]从使用频率来看,"功利"的贬义用法远大于中性用法。

历史上,"功利"一词的基本含义在先秦时期已经确立,随着"义利之辨"展开与社会历史的发展,其内涵不断丰富。到了清末,"功利"几乎成为"急功近利、自私自利"的代名词。

为进一步了解中国近代社会对"功利"的用法,笔者还考察了近代报刊含有"功利"这一关键词,但同时不包含"功利主义"的文章,对其中"功利"含义进行了比较。从抽样文章中发现"功利"贬义用法占比超过73%;中性用法占比约16%,指称英国"功利主义"学派的用法7%,指称中国传统哲学的用法4%。与"功利主义"用法的分布比例相似。

如较早出现于1873年申报《天地吾庐记》中"功利"一词:"人生天地间有如远行之客浮生若梦,为欢几何? 孳孳于功利,将天地之至山

---

① 吴廷栋:《拙修集卷五》,六安求我斋刻本,清同治十年,1871年,第45页。

② 方宗诚:《柏堂集前编卷第三》,清光绪六年至十二年刻本,1880—1886年,第1页。

③ 胡林翼:《胡文忠公遗集 卷七十七》,清同治六年刻本,1867年,第24页。

川之奇境弃而不取,甚可惜也。太史公好游名山其文浑灏流转高不可攀。"①此处"功利"表达的即是与将自己沉浸于"悠然相值"相对的,充满欲望,追求功名利禄的生活状态。1897 年《申报》的《功利说》中写道:"天下之大要曰利,天下之大害亦曰利。盖自孔子言小人喻于利,孟子对梁惠王言何必曰利,而后世说国之士说言功利,利之一字遂为儒者所诟病。庙堂之上计及度支者则訾之曰,言利之臣市井之中,较及锱铢者则薄之曰牟利之徒,彼岂不曰重本而轻末抑财利而尚道德仁义也,然亦思周公大圣而官礼实开。夫利源管子名臣而山海咸探,夫利薮古之谋国者未尝讳言利,且必先兴乎利而后道德仁义可得而施。是故兵农礼乐非利不行,教训正俗非利不成,不行赋税以贡于上所以贡者利也。"②此处对"功利"的使用,亦为传统功利的贬义用法。可见晚清报刊文章中,对于"功利"的解读与论证依然停留在传统伦理话语中。

在"功利主义"被引入并传播后,学者们在用"功利"一词时,依然保留了原有的含义。如吴宓在 1926 年发表于《学衡》文章中写道:"夫今中国之乱,以及世界之乱,可谓极矣。战争死亡,水火盗贼,古所常见。乃若论宗教之衰微,道德之崩丧,科学之奋兴,教育之歧误,政治之之纷更,社会经济组织根本之动摇,文学艺术理论技术之偏谬,生人思想感情之迷乱惶惑、愤激麻醉,则今之西洋,今之世界,实处千古希见之一大变局。撮要言之,则功利盛而道德衰,分争烈而统一难。异说淫辞奇技新法愈多出,而正情雅化至道真福,益渺不可得。"③《申报》1935 年 3 月的一篇时评中写道:"对于大亚细亚主义,中山先生尝言:'吾人所主张之大亚细亚主义。简而言之,就是东方文化与西方文化之比较与冲突问题。东方的文化是王道,西方的文化是霸道。讲王道是主张仁义道德,讲霸道是主张功利强权。讲仁义道德,是由正义公理来感化人。讲功利强权是用洋枪大炮来压迫人。'复谓'大亚细亚主

---

① 栖云山樵:《天地吾庐记》,《申报》1873 年 2 月 5 日,第 1 版。
② 申报编辑部:《功利说》,《申报》1897 年 1 月 9 日,第 1 版。
③ 吴宓:《西安围城诗录序》,《学衡》1926 年第五十九期,第 52 页。

义之目的,是以仁义道德为基础,联合亚洲各部的民族,恢复亚洲民族的地位。'"①又如郭沫若于 1944 年发表于《东方杂志》的《吴起说》:"汉书刑法志有一个线索:'雄杰之士,因势辅时,作为权诈,以相倾覆。吴有孙武,齐有孙膑,魏有吴起,秦有商鞅,……世方争于功利,而驰说者以孙吴为宗。'由这个叙述看来,可以知道吴之'武卒'便是'吴起余教'。"②通过比较文章中的用法可知,在近代"功利主义"概念引入之时,学者对"功利"一词的用法并没有受到"功利主义"的影响,而是延续了清末文献中所呈现出的用法与含义。

比较近代报刊、书籍中的"功利主义"用法与清末文献及同期报刊中的"功利"用法,不难发现两者的指向在大多数情况下是相似的,都以贬义用法为主,指向"急功近利、自私自利"的含义,即"功利主义"一词引入中国后,遭到"功利"有意或无意的同化、覆盖。"功利主义"与"功利"遭遇后,"功利"并没有变化,变化的只是"功利主义"一词的内涵。二十世纪四十年代后,"功利主义"一词已经基本脱离了源自英文 utilitarianism 的涵义,而与中国本土的"功利"合流,成为"功利"的另一个语词表达。

4.2　历史上的"义利之辨"

毫无疑问,中国社会对功利主义的理解接受一定会受到中国传统文化价值观的影响,而这种传统价值观是和中国传统义利观密切相关的,在义利观的形成和发展过程中,中国历史上的"义利之辨"是不可逾越的环节和不可缺少的内容,离开义利之辨的内容就无法讨论真正意义上的传统义利观。事实上,义利之辨同传统义利观有一种非常直接的联系,义利之辨作为中国思想史上功利观演变的主轴,从先秦直至清末民初,贯穿了中国传统义利观发展的全过程。由于义利之辨的

---

① 《时评　孙中山先生逝世十周纪念》,《申报》1935 年 3 月 12 日,第 6 版。
② 郭沫若:《述吴起》,《东方杂志》1944 年第 41 卷第 1 号,第 37 页。

影响如此重大，因此理解中国传统价值观，特别是义利观的作用，梳理义利之辨是十分重要的切入口，通过对义利之辨的梳理，不仅有助于我们认识到历史上各个时期的价值观思想的变化，而且对我们从整体上把握中国传统思想与功利主义的关系非常有帮助。

4.2.1　中国历史上的义利之辨

在中国传统思想史上，中国社会的功利观由来已久，贯穿两千多年历史的"义利之辨"，大致有两大派别的不同观点：一派就是起自于孔子讲的"君子喻于义，小人喻于利"的名言，以"重义轻利"为思想主旨的道义论，而另一派则是以"重利轻义"为思想主旨的功利论。两个派别由于彼此所持的立场的不同，导致了二者在历史上的长期论争，这就是我们在传统思想史中常讲的"义利之辨"。义利之辨所涉及的义利关系的辨析，从先秦的诸子百家直至清末民初，基本上贯穿了整个中国传统思想发展的全过程。有研究者将中国"义利之辨"的历史过程划分为春秋战国时期、两汉时期、两宋时期、明末清初时期以及近代五个发展阶段。[①]　本文重点梳理发生在春秋战国、两宋时期及明末清初三个阶段的"义利之辨"。

中国传统历史上的第一次大规模"义利之辨"发生在春秋战国时期，孔子、孟子为代表的儒家认为义为上，利为下，倡导以义克利，先义后利，重义轻利。如孔子明确提出"君子喻于义，小人喻于利"。主张"君子忧道不忧贫""君子谋道不谋食"。孟子进一步强调以义为重，把利置于义的从属地位。荀子强调通过"以义克利"进而实现"义利两得"。墨家则认为义与利是统一的，讲义必须与人们的实际利益联系起来，既贵义又重利。法家则批评儒家空谈仁义道德，主张重利轻义，管子提出"仓廪实则知礼义，衣食足则知荣辱"的观点。商鞅和韩非则提出了"去仁义，不道无用"的重利贬义论。道家则既卑视利又菲薄义，主张义利俱轻。但历史上由此形成儒家思想在义利关系上"重义轻利"的总体价值取向。而先秦之后，随着西汉董仲舒提出"罢黜百

---

① 王泽应：《中国伦理思想史上的义利之辨及其理论分析》，《道德与文明》1990 年第三期。

家,独尊儒术"之后,它逐渐成了中国政治思想的正统,影响了以后中国近两千年来的政治及文化的发展。

另一次有关义利之辨的重要讨论发生在两宋时期。在这场争辩中,以程颢、程颐和朱熹为代表的宋代理学家,用"程朱理学"的理来解释传统儒家的义利关系,将天理与人欲、道德与利益完全对立起来,提出"存天理,灭人欲"的主张,进一步强调儒家道义论的立场。而北宋李觏、王安石以及南宋陈亮、叶适,则站在"程朱理学"对立的立场上,宣扬儒家文化的经世致用思想,反对"程朱理学"的观点,并由此发展了不同的功利思想体系。

李觏充分肯定人有趋利避害的本性,而这种追求利欲的行为属于人之常情,人对"利"的合理追求应该是有助于社会的正常发展。认为可以将"利""义"统一起来,只是这里的"利"不是私利,是公利,反对只追求私利的利己主义者。在此理论基础上,李觏还提出了一系列相应的政治、经济方面的主张。王安石同样是重视物质利益,认为天下之公利为义,把功利视为道德之首,提出理财即是义的鲜明观点,强调理财为治国之本。

南宋的陈亮和叶适在批判"程朱理学"观点时,强调人们追求物质并非人性的恶,主张道德和功利、理与欲的统一。陈亮认为:"万物皆备于我,而一人之身,百工之所为具。天下岂有身外之事,而性外之物哉?"[1]认为天理与人欲是统一的,没有必需的物质条件,社会无法保持存在,人本身也自然无法生存了。叶适同样认为物质利益是人的本性,"君子不以须臾离物"[2],叶适由此出发反驳"程朱理学"观点。在义利关系上,陈亮与叶适不认可"程朱理学"所谓"正其谊(义)不谋其利,明其道不计其功"的经典论述,主张"重利轻义",提出以"事功"为核心的功利思想。陈亮在与朱熹的辩论中明确的观点是"功到成处,便是有德,事到济处,便是有理"[3],强调道德与事功不可分离。针对董仲舒

---

① 陈亮:《陈亮集》,邓广铭点校,石家庄:河北教育出版社,2003 年,第 34 页。
② 叶适:《叶适集》,刘公纯等点校,北京:中华书局,1961 年,第 731 页。
③ 陈亮:《陈亮集》增订本(下),北京:中华书局,1987 年,第 393 页。

所强调的观点，叶适指出："仁人正谊不谋利，明道不计功。此语初看极好，细看全疏阔。古人以利与人而不自居其功，故道义光明。后世儒者行仲舒之论，既无功利，则道义者乃无用之虚语尔。"①叶适使先秦儒家提倡的"利者，义之和"的价值主张重新得以正名，强调没有功利就无道义可言。陈亮和叶适以功利作为衡量价值的标准，批判对程朱理学所强调的义利对立论，主张切实变革社会，反空谈义理和心性，主张要使学问有利于国计民生。

此次义利之辨中，李觏率先提出功利观点，倡导"人非利不生"；王安石宣扬"理财乃所谓义也"；陈亮、叶适更加强调功利之学，与"程朱理学"进行了激烈的论辩，提出以"事功"为代表的功利思想。

在宋代之后，明代的王阳明、明清之际的唐甄、颜元、李塨以及戴震等思想家虽然都对义利之间的关系作了不同程度的体认，但是从大方向来讲，并没有超出宋代思想家所界定的思想范畴，也没有发生类似先秦和宋代那样的尖锐冲突造成更大影响的义利之辨。

从伦理导向上看，中国的主流功利观是儒家传统功利观，是尚义贬利，对商业的功利观念和行为是不倡导的。在中国社会实践的发展过程中，先后经过孟子"先义后利"，荀子"见利思义"，董仲舒"义利统一"，宋代"注重事功"以及明清"义利合一"等思想的演进，形成了以"重义轻利"的传统理念为根基，但有所修正的"义利并重"功利观念，这种具有深厚历史积淀的传统功利思想至今仍然对中国人的行为实践有一定程度的影响。

4.2.2　晚清期间义利之辨

除对历史上明末清初之前的"义利之辨"的情况要在宏观上有所把握外，我们也需要对梁启超将"功利主义"思想进入中国前的那一段历史背景予以关注。从晚清时期到戊戌变法正是中国社会经历一场大变革的年代，从某种程度上讲，这个年代中国价值观的变化对"功利主义"接受所产生的实际影响应该更加直接。

---

① 　叶适：《习学纪言序目》，北京：中华书局，1977 年，第 324 页。

在梁启超 1902 年引入"功利主义"思想概念之前,晚清期间的中国已经展开了历史上的第三次"义利之辨"讨论。根据高瑞泉研究:"事实上,在僵化的官方意识形态之外,近代前夜,社会价值观念在'义利(理欲)之辨'方面已经发生了变化。黄宗羲关于'人各自私也,人各自利也'的命题,戴震'天下之同情,天下所同欲'就是'理'的观点,都是治中国哲学史的学者们所熟知的。"[①]他还通过日本学者沟口雄三"中国前近代思想之曲折与展开"的理论以及余英时对"士农工商"变为"士商农工"社会现象的阐释佐证了这个观点。

龚自珍作为清代重要的思想家,是改良主义运动的先驱。他清醒地看到了清王朝已经"日落黄昏"。他批判清王朝封建的腐朽,从人性解放的价值取向出发,强调个体的私利和欲望,肯定"私"的普遍性和永恒合理性。呼唤对社会进行改革。魏源是当年"睁开眼睛看世界"一代思想家的代表,他解剖了中国封建末世社会的衰朽,主张"以实事程实功,以实功程实事"[②],把利国利民、富国强兵作为总的价值目标,主张通过发挥人的主观能动性。早期改良派如郭嵩焘、冯桂芬、薛福成、王韬、郑观应、陈炽等人,都曾在海外对西方国家进行过考察,对西方社会的政治、经济制度有深刻的感受,提出了许多具体的社会转型思路。戊戌改良派也对封建纲常礼教展开了空前猛烈的批判,其激烈程度大大超过同时代的其他先进思想家。谭嗣同反对当时已经是社会主流的义利观,针对这种讳言财利的观念而大胆言利,提倡积极有为的功利观。

晚清时期,特别是甲午中日战争的失败,《马关条约》的签订,使中国陷入一场深刻的社会危机,但也使得越来越多的中国人开始改变自己认识世界的古老观念。如宋明理学,原本立意为义理之学,认为天不变道亦不变,但晚清的社会现实使这种宋明理学的义理观遭受到很大的挑战,迫使类似这样的传统观念需要顺应社会现实变化的时势而进行调整。以儒学为主干的中国传统文化蕴含着非常丰富的辩证法

---

① 高瑞泉:《鱼和熊掌何以得兼?——"义利之辨"与近代价值观变革》,《华东师范大学学报(哲学社会科学版)》2000 年第 5 期。

② 魏源:《海国图志》,李巨澜评注,郑州:中州古籍出版社,1999 年,第 68 页。

思想,如儒家经典的《易经》"穷则变,变则通,通则久"的变易观,当时已经成为知识分子的重要思维方式。每当出现重大的国家忧患,变法、整治之声必起。特别是一批有担当的知识分子在被视作天经地义的道理中主动探究失败的原因,审视中国自身衰变的过程。在这种社会的痛苦现实刺激下,认识上得到了提高,促成了对外部世界以及自身认识上的一次提升。

其中非常具有典型意义的个案是冯桂芬和他的《校邠庐抗议》。当时中国失败的屈辱使中国知识分子转向理性的思考,这成为变法思潮的起点。变法的要求在朝野部分有识之士中得到了越来越多的响应,并且在社会上逐渐形成一股潮流,《校邠庐抗议》就是当时的代表性著作。该书1861年成书,在士大夫中间广泛流传。1883年,在天津正式刊行。全书共40篇,主张对社会进行全面的变革。冯桂芬作为一个受过封建正统教育的士大夫,传统文化无疑铸就了他思想上根深蒂固的正统观念,但从他的《校邠庐抗议》一书中,却能感觉到近代历史的诸多事变留下的印痕。他无疑属于具有敏锐的眼光,并保持着清醒头脑的先进人物之列。当然,他并不能完全摆脱时代的局限,作出带有根本性的社会改革建议。但他还是在维持原有社会秩序的基础上,提出了一些局部的变革性措施。从这个意义讲,冯桂芬的思想道路十分典型地反映了近代中国社会艰难变迁过程中,中国本土传统思想变化的缩影。冯桂芬在《校邠庐抗议》中提出:"夫学问者,经济所从出也。太史公论治曰:'法后王(本荀子)为其近己而俗变相类,议卑而易行也。'愚以为在今日又宜曰:'鉴诸国。'诸国同时并域,独能自致富强,岂非相类而易行之尤大彰明较著者? 如以中国之伦常名教为原本,辅以诸国富强之术,不更善之善者哉?"[1]他明确主张采用"以富强之术"为内容的西学,认为中国的"伦常名教"和西方的"富强之术"是可以取长补短、互相协调的,清楚概括出西学中学如何结合的一种方案,反映出中国本土思想应对外部世界的变化而变化的情况。

在具体到"功利"观上,面对国内危机和外来列强入侵,一部分知

---

① 冯桂芬:《校邠庐抗议》,戴扬本评注,郑州:中州古籍出版社,1998年,第211页。

识分子深感汉学的"名物训诂"和宋学的"空谈性命",已越来越成为思想界的桎梏。于是一种主张探索和解决现实问题的"经世致用"之学得到提倡,如洋务派开始提出中体西用、推动变法维新,许多人也提出各不相同的救亡图存策略等等。其中往往涉及义利观,于是与"义利之辨"相关的讨论又重新兴起。这段时期中国传统义利观的变迁是近代伦理思想演变的缩影,其间所展开的价值观探讨中涉及的价值观念皆围绕着"中国向何处去"而展开,其中不同道德价值观激烈对立。

4.2.3 传统功利观的内在变化

当人们讨论中外思想文化碰撞交流时,习惯上往往将西方文化思想视为进步一方,中国传统文化思想视为落后一方。在讨论清末民初中国社会功利观时,也常常会有一定预设框架,用宋明理学时代的功利观来概括晚清时已经发生较大变化的社会功利观,将此时的中国传统思想标签化为"落后文化"。需要指出的是,尽管此时的"功利"概念仍然不失浓厚的中国文化传统的烙印,但并不能简单地将晚清阶段的"功利"概念与诸如宋明理学时代传统的"功利"概念甚至更早的"旧传统"落后观念等同认可。我们需要考虑到时代的历史变化,不能简单地将中国传统功利观认为始终是一成不变的。

事实上,和宋明理学时代相比较,清末民初的传统功利思想实际上已经发生了不小的变化,而功利观的这种变化需要放在中国伦理思想本身进化演变的角度来考察。清末民初功利观所发生的变化是和整个社会演变进步的方向是一致的,这是一种带有进步元素的思想变化,其本质上是与中国社会现实秩序互动的结果。

在面对中国社会"数千年来未有之大变局"时,原先维持了数千年之久的儒家伦理主导的社会秩序已经发生了变化,这是一个新的社会秩序从原先旧的社会秩序中蜕变的过程。晚清以来,中国社会的经济整体情况发生了较大的变化,导致了一些带有现代性因素的转变成为可能,特别是经世传统重新崛起,成了批判朱熹理学的重要力量(其中涉及王安石、陈亮、叶适、张居正、顾炎武等知识分子代表),主要思想为反对空谈义理，提倡注重实学和经世致用，这种带有现代性因素的思想所发挥作用的着力点主要是体现在对经济的日益强调，如经世传统与富国强兵作用的结合，这也是所谓"救国压倒启蒙"的主要原因之一。

艾森斯塔特(S. N. Eisenstadt)是社会学家，也是研究现代化问题的著名学者。在他的经典的著作《帝国的政治体系》[①]中，艾森斯塔特关于社会变迁的类型，以及与中国现代化关系的论述，可以给我们思考中国社会功利观变化带来一些启示。

艾森斯塔特认为，可以将社会与政治变迁划分为如下三种类型：

1. 适应性变迁(accommodable change)。这种类型的变迁可以在很大程度上为既有的政治体系所适应，而不能从根本上突破既有政治体系中的制度与逻辑前提。这种变迁可以带来一系列具体的变化(如政治体系中的具体角色的变化、参与政治体系的各种群体内部结构的变化)，在一定程度上也可以改变政治制度的规范和安排。但这种适应性变迁并不能改变政治制度的基本规范和基本象征，也不会改变中心制度的基本活动。简而言之，适应性变迁是在不改变基本的制度框架前提下的一种变迁，而基本的制度框架则可以通过自己内部的调整以适应这些变迁。

2. 总体性变迁(total change)。总体性变迁的特点与前述适应性变迁恰好相反。在总体性变迁发生的时候，现存的制度框架、基本的象征和合法性基础都会受到挑战，而无法对这种变迁加以适应。在这种总体性变迁中，将实现对整个政体的改造。从历史上来看，许多帝国都曾发生过这样的变迁，特别是当一些新的群体夺取了最高权力的时候，这种总体性变迁往往就会发生。在这种"总体性"或"非适应的"变迁发生的时候，不仅会使政治制度中的不同角色和群体发生变化，而且会改变政治体系的基本规范、象征和价值取向。在这种总体性的变迁中，原有的各群体之间的关系将会被打破，但是这种被打乱的关系将不可能、也不会在现存的政治体系基本规范框架的基础上重新适

① 艾森斯塔德：《帝国的政治体制》，沈原、张旅平译，南昌：江西人民出版社，1992年。

应。相反,将会形成新的政治规范、政治框架和政治象征,而政治象征和意识形态的连续性将会被打破。这种变迁的发生一般是基于人们对现有政治体系的不稳定和机能不健全的认识。

3. 边际性变迁(marginal change)。边际性变迁介乎于前面所分析的适应性变迁和总体性变迁两者之间,它通常表现为各种形式的造反及一些宗派型的政治运动。从性质上来看,边际性变迁兼有适应性变迁和总体性变迁这两种变迁的特点。一方面,这种变迁中所包含的价值取向和象征,会对现存的政治秩序及其逻辑前提加以否定;但在另一方面,这种变迁又无法形成新的政治象征、政治组织和新型的政治活动。这种变迁之所以在破旧的同时不能创新,其根本原因在于这种变迁缺少充分明确的表达要求和有效领导。

根据艾森斯塔特的看法,中国几千年历史上的一个重要特点就是不断发生适应性变迁,但同时整个制度框架却基本维持不变。艾森斯塔特的所谓"适应性变迁",是指这种变迁可以在很大程度上为既有的政治体系所适应,而并不能从根本上突破既有政治体系中的制度和逻辑前提;它可以带来一系列具体的变化,但却不能改变政治制度的基本规范和基本象征;它使得既有的社会政治体制通过不断地内部微观调整,吸收社会中的新的因素,修复自己内部"失效"的机制,而不用改变自己的基本制度框架。但无论如何,这种"适应性变迁"本身的作用可以理解为一种符合社会进步发展方向的变化。由于中国社会本身在其发展过程的同时也孕育着具有现代性指向的文化潜流,而此时的中国传统"功利"思想正是受到这种影响并产生某种程度"进化",从这样的角度分析,不能简单地将当时的"功利"观理解为阻碍社会进步的负面因素。

而事实上,传统的"功利"观念通过这种"适应性变迁",已经逐步朝着"讲实效、重习行"的功利观趋近。也可以说清末时期的功利观已经带有明显的现代性烙印,其产生与发展标志着中国传统功利观步入了向现代性方向演绎的发展进程。如洋务派的功利观已经逐渐形成了以"求强""求富"为目标,逐步推出包括加强军事、兴办商务在内的一系列功利性举措。这一阶段在事功层面上不但提出"与洋人争利"，而且还形成"商本""以商立国""商为四民之纲"等观点。当然，这些观点既是对传统的"以义制利""义然后利"等功利论的继承发挥，又开始带上适应当代社会生活、学习借鉴西方的新特点。就其价值取向来说，如"中体西用"不但体现出明显的事功导向，而且在引入中外体用之说后无疑把中国传统功利论思想推进到一个新的高度，促进传统义利观向现代性的方向转型。

在晚清开始的义利之辨讨论中，无论是保守派的"贵义贱利"、洋务派的"先富而后能强"，还是资产阶级改良派的兴利思想，其中心思想均包含对"利"的讨论，其中洋务派、改良派均强调对"利"的坚持。这种"讲实效、重习行"的功利观与梁启超试图借用功利主义背书所要宣传的"新民说"中"不讳利益"的核心内容在本质上是高度一致的，这也是当时"义利之辨"含有的进步思想元素已经具有的水平。

本书第三章曾讨论过严复在《天演论》中有关"功利"的阐述，这是一个很能说明"义利之辨"含有的进步思想元素例子。严复作为当时社会的有识之士在"义利之辨"框架内强调"利"的重要性，尽管我们在第三章在说明了严复在《天演论》中有关"功利"的阐述与边沁、穆勒的功利主义概念并无直接关联，但它却能显示当时中国思想界在没有外来思想"掺和"的情况下有关义利观已经具有的思想高度，这种思想高度就是中国知识分子所共识的"不讳利益"，这和梁启超"新民说"里的思想高度一致，而这正是当时中国思想界理解并接受功利主义的思想的基础。中国近代思想家是以"适应性变迁"所取得的进步观点参与第三次"义利之辨"的，虽然梁启超已经接触到西方现代思想，但他的认识还是受历史条件所限，并没有超越中国社会义利观的思想基础。换句话说，如果没有梁启超从日本引入西方功利主义，国内思想界也已经基本达成"不讳利益"的思想共识，和梁启超通过功利主义所达到的思想高度是一样的。只不过梁启超引入西方功利主义目的性非常明确，是为了教育民众，改造国民性，其途径是通过提出系统性的"新民说"，将功利主义置入"新民说"，并为"新民"这个目的服务。

换一个角度观察,"不讳利益"的思想元素并非为功利主义所独有,它已经在第三次"义利之辨"中居于核心地位。梁启超也只是停留在"义利之辨"所达到的思想水平而无法超越,他对功利主义并没有突破性理解,也就是无法超越当时中国社会对"义利之辨"认识的思想基础。

中国近代的"义利之辨"体现出了社会思想进步,但这种义利观的理解,客观上形成了中国社会当时对"利益"认识的天花板,这也是功利主义进入中国后只能停留在与传统"功利"概念混淆的思想高度的原因。从另一个维度理解,不妨将这样的结果归咎于任何国家在接受外来思想甚至启动现代化过程时,一定面临着自己文化传统的某种制约,其现代化的进程必然伴有本土特征。传统文化在现代化过程中的重要作用,在艾森斯塔德看来,由于各个民族国家在启动现代化过程时,面临着不同的文化遗产,这就决定了其实现现代化的进程必然是具有本土特征:既不可能完全"趋同"传统,也不可能"全盘西化"。

4.3 "义利之辨"与功利主义之比较

本章试图从一般的意义上考察"义利之辨"与功利主义的关系,之所以提出这个问题,因为功利主义在中国的传播结果与"义利之辨"有直接的关联。而当人们处理这二者关系时,由于缺乏对功利主义与"义利之辨"的比较研究,往往对二者关系采用一种比附式的简单处理,除了在早期就将西方功利主义简化为"功利"外,同时也将中国传统文化中的部分功利思想元素直接称为功利主义,如称中国古代某某思想家的思想为功利主义。而对普通民众来说,他们本来就对功利主义不甚了解,往往将功利主义这样一种具有社会哲学视野的伦理学说理解为一种代表自私自利的利己行为,对其核心内容"最大多数人最大幸福"的内涵更不知晓。

当进行功利主义与"义利之辨"的比较研究时,必须首先考虑所涉及的研究方法论。其思路是将其放在一个可以进行科学比较的框架中,并由此着手去理解功利主义与义利之辨的关系,包含比较功利主义与类似"功利"等思想元素的异同。当然这里对功利主义的把握应该以古典功利主义概念和思想体系为参照进行概念的界定和辨析的,以此作为与传统义利之辨进行相互比较的基础。这种比较将从以下几个方面进行分析:二者的前提和基础;二者所涉及的内容;二者的功能和作用。

4.3.1　二者的前提和基础

任何理论学说都是有其立论的前提,当开始讨论功利主义时,综合前述有关古典功利主义的演变过程,再联系到边沁所处的科学主义和自由主义盛行的时代背景,我们不难发现古典功利主义学说有其两个基本的理论前提和假设:理性主义原则和个人主义原则。

功利主义思想史研究专家哈列维在著名的《哲学激进主义的兴起》一书中指出,有两个功利主义体系基本假定,尽管它们没有被正式地阐明过,但实际暗含在整个学说。第一个假定:快乐和痛苦可以成为计算的对象,而且,一种推理的和精密的快乐科学是可能的。我们将称其为功利主义学说的理性主义假定。第二个假定:所有共同构成社会的个人都具有近似相等的获得幸福的能力,而且,他们也意识到了这一点。我们将称其为功利主义学说的个人主义假定。边沁体系的价值就是这两个假定的价值。①

西方思想家关心自然,热心研究自然问题,注重逻辑,喜欢对事理作细致的解剖和严密的推论,亚里士多德时期就已经形成比较发达的抽象思维及一整套逻辑推论的方法。形式逻辑的发达是西方哲学思维的明显特点,他们的学说大都比较系统化,在表述上讲求概念清晰明白,逻辑论证严密,条理分明。由于西方社会强调人的理性,主张以人的理性作为衡量一切事物的尺度,由此形成了理性至上的文化传统。特别是牛顿于十七世纪发现万有引力和三大运动定律后,他们更加相信,用理性的方法能获得对世界的绝对真知。除了通过掌握自然

---

① 哈列维:《哲学激进主义的兴起》,曹海军等译,长春:吉林人民出版社,2011年,第510页。

法则（规律）而支配外部的自然界外，边沁时代的社会甚至认为按照对物质进行的物理研究同样的方式也可能指导作为个体和社会存在的人的研究，也就是牛顿法则的应用，认为这些法则一旦得到发现，就能够通过综合与演绎的方法解释所有现象的全部细节。由此，基于这种知识去建构一种实用科学，并按照我们的预见能力扩展我们的力量也成了可能，从而以此为基础建立一种理性的政治理论。如果心灵科学与社会科学显示出与牛顿物理学类似的实验和精确科学的特性，那么也可能建立普遍实用的、科学的道德与法律理论。

哈列维指出这一问题贯穿于边沁所处的整个世纪，这是激发英国人思考的问题。这正是边沁将牛顿原理应用于政治与道德事务所作的一种尝试，在这种道德牛顿主义（moral Newtonianism）中，观念的联想原理和功利原理取代了万有引力原理的位置。在 1832 年初，边沁和詹姆斯·穆勒已经将宪法设计成为一个最大幸福原理和普遍利己主义原理的推论的总和。他们认为幸福是快乐的总和，或者更准确地说，是痛苦与快乐的总和。为了使一种社会科学成为可能，甚至他们希望可能计算这些快乐和痛苦。对人的理性的强调，是传统西方哲学的思想特征。功利主义者认为政治学作为推理的科学是可能的，那只因为他们认为人性的法则是简单和相通的。

事实上，西方思想家相信，理性是人的本质确定性，通过理性的追求，可以创造实用的知识，造福于人类。他们认为，人的确定性更以世界的确定性为基础的，他们相信世界是有机的、合逻辑的、合必然性的、和谐统一的整体，认为认识世界，认识人自身，只要通过纯粹理智的思考，通过直观逻辑的论证就可以得到。因此，理性的方法是获得对世界的绝对知识的方法，理性的原则成为西方传统文化的支柱。相信理性的力量，相信理性统治世界会给人类社会带来进步和繁荣。认为只要诉诸理性，就能克服人类的一切"迷误"，找到改造社会的方案，这就是功利主义产生时的社会流行的普遍理解，同时也是功利主义立论的思想基础和前提。

而这种理性主义的认识在中国传统思想体系中并不具备，在以儒家学说为核心和根基的中国传统文化背景中,中国人对外部世界的理解与西方大相径庭。古代中国就形成了一个相对独立的文明体系,中国传统文化本身是独自创造并在几千年中逐渐积淀传承下来的,这使得中国传统文化具有极强的个性,人文精神的儒家文化占据着统治地位,完全不同于西方的"智性文化"。中国传统文化注重道德教化,且带有浓烈的政治色彩,形成了一种趋善求治的伦理政治型文化,讲求"和为贵"的和谐精神,强调人际关系的协和。由于中国传统文化具有强大的历史惯性和渗透力,这种理解甚至在近现代社会还顽强地发挥着影响。

当我们进一步深入考察中国传统文化的思想学说之后会发现:中国传统思想常常与政治伦理思想融为一体,如果比较先秦哲学和西方古希腊哲学思想,则西方古希腊思想往往同自然科学知识交织在一起。这可以说是中国先秦哲学与古希腊哲学的一个明显区别,从而表现为在思考取向上的完全不同。中国古代的思想家历来信仰"以天为宗,以德为本","配神明,醇天地,育万物,和天下"的思想,而所谓"内圣外王之道"实际上是直接为统治阶级服务的。所以中国古代哲学的思考方向显然是社会政治伦理问题。相比之下,西方思想家更加关心自然,热心研究自然问题,注重逻辑思维,喜欢对事理作细致的解剖和严密的推论,由此形成了比较发达的抽象思维及一整套逻辑推论的方法。形式逻辑的发达是西方哲学思维方式的明显特点,他们很注重逻辑论证,他们的学说大都比较系统化,特别是到亚里士多德时期,已形成了一套较完整的理论体系。他们专门的哲学著作也比较多,在表述上讲求概念的清晰明白。逻辑论证严密,条理分明。

而中国传统文化的思维方式则不同,中国古代思想家注重直观思维,重视对事物的直观感受和切身领悟,习惯于对事物作整体的观照。但由于缺乏坚实的自然科学基础和发达的形式逻辑,往往带有直观性、臆测性的局限,通常很少进行复杂关系的逻辑分析和理论论证,强调在直观的简单的类比中,直接推断事物的本质,追求表述上的言简意赅,常常具有某种直观顿悟的特点。在思维方法上不注重严密论证,因而他们的思想、学说也就没有形式上的条理系统。

进一步分析中国传统思维方式可知,中国传统文化缺乏科学判断的理性原则、逻辑完备性原则、简单性原则,而西方熟悉这些原则使人们对世界的理解具有理论性、抽象性、精确性,并与宗教、迷信、经验、常识、技术等明显地区别开来。中国主流的传统文化代表儒学思想虽然具有实用的观念,但往往停留在经验层次。儒学中"格物致知"虽然提倡"格物"就是认识客观规律、熟悉社会现实,但认为"格物"不应是向外界事物寻事物之理而应要求之于自己的内心。这样,儒学中"格物"并不是科学理解外部世界的实验方法。尽管中国传统思维方式具有整体思维的特点,具有思辨性、猜测性,但由于缺乏形式逻辑及其分析。而必然与西方思想的发展路径及最终结果完全不同。

除了理性主义之外,个人主义作为功利主义另一个基本理论前提和假设也与中国传统文化传统完全不同。

自启蒙运动以来的西方现代社会,无论外在的制度建构还是内在的心灵秩序,"个人主义"始终是其最重要的基础之一。文艺复兴强调人的感性生活上的解放,重视个人的权利和尊严,主张把属于人的生理、心理上的正常要求归还于人,认为人是由个人自身的感受、幸福、尊严等组成的一个独立个体。随后对个人主义的内涵,又不断有新的深入的挖掘。随着近代资本主义生产关系的崛起,个人主义以一种新的方式得到了发展,"个人"概念又有了鲜明的社会政治含义。当时进步的思想家们强调天赋人权论,认为个人自身是人的内在固有本质,合理的社会应当保证个人的独立性、自由权的实现。西方哲学中对人的个人主义概念的确立,在于肯定人的个体自由、主体意识,但是在对人的说明中,仍然是把人作为世界一个对象或客体来看待,以某种精神或物质的实体为基点来加以说明或确证。

西方思想文化首先是将人作为个体的存在,每个人对自己负责,人被看成具有自由意志的个体,个人价值是通过自身的奋斗而取得的。在市场经济的基础上产生和发展起来的功利主义思想,体现了资产阶级自身利益。资本主义本身的发展过程正是贯彻个人原则,寻求个人主体并寻求经济发展的过程。这种社会现实折射在伦理上，正是西方功利主义思想的意思表达。

功利主义，从其理论本质上看，并不是如一些人所认为的那样，主张片面地追求个人经济利益，不顾社会公共利益。功利主义一般都区别于极端的利己主义观。在坚持合理利己主义的同时，具有一种社会哲学的视野，在一定程度上注重从社会的制度安排和设计、社会的立法中寻求实现每个个人的利益与社会利益的统一。但是，不可否认，功利主义在本质上是以个人主义为其方法论特征的。个人主义的基本伦理倾向，就是个人欲望的满足被提高到作为伦理功能的价值标准。在边沁的理论中，个人主义就鲜明地体现在他对于个人利益和社会利益关系的看法上。他认为，个人利益是唯一真实的利益，社会是假想的实体，是由个人所组成的，所谓社会的利益不过是组成社会的个人利益的总和。这是大多数功利者的共同主张。个人是真实地存在，所谓民族的幸福、福利不过是单个的个人幸福的总和。

西方个人主义理论与中国传统文化的整体主义或整体至上的理论形成了强烈的反差。在中国传统文化中，整体利益高于一切，个人并不是一个独立的个体，而是社会中的一个角色；强调个体是渺小而微不足道的，整体是目标，是最高的存在；个人存在只有被社会整体所包摄、消融才有价值可言。这种思想理论在中国封建社会，与宗法关系及等级制度相关联，便形成了一种以压抑人的个性、否定个体的独立意志为主要特征的家庭本位和皇权主义的政治伦理学说。这种理论在长期的社会生活中积淀而成为我们的文化心理结构，在中国传统功利观中，不论是儒家思想体系内的功利论，还是墨家、法家的功利思想，在强调功利目的时普遍重视公利、民利，它们主张以利人、利天下、利天下人为价值导向和评价善恶行为的价值尺度，大多反对以个人私利、唯私唯己作为功利行为的价值取向；在追求功利行为时普遍肯定要受道德规范的节制，它们主张"以义求利"，求利"不可以无义"，认为义既是求利的手段，又是求利的规则。中国传统功利观始终强调公共利益，把社会利益或群体利益作为问题的出发点和落脚点，即使强调重利轻义,最后的利也是群体或整个社会的利益,并不支持将个人利益作为追求的目标。因为中国传统思想文化中,人被理解为整个社会的一员,个人的利益和命运依附于群体社会,个人的价值只有得到社会的认同才能实现。

从这个角度来看传统义利之辨的主流思想,其立论根基和讨论的整个视野都没有超出整体社会范围的概念,即使谈到对利的追求,但所含的个人利益并没有得到应有的重视,仍然强调整体本位的价值取向,并以此维护既有的等级秩序,这与"功利主义"思想范畴有本质的差异。明清之际的启蒙思想家迎合了当时整个社会经济特别是工商业发展的大趋势,肯定了个人追求自身物质利益的合理性与正当性,并将这种利欲的追求提升到与心性修养同等重要的地位,而且提出了在追求自身利欲的同时最终要达到整个社会和国家富强繁荣的根本目的,从而使得个人与社会利益相得益彰,但从本质上来说仍然属于以整体为本位而非以个人为本位的社会思想,而真正意义上的功利主义却并非如此。甚至梁启超等近代学者的功利观思想,在涉及群体本位与个人本位问题上,也没有超越这个范畴,同样仍然是落在义利之辨的思想框架中。

可见,西方功利主义有其立论的两个理论前提,即理性主义及个人主义假设;而中国传统的"义利之辨"则基于中国传统文化对外部世界的理解方式以及整体至上的思想取向,两者之间形成了强烈的对比并存在很大的冲突。西方功利主义与传统文化的义利之辨由于各自的前提不同,表现出不同价值取向,反映了不同的社会观念和民族精神。

4.3.2 二者所涉及的内容范围

中国传统文化所讨论的义利之间关系,可以归纳为以下两种:

首先义、利分别被定义为"道义"和"利益"。利在这里,泛指为利益。人类为了自己的生活需要,必须拥有一定的物质生活资料,特别是物质利益或经济利益。如果将"利"这一概念扩展,它可以同时包括人们在经济、政治、文化等各个领域的实际利益,也都属于人所需要和追求的利益。有些属于物质利益以外,并不具备物质利益的某种实体形态,但是也可以转化为物质价值,从广义上讲,都可以称为"利"。然而,一般情况下,利仍属社会物质生活的范畴。义,古人以"宜"解释义,义就是人们应当遵循的道德规范。用此衡量认定行为是否适宜、正当。在中国传统文化里,义不仅是指经济生活和物质利益方面的行为准则,而且是指整个社会范围内的价值标准。根据不同的情况,义又可具体划分为"正义""仁义""忠义""情义""礼义""节义""信义""孝义"等,当义作为道德规范的同义语时,它便不仅仅是指"五常"(仁、义、礼、智、信)之一的义,它是社会中一切道德规范的总称。

如上所述,中国传统文化义利之辨中所涉及的义与利,主要是指道德规范和利益。这是从一般的、比较抽象的意义上而言。

第二,义、利的另一个表达可以用于整体之利和个体之利,这样义利二者的关系可以表达社会和个人的关系。利益是可以分解为整体的利益及个人的利益。传统文化义利观中的利,既泛指利益,又可以从比较具体的意义上指向个人的私利;而传统义利观中的义,既泛指人们应该遵循的道德规范或道义,又特指道义所要求维护的国家、社会和民族的整体利益,后者也是由抽象到具体,从前者推导和引申出来的。义可用来表示某种整体利益,从这一点上看,它又具有特定的功利内容。

"义利之辨"的具体内容可以涉及多种不同的义利观点,代表了中国的先哲关于道德与物质经济利益关系问题的严肃思考,反映了争辩中不同的观点。纵观中国古代传统义利观,便可发现重义轻利思想始终占主导地位,是"义利之辨"的主流,各种其他形式的尚利思想只不过附着于其中的支流。

如上所述,中国传统文化的义利之辨是人们在处理社会关系道义原则与功利原则这两种价值取向的差异与对立,它本质上是一种价值观之辨。主要表现为物质利益与道德取向、个人利益与整体利益的基本关系处理。这些思想中包含了以个人功利作为驱动人们道德行为的动力,并以此作为道德的维持手段,人们在满足了基本物质需要之后,进行道德教育的可能性和必要性。

而古典功利主义的核心内容是以人性论为基础,从法律理论切入,服务于社会改革为宗旨而提出的最大多数人最大幸福的原则。作为整体的功利主义思想体系,所涉及的伦理思想是其主要内容,但是功利主义的伦理思想内容无论是其覆盖的宽度还是其思想的深度都远远超过中国传统文化义利之辨的讨论所涉及的内容。

义利之辨的伦理思想集中于物质利益与道德取向以及个人与集体的关系。而功利主义的伦理思想不仅包含着对人与人、人与社会之间关系处理中的行为规范原则,而且被上升到社会原则的高度来处理社会法律、经济、政治等多领域的复杂问题。

不仅仅是二者在涉及的内容范围有着很大的不同,而且在二者的思想表达论证方式方法上也呈现出不同处理思路。义利之辨的表达是中国传统"叙述式"的讲道理,通常缺乏逻辑上的推理论证,而功利主义则是以一种西方惯有的理性主义思想方法,以逻辑论证的推理方式进行表达,其过程中边沁还引入幸福科学计算,甚至使用所谓的幸福微积分方法。

功利主义由于它的基础性特点,往往与其他领域的学说理论高度相关,如"最大多数人的最大幸福"原则就不仅成为法律领域的立法依据,也构成政治学、经济学的若干前提。功利主义思想就其本身来说,已经形成一种社会哲学和社会理论,它关注的范围既包括对人的道德本性、行为判断和价值经验的研究,也包括对人们的利益、权利以及国家的政治、法律和经济制度的研究,这些方面又是相互纠缠在一起的、相互渗透的。功利主义伦理思想作为整个功利主义体系的道德基础和核心内容,会涉及诸如政治学中权利、自由、社会正义,经济学中理性选择、利益最大化以及法学中法的本质等观念,功利主义理论与相关的经济、政治、法律诸学科领域之间有着密切的互动,事实上功利主义思想已经在不同学科观点、概念之间相互交叉、相互渗透。

4.3.3 二者的功能和作用

从前面的讨论可知,功利主义的产生及其在不同阶段所发挥的作用,正是在英国社会转型的大背景下所发生的,随着英国工业革命的发展,当时英国社会的经济和社会结构上产生的矛盾要求社会其他领域需要相应的变革,当社会转型变革的原则仍不清晰时,功利主义的提出为这场重要的社会转型运动明确了新的社会原则,从政治、经济、伦理等各个方面为逐渐成熟的资本主义制度提供必要的理论支撑,同时奠定了资本主义政治自由主义、古典政治经济学、英国法理学派以及资本主义经济伦理学的基本构架。功利主义特有的实践性又使这种理论迅速得到广泛运用,功利原则在当时英国社会的伦理、道德、立法、经济、政治等广泛领域得到普遍应用,在社会转型期间据此所推出的各种社会治理措施,促使了英国社会的完善和成熟,是西方国家现代化过程中的一个重要历史阶段。功利主义所发挥的作用是和作为一种新的生产方式和新的社会制度的英国资本主义发展的不同时期密切相联系的,穆勒对功利主义的修正较好地解决了效率和社会财富总量增长的问题。我们甚至观察到功利主义的发展过程,反映了资本主义市场经济从初期的起步到高速发展、鼎盛阶段、出现危机、再调整而达到新的阶段的历史变化过程。换句话说,功利主义的变化反映并推动了英国乃至西方社会资本主义经济和社会发展的不同阶段,可见功利主义本身在此过程中所发挥作用的重要性。

功利主义的基本道德原则至今仍是西方立法和公共政策领域的基本原则。功利主义理论本身具有的社会哲学视野,拓展了社会伦理讨论的范围,不论功利主义理论本身是否会得到普遍的承认,它所提出的种种问题、它所引发的各种讨论,已经深刻地揭示了道德本质、道德的社会功能、道德选择的原则和道德行为的本性等伦理学和道德问题。

相比较功利主义在类似领域所发挥的作用,传统文化的义利之辨思想所发挥的主要作用之一是道德情操教化。"义利之辨"在中国文化语境下,确实具有义利关系的价值定位和价值导向功能,尤其在当今社会,梳理并反思"义利之辨",仍然有着一定的现实意义。但考察二者在实际社会中的作用及影响,似乎功利主义仍然大于后者。

4.3.4　关于二者异同的总结

通过以上的分析,就中国传统义利之辨和西方古典功利主义之间的比较来看,无论是各自学说的前提及思想基础,还是所涉及内容范围,包括其理论的论证方式,以及在社会发展过程中所发挥的作用,义利之辨和功利主义都有非常显著的不同。

如果客观地进行理性分析,当我们面对如此显著的差异时,很难直接将中国传统文化的义利之辨也称为功利主义思想。但事实上,在功利主义进入中国后的不长时间,已经有人将中国古代的某些思想家的学说也称为功利主义,比较典型的代表就是将墨子思想称为功利主义思想。但采用比较科学的逻辑论证思路,严格按照功利主义本意,以西方古典功利主义概念为参照系作为分析的前提,我们将不得不认为中国传统文化中是没有功利主义这种系统的理论学说。

回顾功利主义进入中国被接受的过程,当功利主义初次与国人相遇时,人们对功利主义的理解实际上仍然(也只能)是中国传统文化的认识基础,于是很自然地根据当时人们的知识结构和社会发展的需要,将功利主义有意无意地与传统义利之辨联系在一起了。表面上看,这是由于译词的选择沿袭了明治期间日本社会关于 utilitarianism 的译法,其核心译词"功利"与传统文化"义利之辨"中的"功利"概念一词完全重合,于是导致了从中国传统"功利"一词的涵义来理解"功利主义",造成了功利主义被理解为急功近利等类似的含义。但如果从学理上分析,出现这个问题的主要原因是梁启超等人的工具性思维,他们有限采纳功利主义的部分内容,将穆勒功利主义中"不讳利益"的元素作为核心内容纳入"新民说",通过对"利"的强调以达到其教育民众的目的。但"不讳利益"内容只是功利主义的部分内容之一,只强调这一点并不能反映整体的功利主义全部内容。事实上,晚清期间有关义利之辨的讨论中,无论是保守派的"贵义贱利",还是洋务派的"先富而后能强"，以及资产阶级改良派的兴利思想，其中心思想均包含对"利"的强调，这也许是"功利主义"在进入中国社会后出现和"功利"一词所混用甚至被覆盖置换现象的重要原因。

当功利主义在中国语境下已经被"命名"为"功利"的含义后，人们又根据国人对功利主义这种并不全面的理解，使用功利主义作为一种思想名称去命名中国历史上曾经出现过的若干思想，于是中国历史上从古代开始就"有了"功利主义思想的提法，随之产生了中国古代到底有没有功利主义的争论。

对功利主义概念的解析可以有两个不同的角度，其一是从共时性的角度进行探讨，确认功利主义概念产生时的定义及相应涵意，包括从当时的社会语境中理解 utilitarianism 产生的历史条件及其所发挥的作用；另一个角度是历时性，随着历史的展开，辨析功利主义在不同时期所发生的变化，如不同的表达方式、不同作用体现等等。但无论如何，将已经在一个特定的历史阶段被命名的某一思想概念直接套用到以前历史上曾经出现过某个概念上显然不是非常合适。每一个概念在得到它的名称后，如果对它从共时性的角度进行辨析，一定有它本身相应的涵义，而且与产生在另一个历史阶段概念应该是会有区别的。如果不加区别地直接混用同一个概念的名称，极易产生混淆，导致理解上的误读。将只发生在某一时代的概念，在不设置前提的情况下，与置于另一个时空的事物安排在一起，在现实逻辑上显然是不正确的，通常被认为是犯了时代错误症（anachronism）。

功利主义学说作为一种内涵丰富、相对复杂的理论系统在中国并未完整地出现过，我们不能因为中国历史上部分学说曾经包括功利主义某个要素的存在，就将其定义为功利主义。如果不设前提就进行这样简单比附的话，几乎所有的学说都可以被定义成了一种学说。当然，没有系统完整的功利主义思想，并不等于没有功利主义思想所包含的某些思想要素（甚至功利观念），但这种思想要素甚至功利观念并不等于功利主义思想本身，在此前提下，我们可以说中国传统文化中，是存在着部分功利主义的思想要素和功利观念的，但不应该将这些思想要素和功利观念直接称为"功利主义"。

当中西文化交流时,中国传统文化的一些惯性思维的影响仍然很大,对正确理解吸收西方思想产生了一定的障碍,功利主义的吸收理解正是在中国传统的习惯性思维下产生的一定程度的误读。

第五章　从 utilitarianism 到
"功利主义"的全球理论旅行

　　十八世纪问世的 utilitarianism 直至百余年后，经跨国传播，从英国经日本中介传入清末民初的中国。追踪其传播过程的重要时空节点：首先，边沁基于英国社会转型的要求而提出新的社会原则，即"最大多数人的最大幸福"原则并取得良好的社会改革成效；其次，该原则在问世 80 余年后，穆勒根据英国在维多利亚时代的社会发展需求进行了修正，完成了古典功利主义的建构；第三，在日本明治维新的变革中，从富国强兵、推动日本社会的经济腾飞的目的出发，被作为外部思想资源引入日本；第四，随着西学东渐的大潮，当时身处日本的梁启超出于改造国民性的目的将其介绍到中国，开始了它的中国之旅。

　　从整个传播过程来看，不难发现这是一场非常"标准"的思想概念全球旅行。这样的一个思想观念的完整传播过程与萨义德（Edward W. Said）所提出的"理论旅行"（Traveling Theory）的讨论框架基本一致。萨义德认为思想概念的传播可视为其在国家间或不同文化间的旅行，"理论旅行"需要考虑的主要因素是理论赖以产生的社会文化环境，理论旅行的通道和理论旅行到目的地后所面临的社会文化环境。如果我们用萨义德提出的"理论旅行"描述并讨论 utilitranism 思想概念传入中国的过程，无疑可以直观、生动地呈现这一思想概念的传播现象，而萨义德强调理论的变异与地理位置空间移动的关系，强调理论移动的历史情境，与我们回溯功利主义思想概念传播时所关注的核心要点也非常契合。

5.1　萨义德的"理论旅行"

　　1983 年哈佛大学出版社出版了萨义德的《世界·文本·批评家》（*The World，the Text，the Critic*）一书①，1994 年萨义德又发表了文章《再议理论旅行》（*Traveling Theory Reconsidered*）②，他提出一种新的理论研究方法——理论旅行。理论旅行是跨文化研究中一种对人文社会科学领域内的思想理论进行研究的新方法和新视角，非常形象地利用人的迁徙来比喻理论的传播。从理论传播的过程出发，进行过程的动态描述、追踪，从而研究理论的传播和演化。在先后发表的这两篇文章中，萨义德以卢卡奇的理论为起点，论证了理论在穿越历史时间和地理空间时，如何受到具体社会的政治文化影响而变化的过程，认为理论"是对具体的政治和社会情境的回应"③。他强调必须重视理论应用的历史情境，他更多的是关注理论在具体语境中的具体意义以及同一种理论在不同语境中所发生的变化。认为理论在一定程度上是对思想事件所发生的特定社会情境的回应，它势必要涉及不同于源点（point of origin）的表征和体制化过程，④在此过程中会发生理论的转化变异。盛宁指出：萨义德的"本意是以卢卡契为例来说明任何一种理论在其传播的过程中必然要发生变异这样一个道理"⑤。

　　萨义德对"理论旅行"的过程进行了具体的分析，他"认为任何理论或概念的'旅行'过程都包含三至四个步骤。第一，需要有一个源点或者类似源点的东西，即观念赖以在其中生发并进入话语的一系列发

---

① 萨义德：《世界·文本·批评家》，李自修译，北京：生活·读书·新知三联书店，2009年。

② Edward W. Said：*Reflections on Exile and Other Essay*，Cambridge，MA：Harvard University Press，2001，p. 436

③ 赵建红：《赛义德的"理论旅行与越界"说探讨》，《当代外国文学》2008 年第 1 期。

④ 萨义德：《世界·文本·批评家》，李自修译，北京：生活·读书·新知三联书店，2009年，第 400 页。

⑤ 盛宁：《"卢卡契思想"的与时俱进和衍变》，《当代外国文学》2005 年第 4 期。

韧的境况。第二，当观念从以前某一点移向它将在其中重新凸显的另一时空时，需要有一段横向距离（distance transversed），一条穿过形形色色语境压力的途径。第三，需要具备一系列条件——姑且可以把它们称之为接受（acceptance）条件，或者，作为接受的必然部分，把它们称之为各种抵抗条件——然后，这一系列条件再去面对这种移植过来的理论或观念，使之可能引进或者得到容忍，而无论它看起来可能多么地不相容。第四，现在全部（或者部分）得到容纳（或者融合）的观念，就在一个新的时空里由它的新用途、新位置使之发生某种程度的改变了"①。

这样旅行的过程大致分为三个主要阶段：（一）起点，即理论的产生；（二）旅行，理论会受不同语境影响，涉及理论旅行的载体工具以及旅行过程中帮助接纳理论的条件或抵制接纳理论的条件；（三）到达，抵达目的地的理论发生变异，融入新的环境。萨义德"理论旅行"的起点，其内涵更多是指一种文化因素、文化背景。文化是理论产生的基础，什么样的文化就会生发出什么样的理论，理论的产生和变化与所对应的民族、国家的思想、信仰、传统、风俗、社会环境等文化因素有着密不可分的关系。萨义德将这种具体环境概括为"情境"，这不仅仅包括时间、地点、民族因素，同时还包含着历史背景、政治氛围、经济影响、文化气氛等要素，是一个综合复杂的共同体，是理论产生和变化的物质条件、先决要素。所谓"横向距离"可以理解为不同文化交流之间的跨度。而萨义德的"接受"（acceptance）则可以对应我们所讨论的中西文化的汇通融合。

因此，我们可以理解萨义德的"理论旅行"所要研究的问题就是某一理论概念，在传播、发展的过程中，它本身的变化情况，涉及其作用、影响力以及解决现实问题的能力。他的"理论旅行"的核心即是研究理论"旅行"过程中的变化，具体研究理论从输出源头出发在传播发展过程中如何受到接受方观念、思想的影响，在其作用力如何发生变化

---

① 萨义德：《世界·文本·批评家》，李自修译，北京：生活·读书·新知三联书店，2009年，第401页。

以及在发生变化后如何去借鉴和接受的理论。

本章试图将从英国 utilitranism 到中国"功利主义"的嬗变过程置入"理论旅行"的理论框架中,借助于赛义德的分析思路,考察归纳功利主义思想概念进入中国传播全过程的若干特征,以进一步理解西方功利主义理论在传播过程中,特别是在不同国家以及不同历史阶段所表现的形式及其内在本质。

当通过"理论旅行"框架审视"功利主义"思想概念的这种全球传播过程时,赛义德的关键词如"情境""横向距离""接受"(acceptance)所表征的研究重点和研究路径,在总体上与我们研究现代性问题所涉及的现代概念的形成过程的目标是一致的,所以尽管赛义德的理论大多数情况下被归属于文艺理论批评,甚至与后殖民理论挂钩,但它的思想方法无疑可以在我们"问题链"研究过程中借用,可以提供方向性的研究框架支撑。所谓"情境"将启发我们首先需要关注每次传播的"输入源",如边沁的理论成为穆勒思想的"输入源";穆勒思想又成为功利主义在日本的主要"输入源";而梁启超传播到国内功利主义的"输入源"是日本社会本土化后的功利主义理解。所谓"横向距离"正是不同历史境遇、社会文化等多方面因素跨时间、跨空间的融合过程;所谓"接受"(acceptance)正是汇通融合的结果。

赛义德"理论旅行"是主要针对不同空间的地理位置变化而言,但根据"理论旅行"的逻辑思路,不妨将他的"理论旅行"概念扩展到包含时间和空间二个维度。这样原先的"跨度"的概念就不仅仅局限于实际生活中旅行所对应的地理位置的改变,即物理空间上的变化,而是延展到时间概念上;"理论旅行"的场景不仅具有空间的维度,同时也具有时间的维度。这样一来,我们既可以观察到从英国到日本、再从日本到中国的地理位置变化,同时也可以关注到时间维度上理论本身的变化,如古典功利主义理论从边沁的提出到穆勒的修正过程就存在着时间维度上的变化,80多年时间流逝的背后是社会历史环境的变化以及社会发展要求的变化,使边沁的原创思想被更新到穆勒的修正版本,使得功利主义自身的阐发方式及主旨重点也发生了很大的变化,而这种变化对此后功利主义思想的跨国传播也有很大的影响。

笔者希望本章借鉴的"理论旅行"的研究思路在一定程度上可以为今后类似的学术研究提供一些必要的基础思路和方法上的参考。

5.2 理论旅行的"起点"

所谓起点,作为萨义德"理论旅行"第一阶段的核心内容,即关注理论的产生,重点是在特定的历史社会环境下,新的思想是如何产生,付诸文字并形成话语。而具体到功利主义思想概念的"旅行",所谓的起点问题就是认真考察功利主义思想概念每次传播的开始,回到"功利主义"全球旅行的几个重要时间节点上,将"功利主义"置于当时整体社会背景的历史语境下,针对"功利主义"内涵与当时社会发展需求之间的互动关系,从社会转型和社会发展的角度来理解"功利主义"在不同社会历史阶段是如何"出场"的,即首先要重点关注功利主义思想概念的问世与社会转型变革之间的密切关系,关注功利主义内涵与社会发展需求之间的互动关系。功利主义理论的每一次出场,即每一段旅行的发生,所涉及的每一个新出发的时点无一不是站在新的历史发展阶段,反映不同时代或不同国家的社会发展要求,体现了功利主义随着不同时期社会发展阶段的变化而紧密服务于转型社会要求的特征。

作为这场全球理论旅行首段旅程的起点,边沁的 utilitranism 是根据英国社会在工业革命后的社会转型需求而"上路"的,具有鲜明的时代特征,反映了一个新时代基本的经济和社会要求,首段旅程的"上路"推动了英国社会的发展进程。

当英国历史进入维多利亚时代,此时距边沁 utilitranism 的"首发"已经过去半个多世纪,英国社会已经在边沁推动的社会改革方面取得了长足的进步,穆勒为迎合维多利亚时代财富增长的社会进步观念,服务于经济发展(财富积累)的社会要求,对边沁提出的功利主义思想进行了修正,开启了 utilitarianism 的第二段理论旅行,而若干年后功利主义的下一段传播旅程基本上是以上穆勒的版本为主体。

第三段旅途是功利主义从英国到日本的传播,此时的历史背景是日本发生了明治维新,开始了日本社会的转型。明治初期,日本政府特别关注如何发展经济,由于英国功利主义伦理思想与日本社会"文明开化"的转型需求相适应,可以借助功利主义批判日本儒学"克己"禁欲观念,鼓励对财富的追求,为日本国家崛起的发展经济进行了理论上的背书,这与当时日本政府的思路高度吻合,从而得以顺利地被引入日本。功利主义思想所发挥的作用更多地体现在被借用为一种先进的思想资源用于改造当时的传统社会思想,随后服务于发展经济的具体目标。但此后日本社会对西方功利主义的理解和运用效果又成为下一段旅行的理论起点。

第四段旅途则是功利主义从日本传播到中国,当时的中国社会面临国家存亡的危机,救亡图存成为全社会所有努力的直接目的。梁启超认为中国只有借助西方先进的工业文明和文化思想,才可能改造中国的旧文化旧思想,实现中国的"新民"改造。于是将已被日本社会接受和改造了的功利主义引入中国,作为改造国民性的工具。

从任何一段旅途的起点来看,无论是边沁对 utilitarianism 思想概念的创建还是穆勒若干年后的修正,无论是明治维新期间对西方功利主义的理解还是梁启超如何取舍日本社会的功利主义理解传播到国内,从旅途的"起点"上观察,功利主义思想概念的出场都是为了满足当时社会发展某些特定需求,尽管理论的溯源可以罗列出以往某某思想家的学说,但新的思想概念的出场最直接的动因无疑是新的思想概念被要求帮助解决社会所存在的真实问题。

5.3 理论旅行的"过程"

根据萨义德的理论旅行,"起点"之后就是"旅行过程"部分。在这一部分,萨义德重点讨论了思想的穿行过程中不可避免会受到的不同语境的影响,以及穿行过程中接受或抵抗理论旅行的外部条件。由于"旅行过程"中存在的一些主客观条件,无论是帮助接纳理论的条件或抵制接纳理论的条件将会发挥作用(萨义德甚至认为出现抵制接纳理论的条件是不可避免的)。

理论旅行更多情况下会在地理位置的空间上发生移动,特别是发生全球旅行的跨国、跨文化移动时,面对不同的语言,翻译就成为理论旅行所必须依赖的传播工具。但这里的翻译并不是仅仅是文字的处理,其本质是不同文化之间的交流。必须注意的是,当关注翻译环节时,并不能将不同语言之间对等词的自然存在作为预设前提,从而将重点放在对译词是否忠实于原著的问题上。事实上,正如刘禾所指出的:"语言之间透明地互译是不可能的,文化以语言为媒介来进行透明地交流也是不可能的。不仅如此,词语的对应是历史地、人为地建构起来的,因此语言之间的'互译性'必须作为一种历史的现象去理解和研究。任何互译都是有具体的历史环境的,怎样译?如何译?都必然被一定的具体的条件和话语实践所规定。"[1]

具体到功利主义思想传播过程中涉及的 utilitarianism 翻译,无论早期的汉英字典使用比附的逻辑将其译为利人之道等译词,还是明治维新期间日本人将其译为功利主义,以及梁启超曾采用过"乐利主义"翻译以及最终中国社会所接受的功利主义译词,这里都不是一个是否忠实英文原意的问题,而是翻译过程背后所反映的不同社会文化之间的冲突,从而可以揭示出所谓历史的变迁……

当第三段旅途发生在功利主义从英国到日本的传播的旅行时,仅从明治时期 utilitarianism 译词演变过程就可以了解到翻译在发挥传播工具作用的同时,所反映出社会文化在接受新的思想观念理解的冲突。尽管明治早期有着非常开放的氛围,政府由于日本经济发展的需要对并不反对功利主义,而功利主义思想确实对当时日本经济发展的

---

[1] 刘禾:《语际书写:现代思想史写作批判纲要》修订本,桂林:广西师范大学出版社,2017年,代序,第4页。

发挥了促进作用,但仍然出现井上哲次郎这样坚定的"反对派"代表,他最初就从负面的角度理解 utilitarianism,使用"功利"作为核心译词,为功利主义在明治后期的污名化埋下了"地雷"。此后井上哲次郎一直坚持对功利主义的批判立场,从而导致日后对功利主义挥之不去的负面认识。这说明了面对新思想的冲击,原有的社会文化势力与新思想之间的不可回避的矛盾冲突。

马克思指出:"人们自己创造自己的历史,但他们这种创造工作并不是随心所欲,并不是在由他们自己选定的情况下进行的,而是在那些一直存在着的,仅有的,从过去继承下来的情况下进行的。"①一个社会引入新的思想概念时,原有的观念难免会以自己的方式出场,尽管由于时代意识所造就的实际价值要求,必定会生长出新的思想形态,但新的思想形态会被各种话语形态纠缠于历史文化,并以"不正确理解"的形式表现出来。促使新思想概念出场的主要原因是社会的转型发展,我们可以将此理解为接纳新理论的条件,但同时,抵制接纳新理论的条件也不可避免地依然存在。新思想出场意味着旧思想退场,但出场和退场的交锋错综复杂,旧的思想概念会表现出对新思想概念接纳的抵制,并在退场过程中顽固地以不同方式反复出场。

穆勒的"功利主义"之所以能够在明治维新早期受到欢迎,其根本上是穆勒"功利主义"所强调的财富观在明治早期的语境下为释放这个社会的个体特殊性提供了理论支持。明治社会早期实际上处在从传统社会向现代社会转型的关键阶段,需要通过社会个体特殊性的释放来提供社会发展的动力,从而推动一个本质上是仍然是封建社会的转型,否则,在任何缺乏必要的物质基础的条件下则不可能实现真正意义的社会转型与发展。穆勒功利主义的思想被当时的日本启蒙思想家从利益的角度进行了解读,功利主义思想所发挥的作用更多地体现为借用来作为一种先进的思想资源改造当时的传统思想,随后服务于发展经济的具体目标,迎合了日本社会发展的内在需要,所以自然

---

① 马克思:《路易·波拿巴政变记》,《马克思恩格斯文选》,两卷集,北京:人民出版社,1958 年,第 180 页。

成为当时日本社会的第一选择。但即使是在明治早期,由于日本对"富国强兵"的追求和对皇权统治的维护同时并存,随着逐步明确的天皇制国家体制,功利主义所需要的社会基础与维持日本皇权存在重大冲突,出自对皇权统治秩序维护的需要,功利主义受到社会舆论批判并被"污名化"。于是有助于接纳功利主义理论的社会条件发生转变,社会外部条件变成了抵制接纳功利主义理论。在这样的"大气候"社会环境下,"功利主义"的社会地位急转直下。

如果以明治维新期间日本社会在理解接受功利主义的过程中正反态度的变化来看待帮助接纳和抵制接纳条件,萨义德的理论旅行仍然还是很有针对性的。

5.4 理论旅行的"到达"

萨义德理论旅行的第三部分为"到达",随着理论在旅行到达目的地,于是原先的出发的思想理论在新的时空中必然要经过一个调适融合的过程,随后被接纳(或理解吸收),此时的思想观念正是因为该过程而一定会发生了变化,因而不可避免地与出发时的理论发生偏移或所谓的误读。也可以说所发生的变化是因其在新时空中的新位置和新用法而引发(这是一种和目的地的文化思想发生融合调适的过程所导致)。

事实上,理论在抵达每一个旅行的终点,即得到新的理解并在接受后一般都会发生改变。而上一场旅行的终点就成了下一场旅程的起点,在与下一个目的地的诉求进行有选择的内容匹配后,为下一个目的地的旅行作出贡献。

简言之,萨义德认为当新的思想概念旅行(传播)到目的地,对出发时的原先理论的理解会发生变化。这个判断无疑适用功利主义全球传播的过程。根据前述的研究,我们认识到在功利主义多起点传播的过程中,每一段旅行结束后,传播前的思想概念都已经在目的地得到了有变化的理解接受。

作为全球传播的第一段旅程，我们已经分析了穆勒对边沁理论的修正，众所周知，穆勒的修正事实上已经改变了边沁学说的部分初始内容。而在功利主义传播的第二段旅程，日本所接受的功利主义的思想理论，无论是早期的西周还是稍后的井上哲次郎对 utilitarianism 都有着和穆勒并不一致的思想理解。西周尽管非常认可并接受穆勒的功利主义思想概念，但他所理解的功利主义和穆勒的"原始"版本并不一致。西周理解了人的欲望，从生理、精神、物质等诸方面考察人的多层次的需求，把健康、知识、财富视为人世三宝。日本明治早期的国情决定了西周人世三宝说具有典型的日式启蒙伦理的特征和内容，但这与西方的功利主义背后的个人主义出发点不同，西周是从"富国强兵"的目标出发，以"人世三宝"作为道德信条，其功利道德在一定意义上摆脱了西方观念的束缚，特别强调了国家的重要性。这反映了以西周为代表的启蒙思想家在接受西方新思想时，并不能完全跳出日本传统文化的束缚，仍是在传统思想框架内来理解西方的观念。至于井上哲次郎，出于维护日本皇权的需要，持有根本不同的立场，对功利主义有着敌视而抵抗的态度，自然更加不可能正确理解和传播穆勒功利主义思想。至于功利主义传播的第三段旅程，梁启超虽然主要是基于日本对穆勒、边沁解读的二手资料获得了他的理解，但所理解并传播的思想要点还是和"日本版本"有所区别，更重要的是功利主义被介绍到中国后，随后遭遇与中国传统概念"功利"混淆甚至被"覆盖"的命运，其概念的外延过度扩大，包括用于表征中国古代的思想概念。

通过对功利主义全球旅行实际发生的结果验证，可知理论旅行过程中无法避免被"误读"。随着一定长度的时间和一定距离的空间条件改变，所传播理论的表现形式就一定会发生改变，其最根本的原因是由理论与目的地社会需求之间的互动造成的，理论最终必须服从目的地社会现实的需求，而理论所对应的社会现实状况一直是动态发展的，提出了新需求，这就造成了理论到达后的必然改变。我们也可以从另一个层面来理解理论旅行所发生的这种变化，不妨将这种思想

（理论）的跨国旅行理解为一种跨文化交流，而不同文化之间的交流本身就具有如下特点：接受方对外来文化的理解肯定不会和原来的文化完全一致，一定会发生变化，不同文化之间的误读无论理论上还是实践上都无法避免。

5.5 "功利主义"理论旅行的作用

萨义德的理论旅行讨论框架涉及起点、旅行、到达三个部分内容，但我们除了关心思想理论在传播过程中的变化外，从某种程度上看，思想理论在旅行到达目的地后所发挥的作用如何，是否在推动当时的社会转型发展方面产生了影响也非常重要，功利主义全球旅行的实践结果，也应该是值得关注的重要问题之一。

作为第一段旅程，功利主义在早期英国社会的转型过程中发挥作用比较直接，其收效也非常显著。这是因为边沁的思想理论紧紧抓住了当时英国转型社会的真实问题，utilitranism 思想概念不仅推动了英国法律的改革，还通过寻找"功利主义"在法律以外的广泛应用，进一步在社会治理等多方面发挥了作用。于是，无论英国的法律制度改革，政治制度改革，甚至包括一些社会行政管理层面上的具体措施，都可以非常直接地观察到功利主义对社会改革的具体效果。utilitranism 在这方面所发挥的作用，从对西方社会历史发展过程的贡献来考察，可以概括为 utilitranism 协助确定了现代社会的规范性基础，没有这个规范性基础的建立，西方社会的顺利转型是很难想象的。其中所发挥的作用，应该是促进了英国资本主义制度的形成过程，这当然与十九世纪英国社会转型所处的特殊历史阶段有关。当时在英国，旧的社会秩序极不适应工业革命后新的社会发展要求，急需建立新的社会秩序，而其背景就是英国社会的转型，建立资本主义经济制度。

穆勒阶段的 utilitranism 随着时代的变化主要表现为穆勒对边沁

理论体系的修正,他在对边沁思想及相关概念进行所谓理论上的完善,除了填补一些逻辑体系上的不完备之处外,更主要体现为修正过程中将追求幸福的手段和追求幸福的目标进行了置换,这种修正后的utilitranism 似乎更加偏向发挥一种理论体系的完善作用,为维多利亚时代甚至日后人们追逐资本主义原则给出了进行合法性理论背书的途径。但随着英国社会的发展,由于穆勒的思想体系更加贴近当时的社会现实,更容易从帮助解决现有客观问题的角度入手而被更广泛地传播和接受。这也许是客观的社会条件已经发生了变化,社会的基本秩序在初期的变革后已经趋于稳定,社会矛盾的处理并不需要早期的激进主义思潮的表现形式。

明治期间的日本社会处理西方 utilitranism 的过程则以一个比较完整的变化周期再次说明了 utilitranism 与所处时代的社会如何进行互动,从而可以观察到功利主义思想在当时社会中发挥的作用如何……明治政府基于日本国家的现状早期就提出了"文明开化""殖产兴业"和"富国强兵"的新方针,对此可以理解为日本政府意欲通过"文明开化"引入西方的思想概念,采用"殖产兴业"的手段来达到"富国强兵"的最终目标。所引入的西方思想概念中,utilitranism 则主要被以一种实用主义的思维理解为帮助日本社会树立追逐财富的观念,故在明治维新早期受到欢迎,借助于多位日本启蒙思想家的努力宣传,功利主义思想概念在早期为"殖产兴业"的发展作出一定的贡献。但西方 utilitranism 思想并不仅仅是简单的追逐财富,它的背后有着和日本社会取向并不相同的个人主义思想,这种带有自由主义的思潮在与其他西方思想结合后,已经构成对日本皇权统治的实质性威胁,随着这种外部环境条件的变化,被接受为"功利主义"的穆勒思想遭到"污名化"处理,其社会地位发生很大的变化,随之而所发挥的社会作用则明显弱化。

清末民初的中国社会现状与明治维新早期有相似之处,国家内外矛盾尖锐,清野上下都有富国强兵的愿望,但并没有如何解决所面临问题的共识。在此背景下,部分忧国忧民有洞见的知识分子认识到中国现实社会与西方国家的差距,提出在思想层面引入西方新的思想概念,其目的是用西方新思想进行中国的国民性改造(梁启超的新民德)。回到当初的语境下观察,当然可以理解"功利主义"的引入确实和当时中国社会的转型需要有关,并不是少数文人的随意发挥。但是受到日本社会对"功利主义"接受理解的影响,当 utilitranism 以"功利主义"身份在中国"登陆"后,很快遭受到与中国传统思想的"功利"概念混淆的"待遇",甚至几乎被中国传统义利之辨的非主流观点覆盖。虽然在类似义利之辨的语境中对批判传统以义为主流思想有过促进作用,但由于种种原因,功利主义在当时的中国社会语境中所发挥的作用就非常有限。特别是功利主义在明治期间所发挥的效果不相同,并未对推动当时社会的经济增长发挥很大的作用。事实上,社会的经济增长受到各种因素的制约,日本在明治维新期间依然保持着国家治理机器的有效运行,一旦明确国家的前进方向,能够迅速执行,而中国当时缺乏对社会可以进行有效管理的中央政府,推动经济全面发展的条件相对来说不够成熟。

实际上,思想概念的作用落实到社会转型所发生的具体成果上需要多方面的外部条件,并不完全取决于思想概念的推动,也许可以将这些思想概念理解为社会转型的某些起因,但是最终所发生乃至于实际发生的程度仍然与多种其他因素有着密切的关系,在社会转型不同成熟度的发展阶段,思想概念所发挥的作用也就各不相同。

补遗： 功利主义在中国另一种可能的传播途径及影响

——边沁"功利原则"与中国共产党执政理念

我们前面已经考察了当年边沁功利主义思想概念如何从英国到东亚的理论旅行，经日本中介后，由于梁启超传播到国内的功利主义聚焦于"不讳利益"的关注，受到当时的国情等多方面影响，功利主义思想概念很快被中国传统"义利之辨"中的"功利"概念覆盖，以至于随后出现"功利主义"和"功利"概念混淆使用的现象。功利主义传播的实际效果与边沁"最大多数人的最大幸福"的功利原则内容相差甚远，沿着梁启超这条传播路径考察，"最大多数人的最大幸福"原则似乎并没有在国内留下什么重要的影响痕迹。

2021 年是中国共产党建党百年，中国共产党早已成为世界级的现象，中国的成功崛起得到全球关注，国内外学术界开始研究相关原因，甚至开始研究中国共产党何以创造人类执政时间最长的政党纪录等等问题。而我们今天将中国共产党的执政理念与边沁当年"最大多数人的最大幸福"的意向相比较时，有似曾相识的强烈感觉，边沁功利主义的核心内容是否可能也曾以一种不同于梁启超的传播路径影响了中国共产党人，为中国共产党人提供了某种可以借鉴思想资源？

1942 年 5 月 23 日毛泽东在著名的"延安文艺座谈会上的讲话"中曾经谈到功利主义："世界上没有什么超功利主义，在阶级社会里，不是这一阶级的功利主义，就是那一阶级的功利主义。我们是无产阶级的革命的功利主义者，我们是以占全人口百分之九十以上的最广大群众的目前利益和将来利益的统一为出发点的，所以我们是以最广和最远为目标的革命的功利主义者，而不是只看到局部和目前的狭隘的功利主义者。"①在同一讲话中，毛泽东定义了什么是最广大人民群众："什么是人民大众呢？最广大的人民，占全人口百分之九十以上的人民，是工人、农民、兵士和城市小资产阶级。所以我们的文艺，第一是为工人的，这是领导革命的阶级。第二是为农民的，他们是革命中最广大最坚决的同盟军。第三是为武装起来了的工人农民即八路军、新四军和其他人民武装队伍的，这是革命战争的主力。第四是为城市小资产阶级劳动群众和知识分子的，他们也是革命的同盟者，他们是能够长期地和我们合作的。这四种人，就是中华民族的最大部分，就是最广大的人民大众。"②毛泽东这里的最广大人民群众目前利益和将来利益作为最广和最远的目标的提法与边沁"最大多数人的最大幸福"在本质上显然是一致的。问题是毛泽东此前有机会接触并了解边沁的功利主义吗，还是完全并没有接触过边沁功利主义的思想资源，是通过其他的思想体系萌发出类似的想法？我们确实很难有准确的方法排除第二种可能性，但可以对第一种可能性进行考察。

回顾毛泽东的学习成长过程，发现他当年在湖南省第一师范学习时曾有机会接触到边沁功利主义思想，而担任过毛泽东老师的伦理学家杨昌济很可能对毛泽东有关功利主义的理解和接受发挥过较大影响。

我们曾讨论杨昌济是我国近代著名教育家、伦理学家，1903 年起留学日本，1909 年起转赴英国留学，在阿伯丁大学攻读哲学、伦理学等；1912 年毕业后，到德国考察教育，1913 年春回国后在湖南省第四师范学校任教。而在 1913 年春，毛泽东考入五年制的湖南省立第四师范学校预科。翌年，湖南省立第四师范学校合并于湖南省立第一师范学校，毛泽东被编入本科第 8 班。

在当年的湖南省第一师范，给过毛泽东教诲和影响的老师很多，

---

① 毛泽东：《毛泽东选集》第三卷，北京：人民出版社，1953 年，第 864 页。
② 毛泽东：《毛泽东选集》第三卷，北京：人民出版社，1953 年，第 855 页。

如徐特立、黎锦熙、袁仲谦等。但是对毛泽东影响最为直接、关系比较紧密的，应是杨昌济。杨昌济一贯主张德智体"三育并举"，如他长期坚持静坐、冷水浴、长途步行等体育锻炼方法。他曾把这些方法传授给学生。毛泽东就是冷水浴最坚决的仿行者，从 1915 年暑期开始，他按照杨昌济教的方法，坚持冷水浴习惯，并一直保持了许多年。1918年，北京大学校长蔡元培聘请杨昌济到北大出任伦理学教授。杨昌济赴京时，毛泽东和同学们都到火车站送行。几个月后，毛泽东获得湖南第一师范学校毕业文凭，他给杨昌济写了一封信，请老师指导今后的发展。很快杨昌济从北京来信，告诉学生们，北京有赴法勤工俭学的机会，建议大家参与。8 月中旬，毛泽东率领湖南新民学会的 20 多名青年赴京，杨昌济尽力安排，给这些年轻人在北大找到房子安身。后来，杨昌济将毛泽东留在家里，并介绍他到北京大学图书馆当助理员。杨昌济还推荐毛泽东去拜会了新文化运动的倡导者陈独秀以及知名人士胡适、蔡元培等。后来当杨昌济患重病时，为了在自己故去以后，能有人对毛泽东加以提携，他给北洋军政府教育部长章士钊写信，恳切举荐。由此可了解到杨昌济与毛泽东关系的密切程度。

在学术思想上，1914 年冬，以杨昌济为首组织了一个哲学研究小组，其成员有毛泽东、黎锦熙、蔡和森等人。杨昌济推荐给小组的读物是西洋哲学、伦理学和宋明理学。毛泽东将杨昌济翻译但尚未出版的《西洋伦理学史》译稿借来，整整抄了七个笔记本，认真地进行研究，可见杨昌济翻译的《西洋伦理学史》对毛泽东的影响。

《西洋伦理学史》在第四章"英国之功利说"中专门讨论了边沁及边沁的功利主义，书中有关于最大多数之最大幸福的表述："道德实于获得最大多数之最大幸福而成立。……彼于此论据之上尽力于法律之改良行政之改良，说改良社会于功利主义之基础之上，实彼之功绩也。关于改良社会改良行政，彼之言论实有不可磨灭之价值。"[①]

此后，毛泽东曾经提及最大多数的概念，1920 年，毛泽东在湖南报

---

① 杨昌济：《西洋伦理学史》，杨佩昌整理，北京：中国画报出版社，2010 年，第 158—159 页。

纸发表的文章中讨论过最大多数人的概念："我料得这最大多数人民必定是(一)种田的农人,(二)做工的工人,(三)转运贸易的商人,(四)殷勤向学的学生,(五)其他不管闲事的老人及小孩子。"①

除了杨昌济翻译的《西洋伦理学史》,毛泽东还曾经阅读过蔡元培翻译的《伦理学原理》。1936 年,毛泽东在延安对美国记者斯诺说："在长沙求学期间,给我印象最深的教员是杨昌济,……我在他的影响之下,读了蔡元培翻译的一本伦理学的书。我受到这本书的启发,写了一篇《心之力》的文章,那时我是一个唯心主义者,杨昌济老师从他的唯心主义观点出发,高度赞扬我的那篇文章,他给了我一百分。"②遗憾的是,目前无法找到毛泽东《心之力》手稿,以便进一步了解毛泽东当时的具体想法。毛泽东提到的蔡元培翻译的伦理学书,就是德国康德派二元论哲学家泡尔生力(F. Paulsen)的《伦理学原理》,这是他的主要代表作《伦理学体系》的一部分,由蔡元培从日文版选译。书中涉及感性主义与理性主义、道义论和功利论的伦理观内容。毛泽东当年读《伦理学原理》非常认真,他将其与先秦诸子、宋明理学及王船山、曾国藩、谭嗣同、梁启超、陈独秀等的学术思想进行比较,对其中的某些观点加以批判或发挥,在这本只有 10 万字的译著内,用蝇头小楷写了12000 多字的批语,并加上圈点、单杠、双杠、三角、叉等符号。批语的内容,绝大部分是抒发自己对伦理观、人生观和历史观的见解。

《伦理学原理》书中数次提及边沁、功利论及最大多数之最大幸福等功利主义概念内容,如:"凡功利论之以社会之利益为鹄的者,皆用之。以最大多数之最大幸福为绝对之鹄的,种种行为,皆视其客观界之价值,而以其所生幸福之量计之。凡损己之事,苟其所益于人者视所损为大,则必行之,其或所益于人者小于所损,则不必行之。……而所谓吾人之行为,必如何而能得最大多数之最大利益,亦非吾人之所能决算,吾人唯能无所踌躇而断行道德之行为而已。"③毛泽东在读到

---

① 毛泽东:《绝对赞成"湖南们罗主义"》,湖南《大公报》1920 年 9 月 6 日。
② 斯诺:《西行漫记》,北京:生活·读书·新知三联书店,1979 年,第 121 页。
③ 泡尔生:《伦理学原理》,蔡元培译,天津:天津人民出版社,2018 年,第 200 页。

泡尔生这段关于"道德之判断"的讨论时,他的批注是:"此与吾儒家之伦理学说合。与墨子之兼爱亦合,因墨子之兼爱系互助,并非弃吾重大之利益而供他人之小利,乃损己利人而果有利于人也。此即儒家之义。"相信无论是杨昌济翻译的《西洋伦理学史》还是蔡元培选译的《伦理学原理》,由于书中都论述到边沁的功利主义,特别是均数次提及"最大多数之最大幸福"概念,有充分理由相信毛泽东当年在湖南省第一师范学习时,由于杨昌济的帮助指导,通过这些伦理教材,接触到边沁功利主义理论及核心内容"最大多数之最大幸福",并在一定程度上接受了功利主义的部分观念。

事实上,毛泽东除了1942年在著名的"延安文艺座谈会上的讲话"中谈到功利主义外,也曾经数次提及与"最大多数人的最大幸福"相关的概念。1941年,毛泽东在陕甘宁边区参议会中指出:"共产党是为民族、为人民谋利益的政党,它本身决无私利可图。"[1]1944年,毛泽东在《为人民服务》的演讲中指出:"我们这个队伍完全是为着解放人民的,是彻底地为人民的利益工作的。"[2]

毛泽东历来主张用个人利益服从集体利益的原则去处理个人利益和集体利益的关系。1938年10月就指出"共产党员无论时何地都不应以个人利益放在第一位,而应以个人利益服从于民族和人民群众的利益"[3]。后来在1945年4月《论联合政府》中指出"我们共产党人区别于其他任何政党的又一个显著的标志,就是和最广大的人民群众取得最密切的联系。全心全意地为人民服务,一刻也不脱离群众;一切从人民的利益出发,而不是从个人或小集团的利益出发;向人民负责和向党的领导机关负责的一致性;这些就是我们的出发点。共产党人必须随时准备坚持真理,因为任何真理都是符合于人民利益的;共产党人必须随时准备修正错误,因为任何错误都是不符合于人民利益

[1] 《为人民服务》,《毛泽东选集》第三卷,北京:人民出版社,1953年,第809页。

[2] 《在陕甘宁边区参议会的演说》,《毛泽东选集》第三卷,北京:人民出版社,1953年,第1004页。

[3] 《中国共产党在民族战争中的地位》,《毛泽东选集》第三卷,北京:人民出版社,1953年,第522页。

的共产党人的一切言论和行动，必须以合乎最广大人民群众的最大利益，为最广大群众所拥护为最高标准"①。

除了毛泽东这方面的论述外，与"最大多数人的最大幸福"的相关概念，自1945年起，已经正式写入了中国共产党党章。中国共产党第七次全国代表大会在党章的总纲中强调了"中国共产党代表中国民族与中国人民的利益"。八大党章的总纲中写道："党的一切工作的根本目的，是最大限度地满足人民的物质生活和文化生活的需要，因此，必须在生产发展的基础上，逐步地和不断地改善人民的生活状况，而这也是提高人民生产积极性的必要条件。"虽然1969年的九大党章和1973年的十大党章由于受到"文化大革命"特殊年代的干扰，删去相关的表达。但此后历次党章都将相关概念的表达写入了党章。"中国共产党人必须具有全心全意为中国人民服务的精神，必须与工人群众、农民群众及其他革命人民建立广泛的联系，并经常注意巩固与扩大这种联系。每一个党员都必须理解党的利益与人民利益的一致性，对党负责与对人民负责的一致性。"以上宗旨在八大、十一大、十二大党章中得到坚持。人民性作为马克思主义最鲜明的品格，时刻体现在中国共产党的政治宣言中，为中国共产党该走什么样的道路提供了坚强有力的思想保障。十二大、十三大、十四大、十五大、十六大、十七大、十八大、十九大党章强调指出："坚持全心全意为人民服务。党除了工人阶级和最广大人民群众的利益，没有自己特殊的利益。党的纲领和政策，正是工人阶级和最广大人民群众的根本利益的科学表现。党在领导群众为实现共产主义理想而奋斗的全部过程中，始终同群众同甘共苦，保持最密切的联系，不允许任何党员脱离群众，凌驾于群众之上。党坚持用共产主义思想教育群众，并在自己的工作中实行群众路线，一切为了群众，一切依靠群众，把党的正确主张变为群众的自觉行动。"

中国共产党这种"全心全意为人民服务"政治主张一直坚持至今，这个宗旨从民主革命一直到社会主义建设时期一直都没有改变过。

---

① 《论联合政府》，《毛泽东选集》第三卷，北京：人民出版社，1953年，第1094—1096页。

"最大多数人最大幸福"中的所谓"最大多数人"就是最广大的人民群众,这一点在中国共产党的章程中表现得最为明显。二十世纪九十年代,中国共产党还提出了"党要始终代表最广大人民的根本利益"的新主张。

无疑,根据以上史料的考察,我们了解到二十世纪二十年代毛泽东因为杨昌济的引导而接触到西方伦理学,不能否定西方伦理学中边沁功利主义思想对毛泽东的一定程度上的影响,这种影响此后由于毛泽东在共产党内部的特殊地位从而也在中国共产党的政治主张的形成过程中发挥了部分作用,这也许是"最大多数人最大幸福"发挥作用的可能路径之一。

另一种可能影响毛泽东政治立场的途径应该是源自共产国际的马克思主义思想。1936年毛泽东在延安对美国记者斯诺也谈及马克思主义对他的影响:"我热心地搜寻那时候能找到的为数不多的用中文写的共产主义书籍。有三本书特别深地铭刻在我的心中,建立起我对马克思主义的信仰。我一旦接受了马克思主义是对历史的正确解释以后,我对马克思主义的信仰就没有动摇过。这三本书是:《共产党宣言》,陈望道译,这是用中文出版的第一本马克思主义的书;《阶级斗争》,考茨基著;《社会主义史》,柯卡普著。到了1920年夏天,在理论上,而且在某种程度的行动上,我已成为一个马克思主义者了,而且从此我也认为自己是一个马克思主义者了。"①事实上,《共产党宣言》也包含着与边沁"最大多数人的最大幸福"的类似表达。陈望道1920年翻译的《共产党宣言》版本中,对有关大多数人利益有如下的表达:"古来历史的运动都是,或是为了少数人利益的运动。无产阶级运动,却与此不同。他是为了大多数人的利益,大多数人自觉的独立的运动。但现在社会最下层的无产阶级。若不把官僚社会压在上层的全部抛九霄云外,自己是不会翻身上达的。"②据相关记载,毛泽东读过的

---

① 斯诺:《西行漫记》,董乐山译,北京:生活·读书·新知三联书店,1979年,第131页。
② 马克思、恩格斯:《共产党宣言》,陈望道译,社会主义研究社,1920年,第19页。中央编译局版本译为:"过去的一切运动都是少数人的或者为少数人谋利益的运动。无产阶级的运动是绝大多数人的、为绝大多数人谋利益的独立的运动。"

《共产党宣言》版本中南海故居存放的就有：1943年延安解放出版社出版，博古译的版本；1949年解放出版社，根据苏联莫斯科外文书局出版局中文版翻印的版本；1964年人民出版社出版，中共中央马恩列斯著作编译局翻印的大字本等几种。其中博古的版本是这样翻译的："迄今所发生过的一切运动都是少数人底运动，或为少数人谋利益的运动。无产阶级的运动是绝大多数人为绝大多数人谋利益的独立的运动。无产阶级是现代社会中最下层的阶级，它若不把压在它头上而由组成正式社会的那些阶层所构成的全部上层建筑物抛出九霄云外，便不能伸腰，便不能抬头。"《共产党宣言》中除了有关大多数人利益的以上表述外，以下的政治主张想必会给毛泽东留下深刻的印象。在谈到共产党人时，陈望道版本有如下的表述："共产党并不是离开了无产者全体的利害，还有别的利害的。他们也不是想树立一种自派的主义。去做无产阶级运动的模范……劳动阶级对资产阶级的争斗，无论是发达到怎样地步，无论什么时候，无论什么地方，共产党代表无产阶级前提利害。"①这种共产党的政治主张就是作为无产阶级整体利益代表的共产党人始终代表整个运动的利益，其宗旨是为全人类谋幸福，也就是实现共产主义的理想。因为共产主义就是实现全人类解放的运动，即为绝大多数人谋利益的运动。

1939年底，毛泽东在延安对一位进马列学院学习的同志说："马列主义的书要经常读。《共产党宣言》，我看了不下一百遍，遇到问题，我就翻阅马克思的《共产党宣言》，有时只阅读一两段，有时全篇都读，每读一次，我都有新的启发。我写《新民主主义论》时，《共产党宣言》就翻阅过多次。读马克思主义理论在于应用，要应用就要经常读，重点读。"②众所周知，《共产党宣言》的文本对中国共产党的直接影响相当

① 马克思、恩格斯著：《共产党宣言》，陈望道译，社会主义研究社，1920年，第22页。中央编译局版本译为："他们（共产党人）没有任何同整个无产阶级的利益不同的利益。他们（共产党人）不提出任何特殊的原则（宗派的原则），用以塑造无产阶级的运动。……在无产阶级和资产阶级的斗争所经历的各个发展阶段上，共产党人始终代表整个运动的利益。"

② 陈晋：《毛泽东的读书用书之道》，《炎黄春秋》2018年第12期。

大,在整体马克思主义思想的传播中具有不可替代的作用,在中国共产党的发展过程中更是发挥了巨大的影响。于是我们同样也不能完全排除《共产党宣言》的文本在此问题上的影响。

毛泽东对斯诺提及的柯卡普所著《社会主义史》,是由李季翻译并由蔡元培作序于 1920 年出版介绍社会主义概念的书,该书中也同样提到:"这种社会主义的大理想,好像一个很远而又很光耀的目标,……如果大多数人特别在某一国,或在全世界……大多数普通人民不须别的东西,只要认清他们真正的利益就成了。"①书中类似这种大多数人利益的表达还有若干处。毛泽东对斯诺提及的另一本书是恽代英翻译的考茨基著《阶级斗争》,这是 1891 年 10 月德国社会民主党在爱尔福特举行的代表大会上通过的一个新纲领,又称为爱尔福特纲领。本书是考茨基对纲领导的理论部分所作的解说。书中也能发现这样的表述:"社会主义的运动,从开始便有国际的性质。但他同时在每个国家中,亦有变成国民党的趋向。那便是说,他不仅将成为工厂赚工钱者的代表,就成为一切劳工受剥削者阶级的代表。换句话说,便是人民大多数的代表。"②仅从毛泽东对斯诺提及的有关介绍共产主义思想的这三本中文书籍中,不难看到类似"最大多数人的最大幸福"的思想。众所周知,《共产党宣言》的文本对中国共产党的直接影响相当大,在整体马克思主义思想的传播中具有不可替代的作用,在中国共产党的发展过程中更是发挥了巨大的影响。于是我们不能完全排除《共产党宣言》及其他的两本书的文本在此问题上通过毛泽东进而对中国共产党的影响。

从事实效果上看,中国共产党人是通过中国革命的社会实践从而践行了"最大多数人的最大幸福"的核心元素。客观地分析,无论是通过哪一个渠道影响了中国共产党人对"最大多数人的最大幸福"的理解,其中最重要的决定性因素还应该是"最大多数人的最大幸福"的表达本身能够反映中国共产党的追求方向,而且真实地与中国社会的具

---

① 克卡朴(即柯卡普):《社会主义史》,李季译,上海:新青年社,1920 年,第 271 页。

② 柯祖基(即考茨基):《阶级斗争》,恽代英译,上海:新青年社,1921 年,第 271 页。

体国情完全匹配，它并不是恰好有一个理论偶然被谁发现，然后就采用并最终发挥了作用。人类社会历史是不以研究者的主观意识为转移的客观发展过程，它具有一定的规律性。我们研究历史，探索社会发展规律，只能从客观的历史事实出发，尽可能详细地占有材料，分析它的各种发展可能性，希望揭示其内在规律。至于"最大多数人的最大幸福"作为被中国共产党所认可并采用的思想资源，很有可能是多方面渠道影响的结果，很难非常具体地比较哪一种影响大到何种程度，当然其中毛泽东通过杨昌济的影响而接触、了解到边沁思想所产生的影响应该不容忽视，这是从毛泽东后来的一些文字资料和谈话中可以得到佐证的合理推论。

参考文献

1. Adam Smith: *An Inquiry Into the Nature and Causes of the Wealth of Nations*, Edinburgh: Thomas Nelson, 1843.

2. Benjamin Schwartz: *In Search of Wealth & Power-Yen Fu and the West*, Cambridge, Massachusetts; London, England: The Belknap Press of Harvard University Press.

3. Berger, Fred: *Happiness, Justice and Freedom*: The Moral and Political Philosophy of John Stuart Mill, Berkeley, 1984.

4. C. L. Sheng: *A New Approach to Utilitarianism*, Kluwer Academic Publisher, 1991.

5. Elie Halévy: *The Growth of Philosophic Radicalism*, Macmillan, 1928.

6. Emmanuelle De Champs, *Enlightenment and Utility*, Cambridge: Cambridge University Press, 2015.

7. Geoffrey Scarre, *Utilitarianism*, Routledge, 1996.

8. Geza Engelmann: *Political Philosophy from Plato to Bentham*, HARPER & BROTHER SPUBLISHERS, 1927.

9. Henry R. West (ed.): *The Blackwell Guide to Mill's Utilitarianism*, Blackwell Publishing Ltd, 2006.

10. Hu Shi: *The Development of the Logical Method in Ancient China*, Shanghai, THE ORIENTAL BOOK COMPANY, 1922.

11. J. Bowring, ed. *Deontology*, London, 1843.

12. J. R. Dinwiddy: *Radicalism & Reform In Britain 1780 – 1850*, London, The Hambledon Press, 1992.

13. Jacob Viner: "Bentham and J. S. Mill: The Utilitarian Background", *The American Economic Review*, Vol. 39, No. 2 (Mar., 1949).

14. James E. Crimmins: "Bentham's Political Radicalism Reexamined", *Journal of the History of Ideas*, Vol. 55, No. 2 (Apr., 1994).

15. Jeremy Bentham: *A Fragment on Government*, the Clarendon Press, Oxford, 1891.

16. Jeremy Bentham: *An Introduction to the Principles of Morals and Legislation*, Methuen & Co. Ltd, 1982.

17. Jeremy Bentham: *Radical Reform Bill*: *With Extracts from the Reasons*,

London, Wilson, 1819.

18. John Skorupski: *Why Read Mill Today*? Routledge, 2006.

19. John Stuart Mill: *Utilitarianism*, London, Parker Son and Bourn West Strand, 1863.

20. John Stuart Mill: *On Liberty*, London: Longmans, green, Reader and Dyer; 1896, fourth edition.

21. Joseph Priestley, *An Essay on the First Principles of Government*, *and on the Nature of Political, Civil Religious Liberty*, London: J. Johnson, 1771.

22. Karl Polanyi: *The Great Transformation*, Farrar & Rinehart, 1994.

23. Ogden, C. K. , 1932, Jeremy Bentham, 1832 – 2032: being the Bentham Centenary Lecture, delivered in University College, London, on June 6th, 1932; with notes and appendices K. Paul, Trench, Trubner & co. , ltd. , 1932.

24. Qiang Li: "The Principle of Utility and the Principle of Righteousness: Yen Fu and Utilitarianism in Modern China", 1996, vol. 8, No. 1.

25. R. Shackleton: "The Greatest Happiness of the Greatest Number: The History of Bentham's Phrase", offprint from *Studies on Voltaire and the Eighteenth Century* (1972).

26. Richard A. Cosgrove: *The Rule of Law: Albert Venn Dicey, Victorian Jurist*, The University of North Carolina Press, 1980.

27. Ross Harrison: *Bentham The arguments of the philosophers*, Routledge, 1999.

28. Sir John Seeley: *An Introduction To Political Science*, London: Macmillanand CO. , 1896.

29. The Collected Works of Jeremy Bentham (Correspondence), The Athlone Press, 1968 – 1981, Volume 1 – 5.

30. The Collected Works of Jeremy Bentham (Correspondence), Clarendon Press, Oxford, 1984 – 2016, Volume 6 – 12.

31. *The White Bull: an Oriental History*. From an ancient Syriac manuscript communicated by Mr. Voltaire, [J. Bentham, trans.], 2 vols. (London, 1774).

32. *The Works of Jeremy Bentham*, Vol X. Edinburgh, W. Tait; London, Simpkin, Marshall, & co. , 1843.

33. Thomas Henry Huxley: *Evolution And Ethics*, Princeton, New Jersey: Princeton University Press, 2009.

34. Webster Noa: *An American Dictionary of the English Language*, New York: Harper & Brothers, 1848.

35. Wilhelm Lobscheid: *English and Chinese Dictionary*, Hong Kong: Daily Press, 1866—1869.

36. William Fleming: *Vocabulary of Philosophy, Mental, Moral, and Meta Physical; Quotations and References; For the Use of Student*, London and Glasgow: Richard Griffin and Company, 1858.

37. William Thomas：*The Philosophic Radicals*，Oxford：Clarendon Press，1979.

38. William. L. Davidson：*Political Thought in England*，*the Utilitarians from Bentham to Mill*，London，1915.

39. ヘンリー・シヂウヰック：《倫理学説批判》，山邊知春，大田秀穂译，大日本図書，1898 年。

40. 阿萨·布里格斯：《英国社会史》，陈叔平、陈小惠、刘幼勤、周俊文译，北京：商务印书馆，2015 年。

41. 安格斯·麦迪逊：《世界经济千年统计》，伍晓鹰、施启发译，北京：北京大学出版社，2009 年。

42. 安格斯·麦迪逊：《中国经济的长期表现——公元 960—2030 年》，伍晓鹰、马德斌译，上海：上海人民出版社，2008 年。

43. 板橋勇仁：《日本における哲学の方法—井上哲次郎から西田幾多郎—》，载《立正大学文学部論叢》(119)，2004 年 3 月。

44. 毕苑：《中国近代教科书研究》，北京师范大学博士学位论文，2004 年。

45. 边沁：《道德与立法原理导论》，时殷弘译，北京：商务印书馆，2000 年。

46. 边沁：《立法理论》，李贵方等译，北京：中国人民公安大学出版社，2004 年。

47. 边沁：《论一般法律》，毛国权译，上海：上海三联书店，2008 年。

48. 边沁：《政府片论》，沈叔平等译，北京：商务印书馆，1995 年。

49. 卞崇道、王青：《明治哲学与文化》，中国社会科学出版社，2005 年。

50. 波兰尼：《大转型：我们时代的政治与经济起源》，冯钢、刘阳译，杭州：浙江人民出版社，2007 年。

51. 波斯特玛：《边沁与普通法传统》，徐同远译，北京：法律出版社，2014 年。

52. 蔡尊：《梵天庐丛录》，北京，中华书局，1926 年。

53. 蔡元培：《中学修身教科书》，第五册，北京：商务印书馆，1907 年。

54. 蔡元培：《蔡元培哲学论著》，高平叔编，石家庄：河北人民出版社，1985 年。

55. 曹海军编：《权利与功利之间》，南京：江苏人民出版社，2006 年。

56. 陈锦华等：《功利与功利观》，北京：人民出版社，2014 年。

57. 陈力卫：《主义概念在中国的流行和泛化》，《学术月刊》，2012 年第 9 期。

58. 川尻文彦：《"自由"与"功利"——以梁启超的"功利主义"为中心》，《中山大学学报》(社会科学版)，2009 年第 5 期。

59. 大久保利謙编：《西周全集》(第 1—4 卷)，宗高书店，1981 年。

60. 戴维·米勒、韦农·波格丹诺编：《布莱克维尔政治学百科全书》，北京：中国政法大学出版社，1992 年。

61. 戴雪：《公共舆论的力量：19 世纪英国的法律与公共舆论》，戴鹏飞译，上海：上海人民出版社，2014 年。

62. 德谷豐之助、松尾勇四郎：《普通術語辞彙》，敬文社，1905 年。

63. 邓环：《从双层功利主义到系统功利主义基于协同学的当代道德哲学研究》，广州：暨南大学出版社，2018 年。

64. 丁文江、赵丰田：《梁启超年谱长编》，上海：上海人民出版社，1983 年。

65. 窦炎国：《情欲与德性 功利主义道德哲学评论》，北京：高等教育出版社，1997 年。

66. 段炼：《世俗时代的意义探询——五四启蒙思想中的新道德观研究》，华东师范大学博士论文,2010 年。

67. 恩格斯:《论住宅问题》,《马克思恩格斯选集》第 2 卷,北京:人民出版社,1995 年。

68. 樊炳清:《哲学辞典》,上海:商务印书馆,1926 年。

69. 方毅等:《辞源》,上海:商务印书馆,1915 年。

70. 方宗诚:《柏堂集前编卷第三》,清光绪六年至十二年刻本(1880—1886)。

71. 冯洁:《论戊戌时期的乐利学说》,华东师范大学博士学位论文,2009 年。

72. 冯天瑜:《新语探源—中西日文化互动与近代汉字术语形成》,北京:中华书局,2004 年。

73. 冯友兰:《三松堂全集 第 2 卷》"中国哲学史",郑州:河南人民出版社,2001 年。

74. 冯友兰:《人生哲学》,上海:商务印书馆,1925 年。

75. 福沢諭吉:《时事小言》,见福沢諭吉:《福沢全集》(第 5 卷),国民図書,1926 年。

76. 福沢諭吉:《通俗国権论》,山中市兵衞,1878 年。

77. 福沢諭吉:《文明論之概略》,岩波書店,1931 年。

78. 福泽谕吉:《劝学篇》,群力译,北京:商务印书馆,1984 年。

79. 福泽谕吉:《文明论概略》,北京编译社译,北京:商务印书馆,1959 年。

80. 高瑞泉:《鱼和熊掌何以得兼?——"义利之辨"与近代价值观变革》,《华东师范大学学报(哲学社会科学版)》,2000 年,第 5 期。

81. 高瑞泉:《中国现代精神传统——中国的现代性观念谱系(增补本)》,上海:上海古籍出版社,2005 年。

82. 高山林次郎:《奠都三十年:明治三十年史 明治卅年间国势一览》,东京:博文馆,1898 年。

83. 高山林次郎:《日本维新三十年史》,古同资译,上海:华通书局,1931 年(首版于 1902 年,广智书局发行)。

84. 高一涵:《乐利主义与人生》,《新青年》,第二卷第一号,1917 年 9 月 1 日。

85. 葛奇蹊:《明治时期日本进化论思想研究》,东方出版社,2016 年。

86. 葛兆光:《中国思想史 导论 思想史的写法》,上海:复旦大学出版社,2013 年。

87. 耿光:《杂录 敬告反对泰戈尔者》,《申报》,1924 年 5 月 13 日第 17 版。

88. 龚群:《当代西方道义论与功利主义研究》,北京:中国人民大学出版社,2002 年。

89. 古代汉语词典编写组:《古代汉语词典》,北京:商务印书,2003 年。

90. 桂晓伟:《美好生活何以可能 关于个人自主和发展的社会文化分析》,广州:世界图书出版广东有限公司,2017 年。

91. 哈列维:《哲学激进主义的兴起》,曹海军等译,长春:吉林人民出版社,2006 年。

92. 哈奇森:《论美与德性观念的根源》,高乐田等译,浙江大学出版社,2009 年。

93. 哈特:《法理学与哲学论文集》,支振锋译,北京:法律出版社,2005 年。

94. 哈特:《法律、自由与道德》,支振锋译,北京:法律出版社,2006 年。

95. 哈特:《哈特论边沁—法理学与政治理论研究》,谌洪果译,北京:法律出版社,2015 年。

96. 韩冬雪、曹海军：《功利主义研究》，长春：吉林人民出版社，2004 年。

97. 郝清杰：《马克思主义功利观及其当代价值》，合肥：安徽人民出版社，2010 年。

98. 郝重庆：《明治维新以来自由主义在日本的发展及影响研究》，中共中央党校博士学位论文，2017 年。

99. 何炳棣：《读史阅世六十年》，桂林：广西师范大学出版社，2005 年。

100. 贺麟：《功利主义的新评价》，《思想与时代》，1944 年 11 月第 37 期。

101. 贺长龄：《耐庵诗存卷三》，清咸丰十一年刻本(1861 年)。

102. 赫勒：《激进哲学》，赵司空、孙建茵译，黑龙江大学出版社，2011 年。

103. 赫胥黎：《天演论》，严复译，北京：商务印书馆，1981 年。

104. 黑格尔：《法哲学原理》，范扬、张企泰译，北京：商务印书馆，2014 年。

105. 侯外庐：《中国思想通史第四卷》(下)，北京：中国电影出版社，2005 年。

106. 胡适：《五十年来中国之文学》，姜义华主编：《胡适学术文集·新文学运动》，中华书局，1993 年。

107. 黄风：《贝卡利亚及其刑法思想》，北京：中国政法大学出版社，1987 年。

108. 黄克武：《从追求正道到认同国族明末至清末中国公私观念的重整》，《国学论衡》(第三辑)，2004 年。

109. 黄伟合，赵海琦：《善的冲突 中国历史上的义利之辨》，合肥：安徽人民出版社，1992 年。

110. 黄伟合：《英国近代自由主义研究——从洛克、边沁到密尔》，北京：北京大学出版社，2005 年。

111. 加藤弘之：《道德法律進化の理》，博文館，1904 年。

112. 菅原光：《西周の政治思想——規律·功利·信》，ぺりかん社，2009 年。

113. 金井淳，小泽富夫：《日本思想论争史》，北京大学出版社，2014 年。

114. 金太仁：《教育学教科书》，东亚书乐局，1906 年，第 39 页。

115. 晋运锋：《当代功利主义正义观研究》，博士学位论文，吉林大学 2011 年。

116. 井上円了：《シナ哲学》：《哲学要領》，哲学書院，1886 年。

117. 井上哲次郎，有賀長雄编：《改訂增補 哲学字彙》，日就社，1882 年。

118. 井上哲次郎：《勅語衍義》上卷，1891 年 9 月。

119. 井上哲次郎：《東西洋倫理思想の異同》，见井上哲次郎：《巽軒講話集·初编》，博文館，1902 年。

120. 井上哲次郎：《井上哲次郎自传》，见岛菌进·矶前顺一编《井上哲次郎集》(第 8 卷)，富山房，1973 年。

121. 井上哲次郎：《利己主義と功利主義を論ず》，载《哲学雑誌》，1901 年第 16 卷 167 号。

122. 井上哲次郎：《倫理新説》，酒井清造，1883 年。

123. 井上哲次郎：《明治哲学界の回顧》，岩波書店，1932 年。

124. 井上哲次郎：《学芸論》，载《東洋学芸雑誌》，1881 年 10 月第 1 号，第 13 页。

125. 井上哲次郎：《哲学叢書》第 1 集，集文阁，1900 年。

126. 井上哲次郎等编：《哲学字彙》，东京大学三学部，1881 年。

127. 敬和，《功利主义》，《申报》，1936 年 2 月 9 日，第 18 版。

128. 孔凡保编：《折衷主义大师约翰·穆勒》，南昌：江西人民出版，2007 年。

129. 堀经夫：《明治初期の思想に及ぼしたJ.S.ミルの影響》，载《经济学研究》，

1957 年 1 月。

130. 劳思光：《新编中国哲学史》，桂林：广西师范大学出版社，2005 年。

131. 雷蒙德·威廉斯：《文化与社会》，吴松江，张文定译，北京：北京大学出版社，1991 年。

132. 李斌：《晚清报刊与文化大众化》，《贵州社会科学》，1996 年第 2 期。

133. 李强：《自由主义》，北京：中国社会科学出版社，1998 年。

134. 李青：《论"功利主义"概念内涵在中国语境中的变迁——兼论 utilitarianism 汉语译词的变化及厘定》，《同济大学学报》（社会科学版），2018 年第 1 期。

135. 李少军编：《近代中日论集》，商务印书馆，2010 年。

136. 李淑娟：《功利主义法学：渊源与流变》，北京大学博士学位论文，2006 年。

137. 李提摩太、季理斐编：《哲学术语词汇》（A Dictionary of Philosophical Terms），上海广学会，1913 年。

138. 李燕涛：《从立法主权到人民主权——边沁主权学说研究》，博士学位论文，吉林大学，2012 年。

139. 李泽厚：《中国古代思想史论》，北京：生活·读书·新知三联书店，2008 年。

140. 李泽厚：《中国近代思想史论》，北京：人民出版社，1979 年。

141. 梁启超：《汗漫录》，《清议报》第 36 册，1900 年 2 月 20 日。

142. 梁启超：《梁启超全集》，北京：北京出版社，1999 年。

143. 梁漱溟：《中国文化要义》，上海：上海人民出版社，2011 年。

144. 铃木修一：《西周「人生三宝説」を読む》，《『明六雑誌』とその周辺：西洋文化の受容・思想と言語》，神奈川大学人文学研究所編，御茶の水書房，2004 年。

145. 铃木正、卞崇道编：《日本近代十大哲学家》，上海：上海人民出版社，1989 年。

146. 刘静：《我国古代功利主义思想的发展及反思》，长春：吉林人民出版社，2017 年。

147. 刘岳兵：《日本近现代思想史》，北京：世界知识出版社，2009 年。

148. 柳诒征：《中国文化史（续第五十一期）》，《学衡》，1926 年 4 月第 52 期。

149. 罗鸿诏编著：《复兴高级中学公民课本》（第四册），上海：商务印书馆，1936 年。

150. 罗森：《古典功利主义 从休谟到密尔》，曹海军译，南京：译林出版社，2018 年。

151. 罗素：《西方哲学史》（下卷），马元德译，北京：商务印书馆，2002 年。

152. 麻生義輝编：《西周哲学著作集》，岩波書店，1933 年。

153. 马克思、恩格斯：《共产党宣言》，中共中央马克思恩格斯列宁斯大林著作编译局编，北京：人民出版社，1997 年。

154. 马克思、恩格斯：《马克思恩格斯全集》，第 1 卷，中共中央马克思恩格斯列宁斯大林著作编译局编，北京：人民出版社，1956 年。

155. 马克思、恩格斯：《马克思恩格斯全集》，第 2 卷，中共中央马克思恩格斯列宁斯大林著作编译局编，北京：人民出版社，1972 年。

156. 马克思、恩格斯：《马克思恩格斯全集》，第 3 卷，中共中央马克思恩格斯列宁斯大林著作编译局编，北京：人民出版社，1972 年。

157. 马克思、恩格斯：《马克思恩格斯选集》，第 4 卷，中共中央马克思恩格斯列宁斯大林著作编译局编,北京:人民出版社,1995 年。

158. 麦金太尔:《伦理学简史》,龚群译,北京:商务印书馆,2003 年。

159. 梅因:《早期制度史讲义》,冯克利、吴其亮译,上海:复旦大学出版社, 2012 年

160. 孟世杰编:《中国史》(上册),上海:百城書局,1931 年。

161. 弥尔氏:《利学　译利学说》,西周译,岛村利助掬翠楼藏版,1877 年。

162. 弥尔氏:《利用论》,渋谷啟藏译,山中士兵衛,1880 年。

163. 米勒、波格丹诺:《布莱克维尔政治学百科全书》,北京:中国政法大学出版 社,1992 年。

164. 米庆余:《明治维新——日本资本主义的起步与形成》,北京:求实出版社, 1988 年。

165. 明治文化研究会:《利学入門》;《明治文学全集》(第 12 集),筑摩书房, 1973 年。

166. 莫尔根:《理解功利主义》,谭志福译,济南:山东人民出版社,2011 年。

167. 穆勒:《功利主义》,刘富胜译,北京:光明日报出版社,2007 年。

168. 穆勒:《功利主义》,徐大建译,上海:上海人民出版社,2008 年。

169. 穆勒:《功利主义》,叶建新译,北京:九州出版社,2006 年。

170. 穆勒:《功用主义》,唐钺译,北京:商务印书馆,1957 年版。

171. 穆勒:《利学　訳利学説》,西周译,岛村利助掬翠楼藏版,1877 年。

172. 穆勒:《论边沁与柯勒律治》,余廷明译,北京:中国文学出版社,2000 年。

173. 穆勒:《群己权界论》,严复译,北京:商务印书馆,1981 年。

174. 穆勒:《约翰·穆勒自传》,吴良健、吴恒康译,北京:商务印书馆,1987 年。

175. 穆勒:《自由之理》,中村正直译,出版机构不详,1872 年 2 月。

176. 欧德良:《从梁启超看晚清功利主义学说》,载《五邑大学学报》(社会科学 版),2010 年第 4 期。

177. 浦薛凤:《西洋近代政治思潮》,北京:北京大学出版社,2007 年。

178. 戚学民:《严复政治讲义研究》,北京:人民出版社,2014 年。

179. 钱智修:《功利主义与学术》,东方杂志,第十五卷第六号,1918 年 6 月 15 日。

180. 区建英:《福泽谕吉政治思想剖析》,《世界历史》,1986 年。

181. 任继愈主编:《中国哲学史一》,北京:人民出版社,2008 年。

182. 萨拜因:《政治学说史》上,邓正来译,上海:上海人民出版社,2010 年。

183. 萨拜因:《政治学说史》下,邓正来译,上海:上海人民出版社,2010 年。

184. 三浦国雄:《翻訳語と中国思想—「哲学字彙」を読む》,《人文研究大阪市立 大学文学部紀要》,1995 年 12 月 47 期。

185. 桑木嚴翼:《明治の哲学界》,中央公论社,1943 年 3 月。

186. 渋谷啟藏:《利用論》,山中士兵衛,1880 年。

187. 森、威廉姆斯等:《超越功利主义》,梁捷等译,上海:复旦大学出版社, 2011 年。

188. 山田孝雄:《英国功利主義の日本への導入についての一考察》帝京短期大 学紀要,1979 年。

189. 山下重一:《ベンサム・ミル・スベンサー邦訳書目録》,《参考書誌研究》 1974 年第 10 号。

190. 山下重一:《西周訳『利学』(明治十年)(上)ミル『功利主義論』の本邦初訳》,载《国学院法学》3,2011 年 12 月 49 日。

191. 杉本勋:《日本科学史》,北京:商务印书馆,1978 年。

192. 上海《哲学小辞典》编写组:《哲学小辞典 儒法斗争史部分》,上海:上海人民出版社,1974 年。

193. 沈国威:《词源探求与近代关键词研究》,载《东亚观念史集刊》,2012 年第 2 期。

194. 沈国威:《近代中日词汇交流研究——汉字新词的创制、容受与共享》,北京:中华书局,2010 年。

195. 沈国威编:《近代英华华英辞典解题》,关西大学出版部,2011 年。

196. 沈颐编著,喻璞等注:《新中华国文》(第一册至第三册),上海:中华书局,1932 年。

197. 石云艳:《梁启超与日本》,天津:天津人民出版社,2005 年。

198. 实藤惠秀:《中国人留学日本史》,谭汝谦、林启彦译,北京:北京大学出版社,2012 年。

199. 史有为:《汉语外来词》,北京:商务印书馆,2000 年。

200. 手岛邦夫:《日本明治初期英语日译研究 启蒙思想家西周的汉字新造词》,刘家鑫译,北京:中央编译出版社,2013 年。

201. 叔永:《人生观的科学或科学的人生观》,《努力周报》1923 年第五十三期。

202. 舒远招、朱俊林:《系统功利主义的奠基人-杰里米·边沁》,保定:河北大学出版社,2005 年。

203. 斯宾塞:《群学肄言》,严复译,北京:商务印书馆,1981 年。

204. 斯科菲尔德:《邪恶利益与民主:边沁的功用主义政治宪法思想》,翟小波译,北京:法律出版社,2010 年。

205. 斯马特·威廉斯:《功利主义:赞成与反对》,牟斌译,北京:中国社会科学出版社,1992 年。

206. 宋希仁主编:《西方伦理学思想史》,长沙:湖南教育出版社,2006 年。

207. 孙江:《近代知识亟需"考古"——我为何提倡概念史研究?》,《中华读书报》,2008 年 9 月 3 日。

208. 孙逸园编辑:《社会教育设施法》,北京:商务印书馆,1925 年。

209. 田广兰:《功利主义伦理之批判》,长春:吉林人民出版社,2008 年。

210. 丸山真男:《福泽谕吉与日本近代化》,区建英译,上海:学林出版社,1992 年。

211. 汪荣宝、叶澜:《新尔雅》,上海:明权社,1903 年。

212. 汪毅夫:《〈天演论〉论从赫胥黎、严复到鲁迅》,《鲁迅研究月刊》,1990 年第 10 期。

213. 王觉非编:《英国政治经济和社会现代化》,南京:南京大学出版社,1989 年。

214. 王润生:《西方功利主义伦理学》,北京:中国社会科学出版社,1986 年。

215. 王晓范:《文化传统与现代化 中日近代摄取西方政治思潮探微》,杭州:浙江大学出版社,2012 年。

216. 王阳明:《传习录》,扬州:广陵书社,2010 年。

217. 威尔·金里卡:《当代政治哲学》,刘莘译,上海:上海三联书店,2004 年。

218. 威廉·戴维森:《功利主义派之政治思想》,严恩椿译,上海:商务印书馆,

1934 年。

219. 韦政通：《中国思想史》，台北：水牛出版社，1980 年。

220. 魏悦：《中西方功利主义思想之比较研究》，哈尔滨：哈尔滨工业大学出版社，2010 年。

221. 吴潜涛：《日本伦理思想与日本现代化》，北京：中国人民大学出版社，1994 年。

222. 吴廷栋：《拙修集卷五》，六安求我斋刻本，1871 年。

223. 西周：《百学连环　哲学二》，许伟克译，《或问》，2014 年，第 25 期。

224. 西周：《人世三宝説》，大久保利谦编：《西周全集》（第 1 卷），宗高书店，1981 年。

225. 西周：《西先生論集：偶評》，内田弥兵卫 1882 年，4 月。

226. 狭间直树：《梁启超·明治日本·西方——日本京都大学人文科学研究所共同研究报告》，北京：社会科学文献出版社，2001 年。

227. 狭间直树：《西周留学荷兰与西方近代学术之移植》，载《中山大学学报》（社会科学版），2012 年，第 2 期。

228. 夏晓虹：《觉世与传世——梁启超的文学道路》，上海：上海人民出版社，1991 年。

229. 夏勇：《中国民权哲学》，北京：生活·读书·新知三联书店，2004 年。

230. 小林武，佐藤豊：《清末功利思想と日本》东京，研文出版社，2011 年。

231. 谢幼伟：《快乐与人生——功利主义述评》，载《思想与时代》，1943 年，第 20 期。

232. 刑雪艳：《日本明治时期民权与国权的冲突与归宿》，中国社会科学院博士学士论文，2009 年。

233. 行严：《法律改造论》，载《民立报》，1912 年 7 月 3 日。

234. 熊英：《罗存德及其（英华字典）研究》，北京外国语大学博士学位论文，2014 年。

235. 徐庆利：《中西方功利主义政治哲学之比较研究》，大连：大连海事大学出版社，2010 年。

236. 学部编订名词馆编撰：《伦理学中英名词对照表》，1911 年。

237. 亚当斯密：《原富》，严复译，北京：商务印书馆，1981 年。

238. 严绍璗：《日本中国学史稿》，北京：学苑出版社，2009 年。

239. 严绍璗：《中国儒学在日本近代变异》，《国际汉学》，2012，第 2 期。

240. 阎云峰：《功利主义在近现代中国——以边沁主义为主线》，厦门大学博士后出站报告，2013 年。

241. 杨昌济：《西洋伦理学述评·西洋伦理学史》，长春：时代文艺出版社，2009 年。

242. 杨海霞：《维多利亚时代中期英国中产阶级的休闲娱乐》，硕士学位论文，上海师范大学，2017 年。

243. 杨思斌：《功利主义法学》，北京：法律出版社，2004 年。

244. 殷杰，王茜：《语境分析方法与历史解释》，《晋阳学刊》2015 年，第 2 期。

245. 余心：《欧洲近代戏剧》，上海：商务印书馆 1933 年。

246. 余又荪：《日译学术名词沿革（续）》，《文化与教育》，1935 年，第 69、70 期。

247. 斎藤恒太郎编：《和訳英文熟語叢》，公益商社，1886 年。

248. 张传开,汪传发:《义利之间　中国传统文化中的义利观之演变》,南京:南京大学出版社,1997 年。

249. 张纯一:《墨子闲诂笺》,上海:商务印书馆,1921 年。

250. 张岱年:《中国伦理思想研究》,上海:上海人民出版社,1989 年。

251. 张德让:《清代学术与严复翻译会通》,《安徽师范大学学报》(人文社会科学版)2015 年 3 月。

252. 张东荪:《道德哲学》,上海:中华书局,1931 年。

253. 张法:《中国现代哲学语汇从古代汉语型到现代汉语型的演化》,《中国政法大学学报》,2009 年,第 1 期。

254. 张立伟:《权利的功利化及其限制》,中国政法大学博士学位论文,2006 年。

255. 张朋园:《梁启超与清季革命》,长春:吉林出版集团有限责任公司,2007 年。

256. 张荣华:《功利主义在中国的历史命运》,《复旦大学学报》(社会科学版),1978 年,第 6 期。

257. 张延祥:《边沁法理学的理论基础研究》,北京:法律出版社,2016 年。

258. 张玉书等编:《钦定佩文韵府》(第 63 卷),上海:同文书局,1886 年。

259. 张玉堂:《边沁功利主义分析法学研究》,华东政法大学博士学位论文,2010 年。

260. 张之洞:《劝学篇》,李志兴评注,郑州:中州古籍出版社,1998 年。

261. 张周志:《论中国近代以来功利主义的致思》,《宝鸡文理学院学报》(社会科学版),2000 年,第 4 期。

262. 章清:《近代新型传播媒介所催生的"思想界"》,《中国社会科学报》,2014 年 12 月 17 日。

263. 章士钊:《功利》,《甲寅》,1915 第 1 卷第 5 期。

264. 章士钊:《原用》,《甲寅》,1926 年 1 月 30 日。

265. 郑杭生、江立华编:《中国社会思想史新编》,北京:中国人民大学出版社,2010 年。

266. 郑匡民:《梁启超启蒙思想的东学背景》,上海:上海书店出版社,2003 年。

267. 郑云汉:《东京大同高等学校功课》,《清议报》第 31 册,1899 年 10 月 25 日。

268. 植手通有编:《日本の名著 34　西周加藤弘之》,中央公論社,1971 年。

269. 中村正直:《敬宇文集》(卷 3),1903 年 4 月。

270. 周敏凯:《十九世纪英国功利主义思想比较研究》,上海:华东师范大学出版社,1991 年。

271. 朱光潜:《谈修养》,重庆:中周出版社,1943 年。

272. 朱明:《日本文字的起源及其变迁》,中日文化协会出版,1932 年。

273. 朱熹编:《河南程氏遗书》,上海:商务印书馆,1935 年。

274. 朱自清:《朱自清全集》第三卷,长春:时代文艺出版社,2000 年。

275. 佐藤豊:《嚴復と功利主義》受知教育大学研究报告,(人文・社会科学编)54 期,2001 年。

附表 1 明治时期部分英和辞典相关译词汇总

	出版日期	辞典	usefulness	utility	utilitarianism
1869	明治 2	堀達之助，堀越龟之助改订『英和对訳袖珍辞書』(藏田屋清右衛門)	s. 要用 ナ ル コ ト P452	s. 要用，利益 P453	—
	明治 2.1	前田献吉（正毅），高橋新吉（良昭）『改正增補 和訳英辞書』[上海·美華書院][俗称 薩摩辞書]	s. 要用 ナ ル コ ト P643	s. 要用，利益 P643	—
1866—1869	慶応 3—明治 2	羅存德（Lobscheid Wilhelm）英華字典 1866—1869	益者，裨益 P1902	益，裨益，利益，裨益，加益，致益，有益 P1903	利人之道，以利人爲意之道，利用物之道，益人之道，益人爲意意. P1903

续　表

年份	出版日期	辞典	usefulness	utility	utilitarianism
1871	明治 4	前田正穀、高橋良昭『大正增補和訳英辞林』(上海・美華書院)	s. 要用ナルコト P724	s. 要用、利益(エキ)P725	—
	明治 4	内田晋斎『浅解英和辞林』(蔵田清右衛門蔵版)	—	s. ヨウ、リ ヨウ、リ エキ P807	—
1872	明治 5	ヘボン『英語林集成』(第2版、上海・美華書院)	n. Riyo, YoP190	n. YO, riyo, IriyoP190	—
	明治 5.9	荒井郁之助『英和対訳辞書』(小林新兵衛蔵版)	s. 要用ナルコト P560	s. 要(ヨウ)用、利益(エキ)P560	—
1873	明治 6.1	柴田昌吉、子安峻『附音挿図英和字彙』(横浜・日就社)	n. 要用、便益、裨益 P1305	n. 裨益 P1306	n. 利人ノ道 P1306
	明治 6.9	青木輔清『英和掌中字典』(有馬私塾校蔵版)	—	s. ベンリ、リ、エキ、ヨウヤウP507	—
	明治 6.12	東京新製活版所『要准和訳英辞書』(天野芳次郎蔵版、東京新製活版所)	s. 要用ナルコト P724	s. 要用、利益 P724	—

续 表

	出版日期	辞典	usefulness	utility	utilitarianism
	明治6.12	英和小字典:一名·小學校辭書(江島喜兵衛)	—	名.要用 P243	—
1874	明治7.6	大屋愷敌,田中正義,中宮誠之『広益英倭字典』(加賀·金沢)	s.要用ナルコト P908	s.要用(ヨウ ヨウ),利益(エキ)P909	—
1879	明治12	ロブシャイド(W. Lobscheid)著,津田仙·柳澤信大·大井鎌吉译『英華和訳字典』(山内鼒出版。2卷)	n.益者,裨用,リ,リエキ,ri,riyeki,イウヨウ,iuyo P1539	n.益,裨益,利益,伸益,加益,致益,有益,リエキ,ri-yeki,イウユウ,iuyo P1542	n.利人之道,以利人爲意之道,利用物之道,益人之道,益人爲意,ヒトヲリスルノミチ,hito wo risuru no michi P1542
1881	明治14.1	永峰秀樹『訓訳華英字典』(竹雲書屋)	—	利益,裨益リエキ,有レ用ヤクニタツ P279	—
	明治14.4	井上哲次郎『哲學字彙』(東京大學三學部)	—	功利,利益[財]P97	功利學 P97
1882	明治15.8	柴田昌吉,子安峻『増補訂正英和字彙』(東京·日嶽社)	n.有用,便益,裨益 P1129	n.利益,裨益,功利,利用 P1130	n.功利學 P1130

续 表

	出版日期	辞典	usefulness	utility	utilitarianism
1883	明治 16	ロブスチード著,井上哲次郎订增『订增英华字典』(藤本次右衛門蔵版)	n. 益者,裨益 P1147	n. 益,裨益,利益,致益,俾益,加益,有益 P1148	n. 利人之道,以利人為意之道,利用物之道,益人之道,益人為意 P1148
1884	明治 17.3	西山義行,露木精一订正『英和袖珍字彙』(桃林堂・開新堂・十字屋)	—	s. ベンリ,リエキ,ヨウエウ P606	—
	明治 17.5	井上哲次郎,有賀長雄増補『哲學字彙』(東京大學三學部原版,東洋館書店)	—	功利,利用[財] P97	功利學 P97
1885	明治 18.1	佐々木庸德『明治大成英和対訳字彙』(出版社 東京・伊藤善七郎 大阪・柳原喜兵衛)	s. 要用ナルコト P582	s. 便利,要用,利益 P582	—
	明治 18.2	小山篤叙編訳『學校用英和字典』(編者出版,販売元は大和屋・丸善商社等)	(名)有益ナルコト P512	(名)利益,利用 P512	(名)利學(リガク),利道,利人ノ道 P512
	明治 18.3	斎藤重治訳『袖珍英和辞書』(版元は牧野善兵衛,二書店共同出版)	—	s. 要用,利益 P669	—

续　表

出版日期	辞典	usefulness	utility	utilitarianism
明治 18.4	市川義夫編訳『英和和英字彙大全』(如雲閣藏、製紙分社)	n. 要用、便益、裨益 P708	n. 利益、裨益 P709	n. 利人ノ道 P709
明治 18.5	ウエブストル氏(N. Webster)著、早見純一訳『英和対訳辞典』(大阪・国文社)	n. 要用、有益 P626	n. 利益(リエキ)、實益(ジツエキ)P627	—
明治 18.5	前田正毅、高橋良昭『大正増補和譯英和辞林』(随時書房翻刻)	s. 要用ナルコト P724	s. 要用、利益(エキ)P725	—
明治 18.4—6	尾本国太郎、江口虎之輔『和英対訳いろは字典』(東京・英者出版、印刷所は報告堂)	利用 P69	利用 P69	—
明治 18.7	前田元敏『英和対訳大辞彙』(大阪・同志社活版部)	n. 要用、便益、裨益 PB463	n. 利益、裨益 PB463	n. 利人ノ道 PB468
明治 18.9	箱田保顕『訂訳増補 大全英和辞書』(日報社・誠之堂)	s. 要用ナルコト P648	s. 功利、要用、利益、利用(理財學)P648	—

续　表

出版日期	辞典	usefulness	utility	utilitarianism
明治 18.9	滝七蔵編訳『英和正辞典』(大阪・書籍会社)	—	s. 利益（リエキ）；実益（ジッエキ）P529	—
明治 18.10	永井尚行編『新撰初学英和辞書』(丸善商社書店)	要用；有益ナルコト P335	利益，利用 P335	利人主義 utilitirian 利人主義ノ人 P335
明治 18.11	柴田昌吉，子安峻『英和字彙附音図解』(文学社)	n. 要用，便益，裨益 P897	n. 利益，裨益 P897	n. 利人ノ道，利学，実利主義 P648
明治 18.12	入江依徳『附音挿画英和字彙』(鶴声社)	n. 有用，肝要，利益，便益 P682	n. 利益，裨益，功利，利用 P683	n. 功利学（一国人民ニ最大ノ幸福利益ヲ與フルヲ旨トス ル学派）実利主義 P683
明治 18.12	前田正毅，高橋良昭『和訳英辞林』(東生亀治郎翻刻)	s. 要用ナルコト P724	s. 要用，利益（エキ）P725	—
明治 19.3	斎藤恒太郎『和訳英文熟語叢』(攻玉社蔵版，共益社書店)	—	principle of utility 利用主義 P488	utilitarian principle 功利主義 P682
1886				
明治 19.3	前田正毅，高橋良昭『和訳英辞林』(山中市兵衛)	s. 要用ナルコト P724	s. 要用，利益（エキ）P725	—

305

『功利主义』的『全球旅行』——从英国、日本到中国

	出版日期	辞典	usefulness	utility	utilitarianism
	明治19.6	梅村守『和訳英字典大全』(字書出版社。5冊,1885—)	n.要用,便益,裨益 P942	n.利益,裨益 P943	n.利人ノ道 P943
	明治19.6	井波他次郎『新撰英和字典』(金沢・雲根堂)	n.便益,要用,利益 P728	n.裨益,利益,(哲)功利,(財)利用 P728	n.功利學(哲)P728
	明治19.10—12	長谷川辰二郎『和訳英辞書:袖珍插図』	n.要用,便益,裨益 P675	n.利益,裨益 P675	n.利人ノ道 P675
	明治19.12	柴田昌吉,子安峻『英和字彙:袖珍插図』(積善館翻刻明治6年版本重新出版)	n.要用,便益,裨益 P1305	n.利益,裨益 P1306	n.利人ノ道 P1306
1887	明治20.1	棚橋一郎,鈴木重陽『英和字海』(文學社)	要用;便益(ベンエキ);裨益 P506	s.實利(ジツリ),實用,利用,裨益,利益 P507	—
	明治20.2	風祭甚三郎『独和字彙』(後學堂)	—	—	m.實利學,實利主義(utilitarismus)P446
	明治20.3	箱田保顕『挿画訂訳英和対訳新辞書』(大阪・積善館)	s.要用,ナルコト P648	s.功利,要用,利益,利用(理財學)P648	—

	出版日期	辞典	usefulness	utility	utilitarianism
	明治 20.5	柴田昌吉、子安峻『增補訂正英和字彙』(東京·日歳社)	n.有用、便益、裨益トエキ P922	n.利益リエキ、裨益トエキ、功利コウリ,利用 P923	n.功利學コウリガク,利學リガク,實利主義ジツリガク,實利學ジツリガク P923
	明治 20.5	西山義行『英和小字彙』(文學社)	要用;有益ナルコト P335	利益、利用スヘキコト P335	利人主義 P335
	明治 20.9	著尾黃之助『新訳和英辞書:袖珍插画』(嵩山堂)	利用 P461	利用 P461	—
	明治 20.10	松村為亮『插画訂訳 英和訳新辞林』(山口萬五郎出版、嚶鳴館活版部)	s.要用ナルコト P939	s.要用、利益 P940	—
	明治 20.12	尾本国太郎、江口虎之輔『和英对訳いろは字典』(日進堂、长谷川辰二郎增訂)	利用 P78	利用 P78	—
1888	明治 21.1	島田豐『附音插図 和訳英字彙』(大倉書店)	n.有用;便益;利益 P890	n.利益、裨益、功利、利用 P890	n.功利學,利學,實利主義,實利學 P890utilitarian principle 功利主義

续表

出版日期	辞典	usefulness	utility	utilitarianism
明治 21.1	酒井勉『英和対訳中字彙』(酒井勉原蔵版　榊原友吉販売)	s. 要用ナルコト P939	s. 要用（ヨウ）、利益（エキ）P940	—
明治 21.2	前田宗一『附音插図新訂英和辞彙』(大阪・日盛館)	s. 要用ナルコト P649	s. 要用、利益、利潤 P650	—
明治 21.2	吉田直太郎『懐中　英和新字典』(富山房)	—	n. 利益、裨益、便利 P589	—
明治 21.3	小笠原長次郎『附音插画　英和新字彙』(京都・同盟書房)	n. 要用、便益、裨益 P915	n. 利益、裨益、有益 P916	n. 利人ノ道 P916
明治 21.3	岩貞謙吉『新訳英和字彙　袖珍插画専門語入』(積善館)	s. 要用ナルコト P509	s. 功利、要用、利益、利用 P509	s. 利學、實利主義、實利學 P509
明治 21.5	豊田千速『挿画訂訳　ダイヤモンド英和辞典』(大阪・武田福蔵他)	—	—	—
明治 21.5	豊田千速『英和小辞彙　全』(大阪・武田福蔵他)	—	s. 要用、利益 P707	—

续　表

出版日期	辞典	usefulness	utility	utilitarianism
明治 21.5	中村國太郎『英和デスク辞書』(軽便英和辞書)(大倉孫兵衛)	—	s. 利益，裨益 P588	—
明治 21.5	市川義夫『英和袖珍字典』(横浜・大西正雄出版 英和の部)	—	n. 利益；裨益 P843	—
明治 21.5	高橋五郎『漢英対照いろは辞典』(小林家蔵版，丸善発売)		利用，よくもちふること；よくつかふ（利益になる様に用ふる）P235	
明治 21.6	柴田昌吉，子安峻『附音挿図 増補英和字彙』(中村順三郎)	n. 要用，便益，無益 P923	n. 利益，裨益，功利，利用 P923	n. 利人ノ道，利學，實利主義，功利學 P923
明治 21.8	芳川鍰雄『英和袖珍字彙』(大阪・積善館)	n. 要用，便益，裨益 P1078	n. 利益，裨益 P1079	—
明治 21.9	木村良平『袖珍新選英和字府』(伯樂圖・中庸堂合梓)	n. エウヨウ，ベンエキ，ヒエキ P826	n. リエキ，ヒエキ，コウリ，リヨウ P826	n. リジンノミチ，リガク，ジツリシュギ，コウリガク（利人之道，利學，實利主義，功利學）P826

续 表

	出版日期	辞典	usefulness	utility	utilitarianism
	明治21.9	イーストレーキ(F. W. Eastlake),棚橋一郎『ウェブスター氏新刊大辞書 和訳字彙』(三省堂)	n. 要用,便益,裨益 P1224	n. 利益,裨益,功利,利用 P1224	n. 功利學,利學,利用論,實利學,實利主義 P1224 (Utilitarian Priciple 功利主義)
	明治21.10	小笠原長次郎『附音插画 英和双訳大辞彙』(大阪・英文館)	—	n. 利益,裨益 P1146	n. 利人ノ道 P1146
	明治21.12	高橋東一『英和新国民大辞書』(辻本尚書堂)	s. 要用,有益,便利 P1118	s. 利益,裨益 P1118	s. 利人ノ道 P1118
	明治21.12	柴田昌吉,子安峻『増補訂正英和字彙』(桃林堂・明6日就社原版)	n. 要用,便益,無益 P923	n. 利益,裨益,功利,利用 P923	n. 利人ノ道,利學,實利,實利主義,功利學 P923
1889	明治22	尺振八『明治英和字典』(六合館蔵版。1884—)	[名]裨益,便利,利用 P1087	[名]利益,裨益,有益 P1087	[名]利學,福利學 P1087
	明治22.1	ナッタル著,山本半司『英和新辞彙』(東産堂)	—	s. 要用,利益,利 P684	—
	明治22.9	柴田昌吉,子安峻『英和字彙』(岡上尚儀)	n. 要用,便益,裨益 P1305	n. 利益,裨益 P1306	n. 利人ノ道 P1306

续　表

	出版日期	辞典	usefulness	utility	utilitarianism
	明治 22.12	杉江輔人『増訂 新デ一スク辞書』(文海堂・文學社)	—	s. 利益, 裨益 P616	—
1890	明治 23.11	棚橋一郎『新訳無双 英和辞書』(戸田直秀刊・細川書房)	n. 要用, 便益, 裨益 P831	n. 利益, 裨益 P831	n. 利用ノ道 P831
1891	明治 24	イーストレーキ、神田乃武『和英袖珍 新字彙』(三省堂)		—	—
	明治 24.12	島田豊『再訂増補 和訳英字彙』(大倉書店)	n. 有用, 便益, 利益 P973	n. 利益, 裨益, 功利, 利用 P973	n. 功利學, 利學, 實利主義, 實利學 P973
	明治 22—25	ゼー・エッチ・ガビンス『漢語英訳辞典』(博聞本社)		功用 P484, 利用 P650	—
1892	明治 25.3	中村國太郎『増訂挿図 英和デ一スク辞書』(大倉書店)	—	s. 利益, 裨益 P605	—
	明治 25.4	島田豊、辰巳巳小次郎増訂『増訂挿図 和訳英字彙』(大倉書店)	n. 有用, 便益, 裨益 P890	n. 利益, 裨益, 功利, 利用 P890	n. 功利學, 利學, 實利主義, 實利學 P890
	明治 25.10	島田豊『双解英和大辞典』(共益商社)	(名) 有用, 有益 P967	(名)利益, 裨益, 功利, 利用 P967	(名)功利學, 實利主義, 實利學 P967

续　表

	出版日期	辞典	usefulness	utility	utilitarianism
1893	明治 26.3	林曾登吉『新選和英辞書』(細川書房)	—	利用 P524	—
1894	明治 27.5	イーストレーキ、岩崎行親、棚橋一郎、中川愛咲、秋保辰三郎『英和新辞林』(三省堂)	n. 要用，有益，便益 P1207	n. 利益，裨益，有益 P1208	n. 利學，福利 P1208
	明治 27.10	イーストレーキ、岩崎行親、大森俊次、秋保辰三郎『英和故事熟語辞林』(三省堂)	—		巧利說(社會及ビ國家唯一ノ目的ハ最大多數ノ人ノ最大ノ幸福ニ在リト説ニシテ英ノ Jeremy Bentham 之ヲ唱ヘタリ)P1195
1896	明治 29.10	大和田建樹『日本大辞典』(博文館)	—	—	利學(名)英語ユーチリタリアニズムの訳。アニズムの名。学科の名。最大幸福を以て原理とするの説なるもの。P467
1897	明治 30.9	中沢澄男、島田豊他『英和字典』(大倉書店)	n. 有用，便益，利益 P718	n. 利益;利用 P719	n. 功利學，利學 P719
1898	明治 31.4	イーストレーキ、島田豊『學生用英和字典』(博文館)	n. 有用，便益，利益 P1180	n. 利益，裨益，功利,利用 P1180	n. 功利學，利學，實利主義，實利學 P1180

续　表

	出版日期	辞典	usefulness	utility	utilitarianism
1899	明治 32.7	森川乙猪『新編英語異同弁』(上田屋書店)	与 usefulness 进行对比 P232－233	与 usefulness 进行对比 P232－233	—
	明治 32.7	高橋五郎,吉田栄右『袖珍和英新辞典』(大阪・積善館)	—	n. 功用：utility P234	—
1901	明治 34.9	イーストレーキ,大森俊次他『英和新辞彙』(鍾美堂)	—	n. 實利,實益,有用,有益 P1140	n. 實利主義,功利論 P1140
	明治 34.11	和田垣謙三『新英和辞典』(大倉書店)	n. 有用,便益,利益 P916	n. 利益,利用,有用,有用性 P917	n. 功利説,利學,福利,實利主義 P917
1902	明治 35.6	神田乃武,横井時敬,高楠順次郎,藤岡市助,有賀長雄,平山信『新撰英和辞典』(三省堂)	—	a. 利用,利益,功利 P1073	—
1903	明治 36.1	横山砂『新撰 英語異同弁』(金剛兄弟出版部)	utility 与 usefulness 的区别	utility 与 usefulness 的区别	—
	明治 36.3	長谷川方文『新英和辞林』(六盟館)	—	s. 効用,便利,利益 P458	—

续表

	出版日期	辞典	usefulness	utility	utilitarianism
1904	明治 36.10	小林枝吉『学生実用英和新辞典』(田中宋栄堂)	n. 有用，便益，裨益 P1237	n. 利益，利用 P1238	n. 功利學，利學 P1238
	明治 37.9	磯部清亮『最近 英和辞林』(米国・香港，波多野商会発行，東京福岡商店印刷部印刷)	s. 要用 ナ ル コ ト P939	s. 要用（ヨウ），利益（エキ）P940	—
1906	明治 39.5	羅布存德著『英華字典』(井上哲次郎増訂 誠之堂書房)	n. 益者，裨益 P1147	n. 益，裨益，利益，伸益，加益，致益，有益 P1148	n. 利人之道，以利人爲意之道，利用物之道，益人之道，益人爲意 P1148
	明治 39.12	英語教授研究会『実用和英新辞典』(吉川弘文館)	—	實用：utility P318	—
1907	明治 40.6	三宅伊九郎『英語異同弁例解』(榊原文盛堂)	utility 与 usefulness 的区别 P144	utility 与 usefulness 的区别 P144	—
	明治 40.6	アーサー・ロイド『和英新辞典』(實文館)	—	n. 實利 P535	n. 實利主義 P535
1908	明治 41.5	イーストレーキ『英和熟語慣用句辞典』(三省堂)	—	n. 利用，功利 P1429	n. 實利主義 P1428

续表

	出版日期	辞典	usefulness	utility	utilitarianism
1909	明治 42.3	井上十吉『新訳 和英辞典』(三省堂)	一	n. 實利 P628, 功利 P904	n. 實利主義 P628, 功利 数 P904
	明治 42.6	佐久間信恭, 廣瀬雄『和英大辞林』(郁文舎)	一	n. 功用 P613	n. 實利主義 P428
	明治 42.12	神田乃武, 南日恒太郎『英和双解 熟語大辞典』(有朋堂)	一	responsible ～ (名)[劇]下廻, 稲荷町 P1580	一
1910	明治 43.11	上野陽一等『學生英和辞典』(博報堂)	ユースフルネス[名]有益, 有用, 要用, 便利 P781	ユーチリチ[名]實利, 實益, 利用, 有益 P782	一
1911	明治 44.11	井上十吉『新訳和英辞書』(三省堂)	ユースフルネス[名]有益, 有用, 要用, 便利 P781	n. 實利 P628, 功利 P904	n. 實利主義 P628, 功利 数 P904
1912	明治 45.1	井上哲次郎『哲学字彙:英独仏和』(丸善書店)	有用態 P66	有用, 功利, 實利 P166	功利主義, 實利主義 P166

附表 2　明治时期边沁、穆勒 utilitarianism 有关译著及日本 学术界部分相关著作

	出版时间	书名
1870—71	明治 3—4	西周《百学連環》
1871	明治 4.6	福地櫻痴(源一郎)《会社弁》(大藏省)
1872	明治 5.2	福泽谕吉《学問のすすめ》
	明治 5.2	中村敬宇译《自由之理》
1871—73	明治 4—6	西周《生性発蘊》
1874	明治 7.6	西周《致知启蒙》
1875	明治 8.3	青木精一《政律亀鑑/一名・格致政科本論》(有隣堂)
	明治 8.8	福泽谕吉《文明論之概略》
	明治 8.11	永峰秀树译《代議政体》(奎章阁)
	明治 8	林董译《弥児経済論》
1876	明治 9.7	土居光华《文明論女大学》(博文堂)
	明治 9	何礼之译《民法論綱》
1877	明治 10.3	中村敬宇译《改正自由之理》
	明治 10.5	西周译《利學》
	明治 10.9	小幡笃次郎译《弥児氏宗教三論》(丸屋善七)
1878	明治 11.9	岛田三郎译《立法論綱》(元老院)

	出版时间	书名
	明治 11	深间内基译《男女同権論》(山中市兵卫)
1879	明治 12.2	林董译《刑法論綱》(千河岸贯一)
	明治 12.5	岛田三郎译《民法論綱緒論》(律书房)
	明治 12.5	吉田五十穗《西洋人名字引：伊呂波分》
	明治 12.7	和久正辰译《收税要論》(土屋　松井忠兵卫)
	明治 12	渡边恒吉译《官民権限論》(律书房)
1880	明治 13.4	西周《西先生論集：偶評》(土井光华)
1880	明治 13	涩谷启藏译《利用論》(山中市兵卫)
1875—80	明治 8—13	西周《人世三寶説》
1881	明治 14.10	井上哲二郎(井上哲次郎)《學藝論》(東洋學藝社：東洋學藝雑誌)
1882	明治 15.3	《東洋學藝雑誌》第 6 号(東洋學藝社)
	明治 15.3	井上哲次郎《答東京経済雑誌》
	明治 15.5	杉山藤次郎《泰西政治學者列伝》(鹤声社)
	明治 15.7	藤田四郎译《政治真论·一名主权辩妄》(自由出版会社)
	明治 15.9	福见尚贤《政理論纂》(奇文堂)
	明治 15.10	佐藤觉四郎译《憲法論綱》(闻天社)
1883	明治 16.4	井上哲次郎《倫理新説》(酒井清造)
	明治 16.5	杉山藤治郎《政談学術演説討論種本》(秩山堂)
	明治 16.5	野田种太郎译《新聞演説自由論》(同盟出版书房)
	明治 16.10	坪井九马三《論理学講義：演繹法帰納法》(酒井清造)
	明治 16.11	陆奥宗光译《利学正宗》(元老院)
1884	明治 17.5	西周《論理新説》(東京学士会院雑誌 6)
	明治 17.11	汤目补隆《欧米女権》(九春社)

	出版时间	书名
	明治 17.11	ジョージ・レウエス《哲学通鑑》(石川书房)
1885	明治 18.3	松岛刚译《弥児教育論》(水户柳目堂)
	明治 18.9	小野梓《国憲汎論》(东洋馆书店)
	明治 18.12	中江兆民《理学沿革史》(文部省编辑局)
1886	明治 19.6	西周《心理説ノ一斑》
	明治 19.9	井上圆了《哲学要領》(哲学书院)
	明治 19.12	天野为之《商政標準》(富山房)
	明治 19	ダブルユー・デニング《論法講義》(教育报知社)
1882—86	明治 15—19	铃木重孝译《弥児経済論》(英兰堂)
1887	明治 20.1	上田充译《綱目代議政体》(冈岛宝玉堂)
	明治 20.2	井上圆了《倫理通論》(普及舍)
	明治 20.2	草野宣隆译《人権宣告弁妄》(元老院)
	明治 20	阪谷芳郎译《ベンサム氏国会統御術》
1888	明治 21.2	ケルダーウット《倫理学》(开新堂)
	明治 21.2	森笹吉《文明の目的》
	明治 21.3	田岛象二《哲学問答》(东云堂)
	明治 21.6	菅了法《倫理要論》(金港堂)
	明治 21.12	伊藤博文《主権及ヒ上院ノ組織》
	明治 21	棚桥一郎,嘉纳治五郎《倫理学：歴史、批評》(哲学馆)
1889	明治 22.5	清野勉《帰納法論理学：真理研究ノ哲理》(哲学书院)
	明治 22.5	山田郁治《简明論理学》(南江堂)
	明治 22.8	菫花园主人《金言集：和漢泰西》(蓝外堂)
	明治 22.12	《伝記》(博文馆)

	出版时间	书名
1890	明治 23.4	西村龙三《万国古今碩学者列传》(自由阁)
	明治 23.4	前桥义孝译《代議政体》(开新堂)
	明治 23.5	千头清臣,松下丈吉《国會論法》(敬业社)
	明治 23.11	西村天外《和漢欧米大家金言集大全：附・批評註釈》(弘文馆)
	明治 23.12	西村天外《和漢泰西古今学者列伝》(弘文馆)
	明治 23.12	アレキサンダー・ベイン《倫理学(倍因氏)》
	明治 23	须永金三郎《倫理学》(博文館)
1891	明治 24.3	石谷斋藏《社会党瑣聞》
	明治 24.5	井上圆了《倫理摘要》(四圣堂)
	明治 24.8	泽柳政太郎,本田信教《倫理書》(文学社)
	明治 24	天野为之译《高等経済原論》(富山房)
1893	明治 26.6	高桥五郎《排偽哲学論》(民友社)
1894	明治 27.1	棚桥一郎《倫理学：歴史》(哲学馆)
1895	明治 28	高桥正次郎译《自由之権利》
1898	明治 31.4	木村鹰太郎《東洋西洋倫理学史》(博文館)
	明治 31.6	中岛力造《列伝体西洋哲学小史》(富山房)
	明治 31.6	新乐金橘《英文学余師》(敬业社)
	明治 31.9	山本良吉《倫理学要義》(普及舍)
	明治 31.12	山边知春,大田秀穗《倫理學説批判》
	明治 31	渡边又次郎《近世倫理學史》(哲学馆)
1899	明治 32.6	乙竹岩造《新倫理学大意》(同文館)
	明治 32	松本文三郎《哲學概論》(哲学馆)
	明治 32	渡边又次郎《倫理學》(哲学馆)
1900	明治 33.1	睨天逸史《和漢泰西文学偉人伝》(求光阁)

	出版时间	书名
	明治 33.2	町田则文《弥尔言行录》(开发社)
	明治 33.4	加藤弘之《道德法律進化の理》(博文馆)
	明治 33.10	井上哲次郎《哲学叢書. 第 1 集》(集文阁)
1901	明治 34.10	纲岛荣一郎《主楽派的倫理説》(东京专门学校出版部)
	明治 34.11	波多野精一《西洋哲学史要》(大日本图书)
1902	明治 35.6	纲岛荣一郎《西洋倫理学史》(东京专门学校出版部)
1903	明治 36.2	有马祐政《日本倫理要論》(富山房)
1904	明治 37.1	大西祝《大西博士全集》(警醒社书店)
1905	明治 38.6	吉田静致《西洋倫理学史講義》(富山房)
1906	明治 39.6	都河竜《倫理学史. 西洋之部》(六盟馆)
1907	明治 40.7	吉田静致《倫理学要義》(宝文馆)
	明治 40.8	大岛政德, 松平桃蹊《倫理学講義》(修学堂)
	明治 40	纲岛荣一郎《欧洲倫理思想史》(早稻田大学出版部)
1908	明治 41.2	桑木严翼《倫理學講義》(富山房)
	明治 41.8	和田丰《倫理学一斑》(同文馆)
1911	明治 44.2	西田几多郎《善の研究》(弘道馆)
	明治 44	藤井健治郎《道德原理批判》(早稻田大学出版部)
	明治时期	西村茂树《英国心学》

图书在版编目(CIP)数据

"功利主义"的全球旅行/李青著. 一上海：上海三联书店，
2023.5

(思想与社会)

ISBN 978 - 7 - 5426 - 7895 - 9

Ⅰ.①功… Ⅱ.①李… Ⅲ.①功利主义-思想史-研究-中国-现代 Ⅳ.①B26②B82-064

中国版本图书馆 CIP 数据核字(2022)第 191281 号

"功利主义"的全球旅行——从英国、日本到中国

著　　者／李　青

责任编辑／黄　韬
装帧设计／徐　徐
监　　制／姚　军
责任校对／王凌霄

出版发行／上海三联书店
　　　　　(200030)中国上海市漕溪北路 331 号 A 座 6 楼
邮　　箱／sdxsanlian@sina.com
邮购电话／021 - 22895540
印　　刷／上海惠敦印务科技有限公司

版　　次／2023 年 5 月第 1 版
印　　次／2023 年 5 月第 1 次印刷
开　　本／640 mm × 960 mm　1/16
字　　数／280 千字
印　　张／20.5
书　　号／ISBN 978 - 7 - 5426 - 7895 - 9/B·802
定　　价／78.00 元

敬启读者,如发现本书有印装质量问题,请与印刷厂联系 021 - 63779028